电网调度自动化

及网络安全运行值班与维护

国网浙江省电力有限公司 组编

中国电力出版社
CHINA ELECTRIC POWER PRESS

内 容 提 要

　　本书主要介绍电网调度自动化运行值班与维护工作标准化作业流程，分为三部分。第一部分主要介绍调度自动化及网络安全运行值班工作，提出了值班的总体要求，涵盖画面监盘、设备巡视、检修消缺和交接班等运行值班重要工作环节，给出了各个系统运行值班的标准操作流程；第二部分主要介绍运行维护工作，对运行维护的人员资质和各个系统运行维护操作提出了规范和要求；第三部分主要介绍统计分析工作，对调度自动化和网络安全工作中涉及的各类报表管理工具进行规范和阐释。

　　本书注重实际，涉及业务全面，可操作性强，可作为电网调度自动化及网络安全值班与运行维护人员的培训教材。

图书在版编目（CIP）数据

电网调度自动化及网络安全运行值班与维护／国网浙江省电力有限公司组编. —北京：中国电力出版社，2022.8（2023.6重印）
　　ISBN 978-7-5198-6504-7

　　Ⅰ.①电… Ⅱ.①国… Ⅲ.①电力系统调度—自动化技术—岗位培训—教材Ⅳ.①TM734

　　中国版本图书馆 CIP 数据核字（2022）第 022159 号

出版发行：中国电力出版社
地　　　址：北京市东城区北京站西街 19 号（邮政编码 100005）
网　　　址：http://www.cepp.sgcc.com.cn
责任编辑：刘丽平　王蔓莉
责任校对：黄　蓓　常燕昆
装帧设计：张俊霞
责任印制：石　雷

印　　刷：三河市百盛印装有限公司
版　　次：2022 年 8 月第一版
印　　次：2023 年 6 月北京第二次印刷
开　　本：787 毫米 ×1092 毫米　16 开本
印　　张：18.25
字　　数：353 千字
定　　价：75.00 元

编 委 会

前 言

　　调度自动化系统承担了电网运行的数据采集、状态监视、控制分析和网络安全等功能，是电网安全稳定运行必不可少的重要技术支撑手段。2019 年，国家电网有限公司下发了《国家电网有限公司关于印发 2019 年电网运行重点工作及分工的通知》（国家电网调〔2019〕235 号），其中第 168 项重点工作要求各省公司强化电力监控系统网络安全全天候运行值班制度，实现网络安全实时监测和快速处置。2020 年，国网人资部下发了《国网人资部关于强化网络安全和现货市场试点建设人员力量的通知》（人资组〔2020〕12 号），提出应进一步加强网络安全人员力量，要求各省公司建立统一指挥、分级管理、协同应对、快速处置的网络安全和自动化 7×24h 值班机制。

　　在此背景下，原有的自动化运行维护与应急管理模式不能很好适应发展的需要。为与公司"一体四翼"（"一体"是指电网业务主体，"四翼"指金融业务、国际业务、支撑产业、战略性新兴产业）发展布局相适应，建立完善的调度自动化和网络安全防控体系，严格防范重大自动化和网络安全事件，保障自动化主站各系统的安全、稳定、可靠运行，规范浙江电网调度自动化系统和设备的运行维护工作，迫切需要一套体系化的调度自动化及网络安全系统运行值班与维护工作指南，为电网调度自动化专业的运行值班以及运行维护人员提供参考。

　　20 世纪 90 年代以来，浙江电网调度自动化由基础向高级、由传统向现代、由单一向综合性服务快速发展。随着自动控制功能覆盖范围的逐渐扩大和网络安全风险的与日俱增，自动化和网络安全运行值班和维护工作重要性日益凸显。

　　今天，调度自动化系统与大电网的安全稳定运行息息相关，自动化和网络安全运行值班与运行维护工作已经成为一个需要大量知识储备和高度技能水平的关键岗位。它分为运行值班和运行维护两个专业分支方向，既相对独立又交叉统一。值班员和系统运行维护人员需要具备大量电网和计算机知识，要具备快速响应和应急处理的能力，同时还应满足 7×24h 全天候值班要求。

　　国网浙江省电力有限公司一直十分重视调度自动化系统一线作业人员和生产现

场的安全管理，为适应自动化与网络安全运行值班与维护岗位的新要求，提升人员专业化水平，切实保障安全生产，故编写本书。《电网调度自动化及网络安全运行值班与维护》一书基于数年生产实践，对生产工作具有较高的指导价值，是规范深化自动化及网络安全运行值班与维护业务流程、提升作业质量的有益尝试。

希望该书的出版能进一步满足浙江电力调度控制中心调度自动化及网络安全专业人才队伍培养的需要，为各级调度自动化及网络安全专业人员提供积极有益的帮助，从而提高电网调度自动化及网络安全的整体运行水平。

编　者

目　录

第三部分　统计分析工作

第一部分
调度自动化及网络安全运行值班

运行值班负责调度自动化及网络安全系统运行，需要对主站自动化及网络安全系统进行监视、操作、巡视和紧急缺陷处理，同时配合主站、厂站自动化及网络安全系统和设备升级、改造、检修和消缺等工作，以保障电力系统安全、稳定、优质、经济运行。

第一章 / 工作职责

本章主要介绍调度自动化及网络安全运行值班工作职责，主要包括运行值班总体要求、系统监视及巡视工作要求、检修及消缺工作要求和交接班工作要求。

第一节 运行值班总体要求

（1）值班员在正式担任值班工作前，应经过专业培训，熟悉省电力调控中心（以下简称省调）自动化及网络安全系统的基本功能，并经考试合格后方可上岗值班。离岗半年以上者，在上岗前应对其进行针对性的培训，经考试合格后方可上岗。

（2）值班员应严格遵守各项规章制度和运行纪律，准时到岗，不得随意脱岗，如遇特殊情况需离岗时，须征得相关领导同意，待替班人员到岗后方可离岗，并做好交接记录。

（3）省调自动化及网安运行值班执行 24h 三班制，值班员应严格按照排班计划表值班，白班时间为 8:00 至 16:00，中班时间为 16:00 至次日 0:00，夜班时间为 0:00 至次日 8:00。每班由主值 1 人、副值 1 人、值长 1 人组成，值班期间值班员应做好自动化系统及设备运行情况的监视工作。

（4）值班员应配合主站、厂站自动化运行系统和设备升级、改造、检修和消缺等工作。当检修人员汇报工作开始及完成相关工作后，值班员应做好相应记录，并负责通知相关单位或人员。

（5）网络安全相关系统及设备的检修计划参照调度自动化系统及设备执行工作票制度。值班员需及时跟进涉及网络安全的自动化检修票的批复和开竣工进度，组织做好以下检修配合和验证等工作：

1）检修工作开始和结束时应在电力监控系统网络安全管理平台（以下简称网络安全管理平台）中检查工作对象及受影响对象的监控状态，确认运行正常后方可许可开竣工。

2）检修过程中在网络安全管理平台上根据工作需求对相应设备采取相应的置检修、挂牌和恢复操作。

3）当发生故障抢修时，工作票可不经工作票签发人书面签发，但应经工作票签发人同意后方可工作。

（6）当发现在涉及网络安全的自动化检修工作中，有违反《国家电网公司电力安全工作规程（电力监控部分）》有关规定的情况，应立即制止，经纠正后方可恢复作业。在发现危及电力监控系统业务和数据安全的紧急情况时，有权停止作业，采取紧急措施并立即报告。

（7）值班员应使用网络安全管理平台等监测工具进行实时监视和分析，确保电力监控系统网络安全事件及时发现、即时处理和迅速报告。

（8）电力监控系统网络安全告警是指通过技术手段监测到的网络安全潜在威胁，或对电力监控系统安全具有影响的可疑行为。根据告警可能的影响程度，将电力监控系统网络安全告警分为紧急告警、重要告警和一般告警三个等级。

1）发现紧急告警应立即处理，重要告警应在 24h 内处理，多次出现的一般告警应在 48h 内处理。

2）任何处理的告警均需第一时间查清并核实告警详情，包括 IP 归属、端口信息和涉及业务等。

3）当省调直调范围内发生紧急告警后，应立即开展分析研判并确认是否可能存在安全风险，并立即组织相关运行维护（简称运维）人员或厂站运维单位开展告警分析和处置。对于可能存在安全风险的紧急告警，应立即通知省调安全运行专责。

4）当下级单位发生紧急告警后，事发单位网安值班应立即开展告警分析和处置，并在 30min 内逐级向省调网安值班反馈初步处置进展及后续计划，3 日内完成《网络安全紧急告警分析报告》报省调网安值班。报告内容应包含告警描述、影响范围、分析过程、处理结果和后续防范措施等。对于定性为安全威胁的书面报告，还需附有相关单位（部门）负责人签字并加盖单位（部门）印章。

5）告警经分析认定为网络安全事件的，按网络安全事件要求进行处置和报告。

（9）电力监控系统网络安全风险是指虽未直接影响电力监控系统或电网运行，但经分析定性确认已对电力监控系统网络安全造成安全威胁的告警或隐患。比如感染恶意代码、违规接入手机或无线网卡等具备联网功能的外设、渗透测试发现中危及以上漏洞、违规运维操作（如无票操作、越权操作、违规修改安全策略、违规删除系统关键文件、违规操作导致敏感信息泄露）、生产控制大区边界防护缺失或策略不严格等。

（10）电力监控系统网络安全事件是指由于人为原因、软硬件缺陷或故障、自然灾害等，对电力监控系统或者其中的数据造成危害，影响电力监控系统或电网安全稳定运行，对社会造成负面影响的事件。根据电力监控系统网络安全事件的危害程度和影响范围，将电力监控系统网络安全事件分为特别重大、重大、较大、一般四级。网络安全事件分级情况与处置时限要求参见《国家电网有限公司电力监控系统网络安全运行管理规定》。

（11）电力监控系统网络安全现场处置总体按照"隔离风险、查明根源、消除威胁、举一反三"的原则。当发生外部入侵、人员违规、软硬件缺陷等可能引发网络安全风险甚至事件场景时，值班员应按照电力监控系统网络安全应急预案及现场处置方案，立即组织运维人员或厂站运维单位（非工作时段期间当值值班员可依据风险或事件紧急情况直接远程操作）采取强制断开涉事主机网络、调整网络边界防护策略、断开区域数据网络等不同程度的隔离措施，并重点保护核心业务安全平稳，有效抑制或阻断风险扩散。

（12）值班员应配合各系统运维人员对相应自动化系统的运行情况进行检查，包括自动化系统主备服务器、主备进程和主备通道切换等工作。

（13）值班员应做好值班间、休息间的卫生、电源和消防安全等工作。

（14）值班员在使用值班电话等技术支撑手段开展工作时，应采用规范用语，及时做好记录；值班员值班期间任何与业务有关的电话均应进行电话录音。

第二节　系统监视及巡视工作要求

（1）智能电网调度技术支持系统（以下简称 D5000 系统）中重要画面监视包括全省受电、重要厂站工况、地区用电负荷、服务器工况、非统调电源等画面和集中监控功能。

1）如有监视数据异常，在做好数据来源切换、封锁等应急操作后，立即通知调度员并做好记录，对缺陷进行初步分析判断后通知运维人员处理。

2）如有系统异常，应立即通知运维人员，开展应急处置工作，通知调度员并做好记录。

3）厂站主备通道数据通信完全中断，在做好数据封锁等应急操作后，立即通知调度员并做好记录，对缺陷进行初步分析判断后通知运维人员处理。

4）厂站单条通道数据通信中断，在做好通道切换等应急操作后，对缺陷进行初步分析判断后通知运维人员处理。

（2）通过自动化运行监测系统对各自动化系统重要服务器、关键进程和机房环境进行监测；若有告警，对缺陷进行分析判断应急处置，必要时通知相关系统管理员。

（3）对二区网络安全管理平台进行监视，若有告警，对缺陷进行分析判断应急处置，通知相关地区局和厂站进行消缺处理，必要时通知运维人员。

（4）对三区调控云平台数据汇集情况及全社会电力电量数据进行监视，若有告警，对缺陷进行分析判断应急处置，通知运维人员处理。

（5）对电力市场管理平台进行监视，若有告警，对缺陷进行分析判断应急处置，通知运维人员处理。

（6）重要系统巡视：应检查主用调度（简称主调）和备用调度（简称备调）智能电

网控制系统、调度数据网和安全防护系统、调控云系统和电力市场系统及应用等是否正常。包括系统告警、重要画面、各类曲线、文件传输和网页浏览等功能是否能正常使用。如有异常，应立即通知系统管理员并做好相关记录。

（7）特别事件巡视：在重大保供电、恶劣灾害天气、国庆节及春节长假期间，重要自动化系统的巡视工作。

第三节　检修及消缺工作要求

一、总体要求

（1）厂站检修：检查检修申请单是否得到批复，做好主站相关设置和安全措施工作后，方可同意厂站远动装置由运行状态切换到退出状态。工作结束后，应恢复主站相关设置并做好记录。

（2）厂站检修若影响自动发电控制（automatic generation control，AGC）、自动电压控制（automatic voltage control，AVC）、遥控等控制功能，值班员在得到当班调度员同意后，做好主站相关设置和安全措施工作后，方可同意厂站远动装置由运行状态切换到退出状态。工作结束后，应恢复主站相关设置并做好记录。

（3）主站检修：检查检修申请单是否得到批复，并核实工作票内容，若影响电网实时监视控制功能，应征得当班调度员许可后，做好主站相关设置和安全措施工作后，方可同意相关软硬件设备由运行状态切换到退出状态。工作结束后，应恢复主站相关设置并做好记录。

（4）紧急消缺若影响电网实时监视控制功能，应征得当班调度员许可后，做好主站相关设置和安全措施工作后，方可同意相关软硬件设备由运行状态切换到退出状态。工作结束后，应恢复主站相关设置并做好记录。

二、自动化及网安检修主站操作流程

1. 地调主站检修典型操作流程

（1）地区电力公司调度控制中心（以下简称地调）向省调申请工作开始，值班台查看是否有二次设备检修单；查看检修单内容、影响范围与现场汇报内容是否一致；如无检修单原则上不同意其进行工作。

（2）地调工作如影响网络安全，需提前发送工作申请邮件至省调自动化处，省调自动化处审核后向国家电网有限公司国家电力调度控制中心（以下简称国调）自动化处进行报备，并在网安平台上对相应设备挂检修牌，完成后方可同意地调开展工作。

（3）工作开始后值班台做好截图记录工作。

（4）工作结束后现场向省调汇报。

（5）省调查看地区通道工况及网安平台情况并与现场确认。

（6）核对无误后解除相关主站设置和安全措施（以现场汇报内容为准）。

（7）把 D5000 系统中封锁截图归档。

（8）询问现场工作是否全部结束。

（9）现场汇报工作全部结束后，值班台确认厂站无相关工作封锁后在电力调度管理系统（outage management system，OMS）系统上结束检修流程。

2. 500kV 及以上电厂检修主站典型操作流程

（1）电厂向省调申请工作开始，值班台查看是否有二次设备检修单；查看检修单内容、影响范围与现场汇报内容是否一致；如无检修单原则上不同意其进行工作。

（2）电厂是否已上报华东，且华东自动化已同意工作并做好相关安全措施（遥信 / 遥测封锁）。

（3）运行中的机组封锁数据需与现场工作负责人确认工作时长，工作是否影响 AGC、AVC 控制。如影响 AVC，要求现场联系省调系统运行处申请退出 AVC，如影响 AGC，查看 D5000 系统机组 AGC 是否退出，若未退出，要求电厂联系省调调度台申请 AGC 退出后，再向省调自动化处提出工作开工申请。

（4）工作开始前若机组是运行状态，值班台应汇报调度台（停机大修状态不需要汇报调度），经调度同意后做好安全措施工作，其他工作可进行线路有功功率对端代，线路无功功率、母线电压、主变压器遥测等状态估计代，遥信位置封锁等安全措施，完成后方可同意电厂开始工作并告知现场工作结束后立即汇报值班台；值班台做好截图记录，文件名按照"日期 + 厂站名 +（备注特殊说明）"进行保存。

（5）工作开始前询问是否影响网安平台，如有影响要做好网安挂牌工作，并做好截图记录。

（6）确认安全措施工作完成后方可同意厂站开始工作。

（7）工作结束后现场向省调汇报。

（8）省调查看通道工况及前置遥信 / 遥测数据和厂站接线图是否正常并与现场确认。

（9）核对无误后解除相关数据安全措施（以现场汇报内容为准），并确认现场已汇报华东解除安全措施。厂站如有其他安全措施未解除则与现场核实情况。运行机组工作结束后向调度汇报封锁数据已解除。

（10）在 D5000 系统上封锁截图归档，网安平台解除挂牌和截图归档。

（11）询问现场工作是否全部结束。

（12）现场汇报工作全部结束后，值班台确认厂站无相关工作封锁后在 OMS 系统上结束检修流程。

3. 220kV 及以下电厂检修主站典型操作流程

（1）电厂向省调申请工作开始，值班台查看是否有二次设备检修单；查看检修单内容、影响范围与现场汇报内容是否一致；如无检修单原则上不同意其进行工作。

（2）运行中的机组封锁数据需与现场工作负责人确认工作时长，工作是否影响 AGC、AVC 控制，如影响 AVC，要求现场联系省调系统运行处申请退出 AVC，如影响 AGC，查看 D5000 系统机组 AGC 是否退出，若未退出，要求电厂联系调度申请 AGC 退出后，再向省调提出工作开工申请；新能源电厂暂时不用汇报调度，可直接进行安全措施同意工作。

（3）工作开始前若机组是运行状态，值班台应汇报调度（停机大修状态不需要汇报调度），经调度同意后做好安全措施工作，其他工作可进行线路有功功率对端代，线路无功功率、母线电压，主变压器遥测等状态估计代，遥信封锁等安全措施，完成后方可同意电厂开始工作并告知现场工作结束后立即汇报值班台；值班台做好截图记录，文件名按照"日期＋厂站名＋（备注特殊说明）"进行保存。

（4）工作开始前询问是否影响网安平台，如有影响要做好网安挂牌工作，并做好截图记录。

（5）确认安全措施工作完成后方可同意厂站开始工作。

（6）工作结束后现场向省调汇报。

（7）省调查看通道工况、前置遥信／遥测数据和厂站接线图是否正常并与现场确认。

（8）核对无误后解除相关数据安全措施（以现场汇报内容为准）。厂站如有其他安全措施未解除则与现场核实情况。运行机组工作结束后向调度汇报封锁数据已解除。

（9）进行 D5000 系统上封锁截图归档，网安平台解除挂牌和截图归档。

（10）询问现场工作是否全部结束。

（11）现场汇报工作全部结束，值班台确认厂站无相关工作封锁后在 OMS 系统上结束检修流程。

4. 500kV 及以上变电站检修主站典型操作流程

（1）变电站向省调申请工作开始，值班台查看是否有二次设备检修单；查看检修单内容、影响范围与现场汇报内容是否一致；如无检修单原则上不同意其进行工作。

（2）确认变电站工作是否已上报华东或国调，且华东或国调自动化已同意工作并做好相关安全措施（遥信／遥测封锁）。

（3）变电站工作前询问厂站是否已汇报监控，待监控完成告警抑制或监控权下放等操作后才能同意其工作并进行数据安全措施操作。

（4）工作开始前进行线路有功功率对端代，线路无功功率、母线电压，主变压器遥测等状态估计代，遥信封锁等安全措施，完成后方可同意变电站开始工作并告知现场工作结束后立即汇报值班台；值班台做好截图记录，文件名按照"包含日期+厂站名+（备注特殊说明）"进行保存。

（5）工作开始前询问是否影响网安平台，如有影响要做好网安挂牌工作，并做好截图记录。

（6）工作结束后现场向省调汇报。

（7）省调值班台查看通道工况、前置遥信/遥测数据和厂站接线图是否正常并与现场确认。

（8）核对无误后解除相关数据安全措施（以现场汇报内容为准），并确认现场已汇报华东解除安全措施。厂站如有其他安全措施未解除则与现场核实情况。

（9）对D5000系统中厂站工作相关封锁截图归档，网安平台解除挂牌和截图归档。

（10）询问现场工作是否全部结束。

（11）现场汇报工作全部结束，值班台确认厂站无相关工作封锁后在OMS系统上结束检修流程。

5. 220kV 变电站检修主站典型操作流程

（1）变电站向省调申请工作开始，值班台查看是否有二次设备检修单；查看检修单内容、影响范围与现场汇报内容是否一致；如无检修单原则上不同意其进行工作。

（2）工作开始前进行线路有功功率对端代，线路无功功率、母线电压，主变压器遥测等状态估计代，遥信封锁等安全措施，完成后方可同意变电站开始工作并告知现场工作结束后立即汇报值班台；值班台做好截图记录，文件名按照"包含日期+厂站名+（备注特殊说明）"进行保存。

（3）工作开始前询问是否影响网安平台，如有影响要做好网安挂牌工作，并做好截图记录。

（4）工作结束后现场向省调汇报。

（5）省调值班台查看通道工况、前置遥信/遥测数据和厂站接线图是否正常并与现场确认。

（6）核对无误后解除相关数据安全措施（以现场汇报内容为准），厂站如有其他安全措施未解除则与现场核实情况。

（7）对D5000系统中厂站工作相关封锁截图归档，网安平台解除挂牌和截图归档。

（8）询问现场工作是否全部结束。

（9）现场汇报工作全部结束，值班台确认厂站无相关工作封锁后在 OMS 系统上结束检修流程。

第四节 交接班工作要求

（1）接班人员应提前 15min 到达值班室，仔细阅读上一班的运行日志，详细了解上一班的工作情况。

（2）若值班员正在处理异常或故障情况时，不得进行交接班。处理过程以交班人员为主，接班人员为辅，处理告一段落后方可进行交接班。

（3）上一班的缺陷处理，未完成的记入交接班日志。完成上一班的缺陷处理后，在日志上将记录交接班的"√"去掉，以免记录到下一班。

（4）网安交接班内容包含当值期间电力监控系统网络安全整体运行情况、安全告警以及安防设备缺陷情况、涉及网络安全检修情况、重要保障情况、风险预警等任务下发执行情况以及遗留问题等注意事项。在处理网络安全事件或安防设备紧急故障时，不宜进行交接班工作。

（5）交班人员应向接班人员详细告知上一班机房内相关的工作情况，包括系统升级、现场维护、维保、安全围栏使用情况、工作票进展情况等。

（6）交接班前，交班人员必须搞好值班室和休息室的环境卫生工作，做到窗净明亮。

（7）值班员交接班时，应将系统运行状况，特别是设备的异常缺陷情况，向接班人员交代清楚。接班人员应仔细阅览交接班记录和运行日志，了解各应用系统运行状况。

（8）值班员交接班应至少包含以下几方面内容：

1）全省受电关口数据封锁或数据多源人工切换情况；

2）发电厂机组封锁情况；

3）全站数据封锁情况；

4）厂站通道全中断或全故障情况；

5）重要厂站改造情况；

6）重要系统功能、应用或服务器异常情况；

7）网安重大事件；

8）调控云平台数据汇集情况；

9）全社会电力电量数据。

第二章 / 运行值班工作指导

本章主要介绍调度自动化及网络安全运行值班人员应掌握的系统监视、基本操作和应急处置，主要包括智能电网调度技术支持系统、电能量计量系统、电力现货实时平衡市场、调度运行管理系统、网络安全管理平台、调控云平台和调度自动化运行监测系统。

第一节 智能电网调度技术支持系统

一、系统概述

D5000 系统是一套面向调度生产业务的、集成的、集约化系统，对电网运行的监视、分析、控制、计划编制、评估和调度管理等业务提供技术支持。该系统由基础平台和实时监控与预警、调度计划、安全校核、调度管理四类应用组成。调度自动化运行值班比较常用的应用有监控与数据采集系统（supervisory control and data acquisition，SCADA）、前置子系统（front end system，FES）、电能量系统、负荷预测、发电计划、省地县一体化 OMS 系统和综合数据平台等应用。

二、基础平台

（一）概述

基础平台向各类应用提供支持和服务，主要包括系统管理、数据存储与管理、消息总线和服务总线、公共服务、平台功能和安全防护等基本功能。并且提供数据库管理、模型管理、人机界面、系统管理、权限管理、实例管理、数据采集与交换、报表、并行计算管理等功能。

（二）常规操作

1. D5000 系统启停

（1）启动：执行部署在工作站上的启动脚本，或者在工作站的终端窗口中执行命令"sys_ctl start fast"即可。

（2）停止：执行部署在工作站上的停止脚本，或者在工作站的终端窗口中执行命令"sys_ctl stop"即可。

（3）在工作站的终端窗口中执行命令"ss"，来判断系统是否正常启动。

2. D5000 系统总控台

D5000 系统总控台是用户进入系统进行操作的总控制台，用户的主要操作均可以通过该总控台进入，是一个便捷友好的人机界面。总控台如图 2-1 所示。

图 2-1 总控台

（1）启动总控台方式。

1）系统自动启动。启动 D5000 系统时自动启动总控台界面，该种方式一般适用于调度员工作站。

2）前台启动。启动 D5000 系统后，根据需要手工启动总控台，该种方式适用于服务器或维护工作站。在终端窗口执行"sys_console"即可。

（2）总控台主要操作。

1）总控台用户登录区。该区域是打开总控台后最先需要进行操作的区域，区域中显示了用户名，责任区名以及用户登录相关操作按钮。

a. 用户登录：点击右边绿色按钮，输入账户密码登录系统，弹出登录框。

b. 输入用户名称及密码，选择登录有效期（时间超出有效期时，系统将自动注销），以输入的用户名登录系统。

c. 用户注销：点击右边红色按钮则退出当前账户，屏幕上将弹出注销对话框，点击"Yes"按钮，注销当前用户。

d. 切换用户：点击总控台用户登录区的按钮，进入用户登录界面，修改用户名称、密码及有效期，完成切换操作。该操作完成后，原用户将自动被注销退出系统。

2）总控台极小化。进入系统界面进行监视及操作后，可以将总控台极小化。点击用户登录区的按钮，总控台即缩小为小图标。点击极小化图标中的按钮，可展开总控台。

3）功能。总控台上几乎囊括了所有平台常用功能工具按钮，简单介绍如下：

a. 图形显示：包括图形浏览、图形编辑、图元编辑、色彩配置等；

b. 数据库：包括数据库、实例管理、模型启用等；

c. 公式定义：包括公式定义、稳定断面定义、实时显示、责任区定义等；

d. 告警查询：包括告警查询、告警定义、告警窗等；

e. 系统管理：包括系统管理、权限管理等；

f. 检索器：包括检索器等。

3. 图形浏览器

（1）图形浏览器功能。画面显示即图形浏览器，是系统使用最频繁的工具，对整个系统的界面浏览显示并进行操作。主要有以下功能：

1）反映实时数据及设备状态：在画面上，遥测量、遥信量每1s刷新一次，同时根据系统色彩配置表中的颜色来区别各个遥测量或设备的不同状态；

2）反映历史数据：在图形浏览器中可以调出任一时段的历史数据；

3）事故追忆：可以调出任一事故的事故断面，并进行反演；

4）应用切换：图形浏览器工具不仅是服务于SCADA应用，对于高级应用软件（power application software，PAS）、调度员培训仿真系统 (dispatcher training simulator，DTS)、AGC等其他应用也同时适用；

5）显示网络着色：根据电压等级、是否带电、量测质量码、拓扑关系等赋予一次接线图上的设备不同颜色；

6）人工操作：调度员进行的任何操作都可在图形上完成。这些操作包括遥测封锁、遥测解封锁、遥测置数、遥信封锁、遥信解封锁、遥信对位、遥控、遥调、设置标志牌等。

（2）启用。在控制台上点击"画面显示"菜单图标按钮，即可打开默认图形。默认图形如图2-2所示。

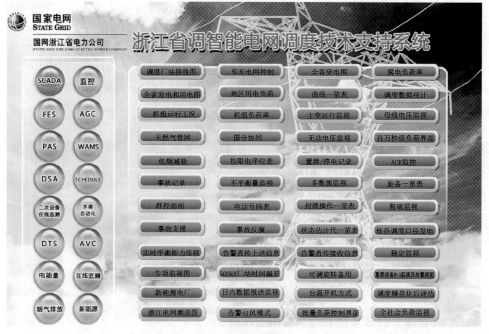

图2-2　默认图形

三、电网运行稳态监控——SCADA

（一）概述

SCADA 即电网运行稳态监控，是架构在统一支撑平台上的应用子系统，是 D5000 系统最基本的应用，用于实现完整的、高性能的电网实时运行稳态信息的监视和设备控制，为其他应用提供全方位、高可靠性的数据服务。主要实现以下功能：数据接收与处理、数据计算与统计考核、控制和调节、网络拓扑、画面操作、断面监视、事件和报警处理、计划处理、电网调度运行分析、一次设备监视、开关状态检查、事故追忆及事故反演等。

（二）名词释义

1. SCADA 操作

遥信对位：断路器、隔离开关变位后，厂站图上发生变位的断路器、隔离开关将闪烁显示，用以提示变位信息，此操作用于恢复断路器、隔离开关的正常显示。

（1）遥信封锁：不接收 FES 送来的遥信信号，断路器、隔离开关锁定当前状态；

（2）遥信解封锁：对断路器、隔离开关进行遥信封锁后，此操作用以解除封锁，断路器、隔离开关状态按照 FES 送来的遥信信号显示。

（3）遥测封锁：不接收 FES 送来的遥测数据，固定为封锁前的数据。

（4）遥测解封锁：解除设备或动态数据的遥测封锁，重新接收 FES 送来的遥测数据。

（5）遥测置数：将设备或动态数据当前的遥测值改变为设置的值。注意：接收到下一个遥测数据后，遥测值被刷新，请注意与遥测封锁的区别。

（6）遥控闭锁：关闭设备的遥控功能，使之不能进行遥控操作。

（7）遥控解锁：解除设备的遥控闭锁状态。在遥控闭锁后使用。

（8）抑制告警：设备 / 量测被抑制告警后，相应设备 / 量测的告警信息不上送告警窗口，但会照常记录在告警表中。

（9）恢复告警：设备被抑制告警后，通过恢复告警，设备 / 量测解除抑制告警状态，恢复正常告警。

（10）设置标志牌：设备被设置标志牌后，会处于"挂牌"状态，挂牌的同时会读取标志牌定义表中相应标志牌的属性，并进行相应处理。

2. SCADA 遥测质量码

（1）越合理范围：量测超出合理性范围；

（2）工况退出：远动装置（remote terminal unit，RTU）退出而导致数据不再刷新；

（3）不变化：该遥测一段时间内（实测数据默认 180s，计算值默认 30s）未发生变化；

（4）可疑：对于计算量，当公式分量在数据库中被删除，而公式没有删除该分量，则公式结果会显示"可疑"状态；

（5）跳变：对进行了跳变监视的量测，当该遥测的变化超过了一定范围（可定义），且保持了一段时间（可定义）后，会处于跳变状态；

（6）越上限1：量测超过第一上限值范围；

（7）越下限1：量测低于第一下限值范围；

（8）越上限2：量测超过第二上限值范围；

（9）越下限2：量测低于第二下限值范围；

（10）越上限3：量测超过第三上限值范围；

（11）越下限3：量测低于第三下限值范围；

（12）越上限4：量测超过第四上限值范围；

（13）越下限4：量测低于第四下限值范围；

（14）非实测值：该遥测未从RTU采集；

（15）未初始化：初始状态，没有经过任何处理；

（16）计算值：该遥测来自计算；

（17）取状态估计：该遥测来自状态估计；

（18）被旁路代：该遥测被旁路量测替代；

（19）被对端代：针对线路的遥测，该遥测被线路的对端量测替代；

（20）旁代异常：旁路替代异常；

（21）历史数据被修改：当历史数据被修改后，在对其进行采样查询时该数据会提示"历史数据被修改"；

（22）分量不正常：针对计算量，表示参与计算的某个分量状态不正常（如工况退出等）；

（23）置数：该量测为人工置数值；

（24）封锁：该量测为人工置数值且保持住。

3. SCADA遥信质量码

（1）工况退出：RTU退出而导致数据不再刷新；

（2）非实测值：该遥信未从RTU采集；

（3）未初始化：初始状态，没有经过任何处理；

（4）事故变位：该遥信出现事故分闸，尚未确认；

（5）遥信变位：该遥信出现遥信变位，尚未确认；

（6）控制中：当设备开始进行遥控操作，未结束之前，设备会处于控制中状态；禁止遥控：对设备进行遥控闭锁操作后，设备处于禁止遥控状态；坏数据：针对双节点遥信，两个节点值校验异常；

（7）三相不一致：针对三相遥信，三相遥信位置不一致；

（8）告警抑制：该遥信相关的告警仅保存历史库，其他告警信号被屏蔽，不上送告警窗；

（9）计算：该遥信量是一个计算值，由其他遥信量计算出来的值；

（10）置数：该遥信的数值为人工置数值，如果是实测的量测，会自动刷新；

（11）封锁：该遥信的数值为人工封锁值，不再刷新，直到人工解除封锁；

（12）正常：该遥信处于正常状态。

（三）重要监视画面及异常处置

调度自动化运行值班需对 SCADA 应用中的重要画面进行监视，主要包括全省受电图、地区用电负荷、曲线一览表和调度数据统计图等，该类画面展示电网运行的重要指标或数据，需格外关注，这些画面的入口均在 SCADA 主页面上，点击相应按钮即可跳转到对应的监视画面。

1. 全省受电图

（1）数据来源。"全省受电图"页面相关数据包括系统频率、周波偏差、全省受电计划实时值、全省受电总加实时值、ACE 值、全省受电关口分量值等。全省受电图如图 2-3 所示。

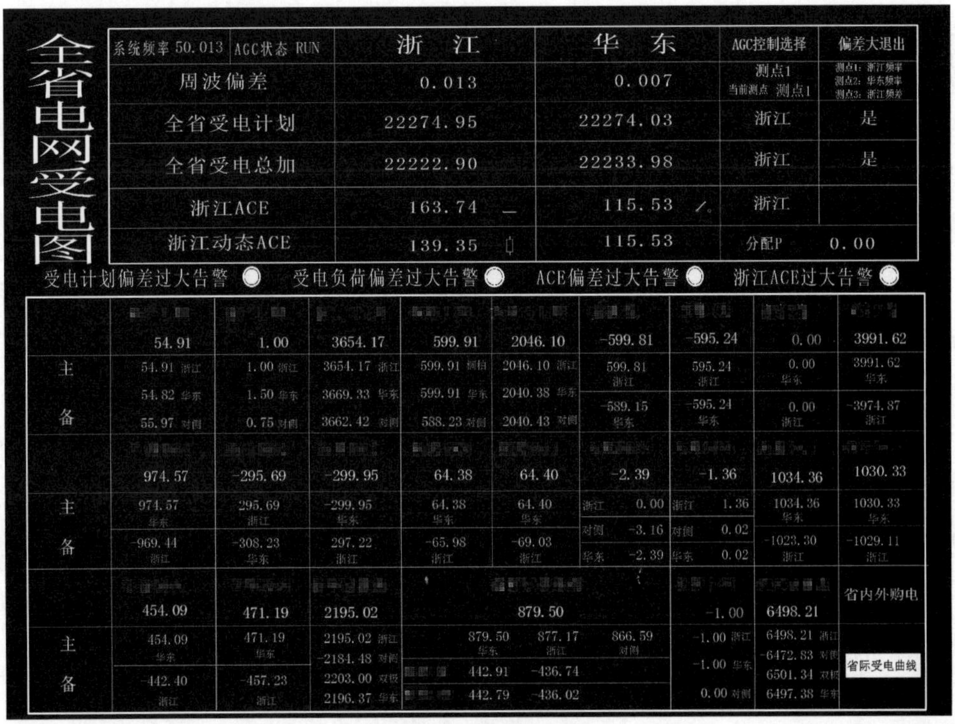

图 2-3 全省受电图

1）系统频率、周波偏差。电力系统频率是电能质量的三大指标之一，电力系统的频率反映了发电有功功率和负荷之间的平衡关系，与广大用户的电力设备及发供电设备本身的安全和效率有着密切的关系。周波偏差即电力系统在正常运行条件下，系统频率的实际值与标称值之差，我国电力系统频率的标称值为 50Hz，周波偏差的允许范围为 ±0.4Hz。系统频率与周波偏差直接影响 AGC 的调节，是反映电网运行状态的重要参数。

系统频率及周波偏差由卫星时钟同步装置采集，其中周波偏差还可由 D5000 系统通过公式计算功能获得，同时上级调度机构即华东网转发其 D5000 系统中的频率及频差。正常运行情况下，D5000 系统使用浙江频差参与 AGC 的调节，并提供华东频率、浙江频率两个源作为备用源，频率、周波偏差如图 2-4 所示。

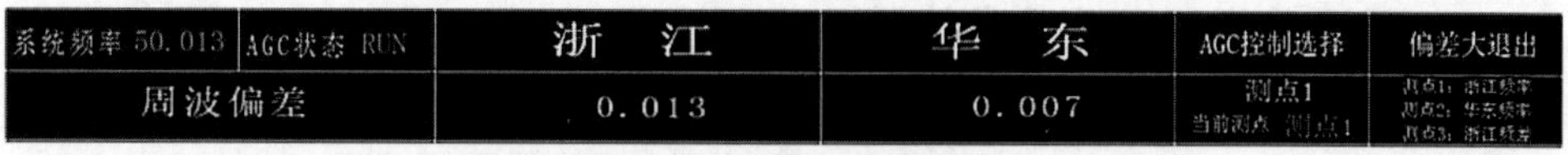

系统频率 50.013	AGC状态 RUN	浙 江	华 东	AGC控制选择	偏差大退出
周波偏差		0.013	0.007	测点1 当前测点 测点1	点差：浙江频率 其一：华东频率 其二：浙江频率

图 2-4　频率、周波偏差

2）全省受电计划、实际值、分量。全省受电电力由两部分组成：一是华东网调调度但在浙江境内发电厂的上网电力；二是通过省际输电线路输送的外省电力。与全省发电电力一起反映全省的用电情况，同时影响 AGC 的调节，是关键数据之一。

a. 全省受电计划由华东网调制定和下发，一般于晚上下发次日受电计划，当日计划值实时设定，会根据情况随时修改计划，并重新下发。同时省调调度计划处会同步制定受电计划，一般情况两者保持一致。AGC 根据华东下发受电计划对参与 AGC 调节的机组进行发电控制。

b. 全省受电实际值在一般情况下与计划保持一致，但也存在受电计划更改，受电实际值尚未调整到位而产生偏差的情况。华东网调同时会下发其 D5000 系统所计算的受电实际值，可通过对这两者的比较初步判断原因。

c. 受电分量采用数据多源、上下限设置、D5000 系统界面告警、D5000 系统画面标注、全站数据不刷新及自动化运行监测系统告警等方式进行监视。当数据差值过大时会显示"红点"告警。

d. 全省受电关口分量值采用数据多源的方式获取，数据源至少有两个，一般有受电关口侧数据、关口对侧数据、华东转发数据等组成。当某个数据源质量码异常时，系统会自动切换至其他数据源；也可在某个数据源检修工作或数据异常时，手动切换至其他数据源。

e. 全省受电总加实时值由受电关口分量值相加组成，每个受电分量值设置有相应的上下限；当超过设置的上下限时，将保持为越限前的正常值。

3）D5000 系统界面告警。

a. 全省受电实时计划值与华东转发的受电实时计划值偏差大于 ±100MW 时，在

D5000 系统受电监视图上产生红色光字告警；

b. 全省受电总加实时值与华东转发的受电总加实时值偏差大于 ±100MW 时，在 D5000 系统受电监视图上产生红色光字告警；

c. ACE 控制值的绝对值大于 500MW 时，在 D5000 系统受电监视图上产生红色光字告警；

d. ACE 控制值与华东转发的 ACE 控制值偏差大于 ±500MW 时，在 D5000 系统受电监视图上产生红色光字告警；

e. 全省受电关口分量的多源数据之间设置偏差告警，当任一数据源值与其他数据源值超过一定限值时（一般为 ±50MW），在 D5000 系统受电监视图上产生红色光字告警。

4）D5000 系统画面标注。

a. 一次接线图标注。受电关口线路所属厂站的一次接线图上，在相应线路处标注相应文字，以便在厂站检修工作时对其进行重点监视及处置，一次接线图标注如图 2-5 所示。

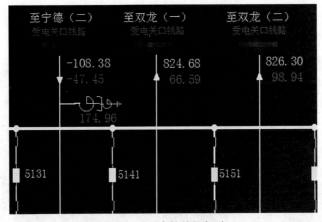

图 2-5 一次接线图标注

b. 厂站工况图标注。在厂站工况图中，对受电关口线路所属厂站标牌以显眼颜色进行标注，以便在厂站检修工作或全站实时数据通信异常时对其进行重点监视和处置，厂站工况图标注如图 2-6 所示。

图 2-6 厂站工况图标注

5）自动化运行监测系统告警。自动化运行监测系统原先是从一区 D5000 系统获取全省受电相关数据的光字告警信息再发送到三区进行集中监测和窗口、音响告警，这存在一定的滞后，不利于及时发现问题，减小影响范围。现已调整至从 D5000 系统三区 Web 数据库中获取全省受电相关数据，这减少了数据传输环节，提高了告警的及时性。

具体告警规则如下：

a. 全省受电总加实际值与华东转发的受电总加实际值偏差若连续超过 3min 则告警；

b. 全省受电实时计划值与华东转发的受电实时计划值偏差若连续超过 3min 则告警；

c. ACE 控制值的绝对值若连续超过 3min 大于 500MW 时则告警；

d. ACE 控制值与华东转发的 ACE 控制值偏差若连续超过 3min 则告警；

e. 全省受电关口分量多源数据偏差告警若连续超过 3min 则告警；

f. 重要厂站数据不刷新若连续超过 3min 则告警。

（2）异常处置。

1）浙江频率处于异常状态时，值班员应通知相应运维人员进行数据源的切换。

2）浙江受电计划、受电总加、浙江 ACE 处于异常时，若华东下发正常，值班员应通知调度员进行控制源切换，并通知运维人员处理。

3）受电分量当前源异常时，可以点击受电分量右键，在菜单里选择"数据多源"，手动选择数值正确的源，然后立即通知运维人员处理，并告知调度员。

2. 地区用电负荷表

（1）数据来源。"地区用电负荷表"页面主要展示浙江全省 11 个地区全社会负荷、调度口径负荷、网供负荷等数据。地区用电负荷表如图 2-7 所示。

地区	用电指标 P(MW)	省调加网供负荷 P(MW)	差值 P(MW)	计划值网供负荷 P(MW)	计划值调度口径 P(MW)	地区自加网供负荷 P(MW)		地区自加网供负荷 Q(MVAR)	COSΦ	省调加调度口径 P(MW)	地区自加调度口径 P(MW)	地区自加调度口径 Q(MVAR)	省调加全社会口径 P(MW)	地区自加全社会口径 P(MW)	地区自加全社会口径 Q(MVAR)
杭州	0.00	11083.60	11083.60	11110.00	12288.13	11054.78		2142.66	0.98	12140.82	12109.80	2213.67	12420.86	12389.84	2213.67
宁波	0.00	11225.78	11225.78	11591.00	12655.67	11224.94		1839.72	0.99	12428.31	12419.22	2035.27	12907.25	12887.32	3023.62
嘉兴	0.00	5989.11	5989.11	6212.73	7953.94	6002.45		1038.63	0.99	7961.24	7971.44	1120.39	8687.21	8697.41	1120.39
湖州	0.00	3818.36	3818.36	3546.00	4378.93	3819.90		759.64	0.98	4441.12	4443.53	881.50	4660.14	4655.80	894.06
金华	0.00	5914.26	5914.26	6037.00	6733.60	5908.84		1073.87	0.98	6632.13	6625.10	1093.44	6939.06	6936.01	1089.90
绍兴	0.00	5881.26	5881.26	6048.00	7116.73	5878.34		1191.59	0.98	6979.72	6976.73	1312.14	7266.12	7263.13	1312.14
台州	0.00	4750.55	4750.55	4792.56	5432.67	4768.07		345.41	0.98	5446.21	5468.24	864.69	5693.24	5715.26	864.69
温州	0.00	6292.65	6292.65	6453.88	7442.11	6308.63		1266.74	0.98	7310.10	7326.45	1369.44	7548.13	7564.48	1369.79
衢州	0.00	1169.31	1169.31	1018.00	2324.67	1151.72 ●		387.05	0.95	2425.88	2411.58	391.78	2630.49	2616.18	391.78
丽水	0.00	-135.41	-135.41	-59.24	1742.20	-115.05 ●		173.78	-0.54	1627.63	1648.19	173.78	1766.04	1786.60	178.40
舟山	0.00	1346.00	1346.00	1415.00	1525.87	1359.95		383.12	0.96	1464.26	1477.82	381.75	1747.80	1761.36	381.75
全省	南网负荷 39700.07	57335.47		58164.93	73141.77	57354.87		11114.82	0.98						

浙南负荷 30879.57 浙南总出力 28235.80 浙南煤机出力 22068.46 浙北负荷 28884.54 浙北总出力 6046.98 浙北煤机出力 4719.16

全省负荷	0.00	59785.79	59785.79	10129.40	全省发电	34282.78	9844.69
调度口径全省负荷		71305.83	10137.40		调度口径全省发电	45802.81	9852.69

图 2-7 地区用电负荷表

1）地区全社会负荷。地区全社会负荷由地区调度口径负荷再加上非调度口径机端电力及地区省际联络线组成，非调度口径机端电力是指未签订调度协议电厂的发电电力，主要是 0.4kV 光伏发电，地区省际联络线是指地区与外省之间的低电压等级的联络线。

2）地区调度口径负荷。地区调度口径负荷由地区网供负荷再加上地调调度口径机端电力组成，地调调度口径机端电力是指地调管辖电厂的发电电力。

3）地区网供负荷。地区网供负荷是指由省调供给地区的电力，关口点一般为 220kV 变电站主变压器高压侧、110kV 及以下统调电厂上网线路、电铁牵引站线路对侧以及地区之间 110kV 及以下线路。

4）计划值。计划值由省调调度计划应用生成，并发送至 SCADA 应用，一般于 17 点前发布次日用电计划值。计划值为 96 点数据，地区用电负荷表展示的为计划当前值，具体的计划曲线可从“曲线一览表”中查看。

5）省调加与地调加。“省调加”数据由省调 D5000 系统通过公式计算而来；“地调加”数据由地调能量管理系统（energy management system，EMS）计算后转发至省调。

（2）异常处置。当“省调加”数据与“地调加”数据差值过大时会显示“红灯”告警，进入地区关口表，对缺陷分析判断。点击相应地区名字进入地区关口表，地区用电负荷表如图 2-8 所示。

杭州地区用电负荷分关口表

杭州地区			
省调加有功 11085.30	无功 2183.65	省调加调度口径有功 12151.17	无功 2183.65
地调加有功 11096.15	无功 2149.90	地调加调度口径有功 12141.90	无功 2262.51
非统调电源总有功 0.00	非统调电源总无功 0.00		

关口名称	有功（MW）	关口名称	有功（MW）	关口名称	有功（MW）	关口名称	有功（MW）
主变220kV侧 172.77	86.78 86.88	主变220kV侧 205.38	100.36 105.99	主变220kV侧 206.79	81.23 61.20 64.65	主变220kV侧 114.58	58.88 58.88
主变220kV侧 128.45	64.98 65.65	主变220kV侧 186.39	57.69 73.18 55.52	主变220kV侧 233.18	118.42 114.76	主变220kV侧 217.95	114.95 109.10
主变220kV侧 188.80	51.91 41.16 54.56 41.30	主变220kV侧 180.58	64.39 80.73 32.69	杭地电南牵 9.17	-0.02 15.70	主变220kV侧 61.52	30.47 31.76
主变220kV侧 195.48	55.31 73.40 66.76	主变220kV侧 99.91	49.16 50.45	杭地北电牵 7.51	-0.03 8.00	主变220kV侧 74.38	38.23 36.15
主变220kV侧 271.23	160.04 111.46	主变220kV侧 116.47	60.75 55.90	主变220kV侧 170.26	86.63 83.63		51.52
主变220kV侧 93.77	94.70 0.00	主变220kV侧 207.57	75.06 60.43 72.15	主变220kV侧 264.04	70.51 96.87 96.88	牵变(对侧) 13.37	0.00 4.75
主变220kV侧 216.51	65.47 86.04 65.23	主变220kV侧 467.34	120.19 116.52 118.08 111.03	主变220kV侧 279.31	86.40 99.80 92.43	牵变(对侧) 19.55	0.00 14.68
主变220kV侧 169.87	89.60 80.40	主变220kV侧 75.93	38.41 37.34	主变220kV侧 218.30	109.79 108.51	牵变(对侧) 0.00	0.00 0.00
主变220kV侧 43.45	21.83 21.45	主变220kV侧 314.00	80.55 95.02 138.78	主变220kV侧 152.29	49.66 54.19 48.76	主变220kV侧 126.91	91.75 15.73 18.24
主变220kV侧 209.05	102.43 106.99	主变220kV侧 184.70	51.65 79.09 51.76	主变220kV侧 368.48	121.02 122.80 122.92	主变220kV侧 104.34	53.00 51.19
主变220kV侧 172.83	62.12 50.02 63.76	主变220kV侧 143.84	69.81 42.01 32.15	主变220kV侧 141.66	69.11 72.55	主变220kV侧 126.67	63.77 62.92
主变220kV侧 236.56	71.23 96.34 70.88	主变220kV侧 123.84	61.12 63.26	主变220kV侧 198.98	97.26 99.71	主变220kV侧 111.21	55.55 55.66
主变220kV侧 181.97	57.19 65.02 60.12	主变220kV侧 153.97	67.33 19.30 67.76	主变220kV侧 168.12	84.34 88.16	主变220kV侧 77.18	38.44 38.43
主变220kV侧 187.31	49.30 81.76 55.45	主变220kV侧 138.68	68.58 70.10	主变220kV侧 75.47	37.55 38.62	主变220kV侧 90.11	45.01 45.20
主变220kV侧 205.27	72.23 72.44 60.56	主变220kV侧 135.30	5.14 129.80 0.00	主变220kV侧 111.91	54.56 58.47	主变220kV侧 106.86	53.50 53.61
主变220kV侧 202.29	74.64 79.61 48.85	主变220kV侧 220.54	114.82 106.02	主变220kV侧 152.87	77.84 0.00 74.88	牵变(对侧) 5.64	5.51 0.00
主变220kV侧 169.36	95.27 71.68	主变220kV侧 67.34	33.76 33.40	主变220kV侧 48.14	21.99 26.13	牵变(对侧) 4.82	4.57 0.00
青慈1528线	0.00	主变220kV侧 137.17	68.41 67.69	主变220kV侧 53.74	26.81 28.18	牵变(对侧) 0.00	0.00 0.00
主变220kV侧 155.31	80.23 75.08	主变220kV侧 156.44	78.99 77.43	主变220kV侧 107.86	53.29 54.46	主变220kV侧 124.13	61.36 62.78
主变220kV侧 162.08	80.01 82.72	主变220kV侧 -12.14	-5.81 -6.07	主变220kV侧 19.85	9.73 10.11		0.25
							0.00

	市区	萧山区	余杭区	富阳区	临安区	桐庐县	建德区	淳安区
全社会口径负荷	5414.87	2643.53	1852.85	843.41	628.04	380.63	515.07	178.05
调度口径负荷	4484.33	2643.53	1852.76	843.41	628.04	380.63	470.26	178.05
统调口径负荷	3907.65	2487.88	1805.81	807.50	572.71	310.69	419.32	116.60
非统调电源机端	581.32	155.96	47.45	35.91	50.44	70.56	53.52	62.25
非调度口径机端	292.63	0.00	0.00	0.00	0.00	0.00	0.00	0.00

全省负荷		全省发电		杭州南	杭州北
59646.97	10158.58	34319.21	9859.90	3263.31	6155.14

图 2-8　地区用电负荷表

1）主站数据问题：进行数据封锁、状态估计代、线路对端代等应急操作，通知相应地区或电厂处理。

2）主站公式问题：通知运维人员处理。

3）地区数据问题：通知地调自动化值班台处理。

3. 曲线一览表

（1）数据来源。曲线一览表用于各类实时数据曲线、计划曲线的汇总查看，曲线分为七大类，分别是全社会曲线、调度口径曲线、统调口径曲线、受电曲线、地县调度口径曲线、地区负荷曲线及新能源曲线，每类曲线有单独展示画面，曲线链接以树状结构布置，可直观展现曲线之间的关系。曲线一览表如图2-9所示。

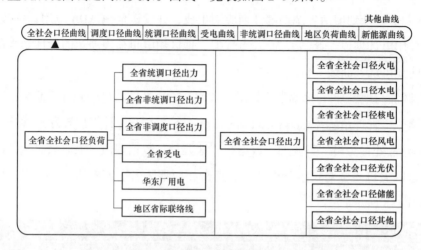

图2-9 曲线一览表

1）调度口径曲线。调度口径曲线主要用于展示调度口径负荷、调度口径各发电类型发电的历史曲线，包括实时数据历史曲线和计划数据历史曲线，方便比较实时数据和计划数据。其中调度口径发电分为不含华东调度电厂和含华东调度电厂，以满足不同统计方式的报表。全省调度口径负荷为每日巡视对象，包括全省调度口径负荷、全省统调负荷、全省调度口径负荷计划、全省统调负荷计划。调度口径曲线导航界面如图2-10所示，调度口径负荷曲线如图2-11所示。

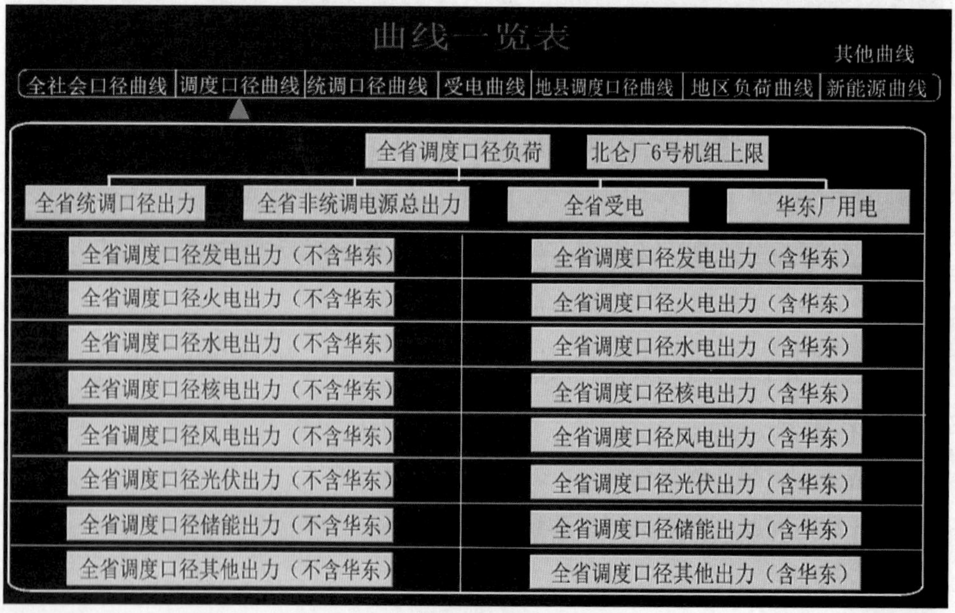

图2-10 调度口径曲线导航界面

—— 6月20日：全省调度口径负荷　　…… 6月20日：全省调度口径负荷计划

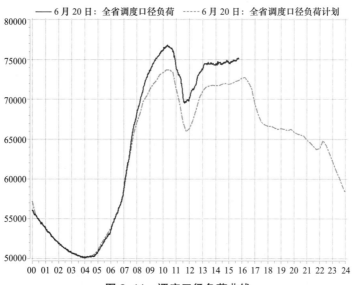

图 2-11　调度口径负荷曲线

2）受电曲线。受电曲线展示统调口径受电电力组成形式，提供全省受电、省际联络线、华东上网电力、华东厂用电、华东机端电力等相关曲线调用链接。其中全省受电为每日巡视对象，统一展示受电实际值、受电计划值、华东浙江计划、华东浙江实际、运方计划。受电曲线导航界面如图 2-12 所示，受电曲线如图 2-13 所示。

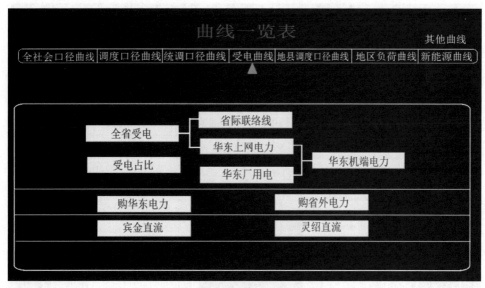

图 2-12　受电曲线导航界面

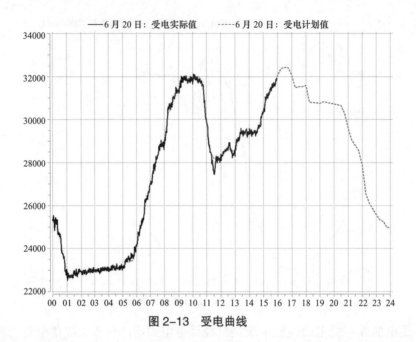

图 2-13　受电曲线

3）地区负荷曲线。地区负荷曲线用于展示浙江 11 个地区统调口径负荷、调度口径负荷的实时数据和计划数据。其中计划数据会通过纵向传输平台下发给各地区。地区负荷曲线导航界面如图 2-14 所示，地区调度口径负荷曲线如图 2-15 所示。

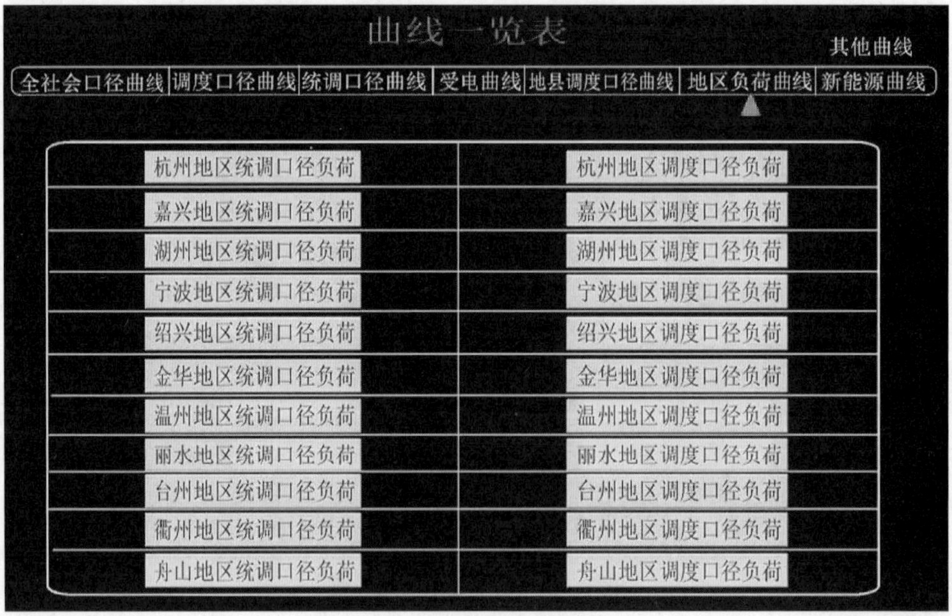

曲线一览表		
其他曲线		
全社会口径曲线｜调度口径曲线｜统调口径曲线｜受电曲线｜地县调度口径曲线｜地区负荷曲线｜新能源曲线		
杭州地区统调口径负荷	杭州地区调度口径负荷
嘉兴地区统调口径负荷	嘉兴地区调度口径负荷
湖州地区统调口径负荷	湖州地区调度口径负荷
宁波地区统调口径负荷	宁波地区调度口径负荷
绍兴地区统调口径负荷	绍兴地区调度口径负荷
金华地区统调口径负荷	金华地区调度口径负荷
温州地区统调口径负荷	温州地区调度口径负荷
丽水地区统调口径负荷	丽水地区调度口径负荷
台州地区统调口径负荷	台州地区调度口径负荷
衢州地区统调口径负荷	衢州地区调度口径负荷
舟山地区统调口径负荷	舟山地区调度口径负荷

图 2-14　地区负荷曲线导航界面

—— 6月20日：杭州地区调度口径负荷总有功 ----- 6月20日：杭州地区调度口径计划

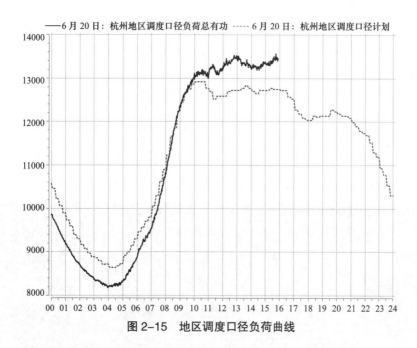

图 2-15　地区调度口径负荷曲线

（2）异常处置。

1）实时数据历史曲线异常：通知自动化专业的运维人员修改实时数据历史值；

2）计划曲线异常：通知调度计划系统运维人员重新发送计划文件。

4. 调度数据统计

（1）数据来源。调度数据统计表涉及调度日报上报所需数据，画面上的数据均由公式计算得来，分量基本为发电厂机组发电电力、线路有功功率、地区上送数据等。调度日报数据如图 2-16 所示。

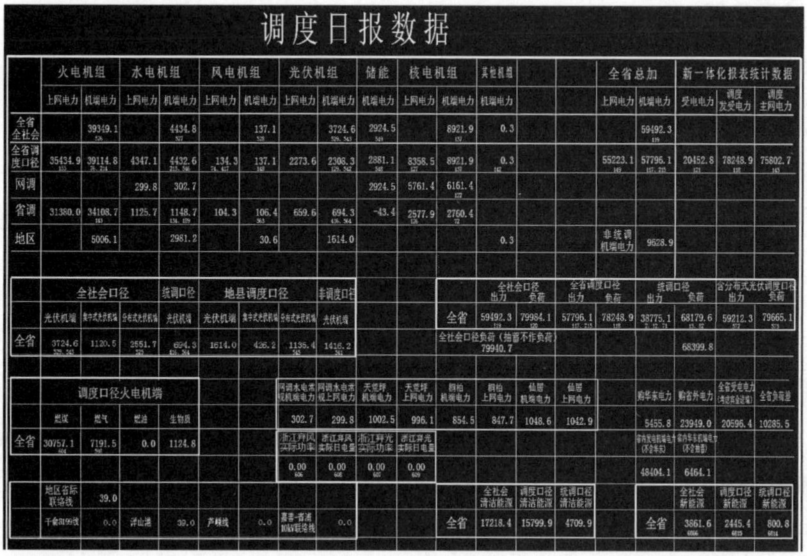

图 2-16　调度日报数据

（2）异常处置。若调度员反映各类报表中数据有异常，都可以在此表中查看。值班人员可通过"今日曲线"查询，初步判断数据是否真的存在异常，并确定异常时间点，然后通知运维人员处理。

5. 全省发电和用电表

（1）数据来源。该画面主要用于展示全省各统调电厂发电情况、全省各类电厂发电总加、各口径全省发电总加；其中各电厂有功功率、无功功率为电厂机组机端电力之和，负荷率为发电机实时发电电力与电厂开机容量之比。全省发电和用电表如图 2-17 所示。

全省发电和用电表

新能源光伏　新能源风电　机组可用容量表　机组年负荷率

电厂名	有功	无功	实时负荷率	电厂名	有功	无功	实时负荷率	电厂名	有功	无功	实时负荷率		电厂名	有功	无功	实时负荷率		电厂名	有功	无功	实时负荷率
	2582.6	810.2	86.09		0.0	0.0	0.00		0.0	0.0	0.00										
	461.1	159.5	76.86		0.0	0.7	0.00		0.0	0.0	0.00										
	988.0	149.7	74.85		-1.3	-0.9	0.00		0.0	0.0	0.00										
	775.9	126.4	77.59		301.0	65.1	66.59		8.1	1.3	0.00										
	258.4	42.1	78.30		-0.0	0.0	0.00		0.4	0.5	0.11										
	4035.1	964.2	88.10		0.0	0.0	0.00		0.1	0.0	0.09										
	1889.3	208.5	75.87		0.0	0.0	0.00		99.2	15.1	49.60										
	771.4	169.0	77.14		85.0	16.8	30.98		0.0	0.0	0.00										
	947.0	59.0	75.76		623.4	201.4	79.00		0.0	0.0	0.00										
	1488.1	524.0	77.40		324.8	-0.8	78.27		37.4	-5.2											
	1505.1	565.1	76.02		-0.3	1.0	0.00					可用容量									可用容量
	812.6	184.4	82.92		-0.3	0.0	0.00	全省火电	25433.3	6110.7	79.83	31858.2	统调口径全省发电	27511.3	6307.3	75.05	36656.7				
	1022.9	315.1	77.49		0.0	0.0	0.00	燃煤机组	23528.6	5706.5	80.42	29257.0	调度口径全省发电	562.1	98.2	9.75	5782.5				
	262.7	75.3	79.61		0.0	0.0	0.00	公用燃煤	22974.4	5500.1	80.13	28672.0	省级口径全省发电	287.1	-9.5	26.98	1064.1				
	261.9	86.0	79.36		3.3	0.0	0.00	燃油机组			0.00		省网口径全省发电	673.3	9.7	49.28	1366.4				
	496.5	77.5	75.23		194.9	69.9	75.82	燃气机组	1904.8	404.1	73.23	2601.2	地网口径全省发电	98.8							
	280.0	64.0	65.12		0.0	0.0	0.00	百万机组	4962.8	1381.3	82.71	6000.0									
					0.0	0.0	0.00	60万机组	11311.7	2630.0	80.00	14140.0	全省负荷实发	29692.0							
	493.0	110.9	75.85		252.7	77.4	56.15	30万机组	4072.7	779.7	77.47	5257.0	全省负荷预测	27539.1							
					115.5	55.4	85.56	全省水电	145.2	17.0	9.02	1609.8	全网实时负荷	561.0							
	110.0	8.5	81.49		156.0	56.0	0.00	全省核电	329.5	61.0	102.98	320.0	全网负荷预测	286.9							
	833.0	269.6	83.30		103.8	19.9	0.00	全省风电	18.2	1.1	0.00	0.0	全省日最高负荷	831.8							
	464.6	203.4	70.72		0.0	0.0	0.00	全省光伏	307.9	1.6	335.53	91.8	全省日最低负荷	143.7							
	780.3	41.6	78.03		771.0	156.7	73.43						全网负荷预测	329.5		全省机组投运	169				
	374.2	20.5	81.70		329.5	61.0	102.98									全网机组投运	65				
	582.1	126.1	88.19		0.0	0.0	0.00									全省机组可用率	38.5%				
全省发电	46790.1	6745.0		全省发电	20555.9	542.0		全省出力	26234.2	6203.0	77.64	33788.0									
调度口径全省发电总加	50015.2	7125.1		全省发电	29459.9	6579.7	64.79									45488.1					

图 2-17　全省发电和用电表

（2）异常处置。

1）有功功率、无功功率与电厂实际不符。电厂新增机组投运前未及时通知运维人员维护公式，可通知运维人员修改公式。

2）实时负荷率异常。

a. 电厂装机容量更改、新上机组未及时通知运维人员，通知运维人员修改容量、公式。

b. 电厂有功功率与电厂实际不符，参照有功功率处理方式。

6. 地县调度口径机端

（1）数据来源。该画面主要展示地县调度电厂发电情况，省调加数据由地调上送的各电厂机端电力通过公式计算得来；地调加数据由地调 EMS 系统计算完成后上送省调。省调加数据仅用于校核地调加数据，所有总加公式分量均采用地调加数据。地县调度口径机端如图 2-18 所示。

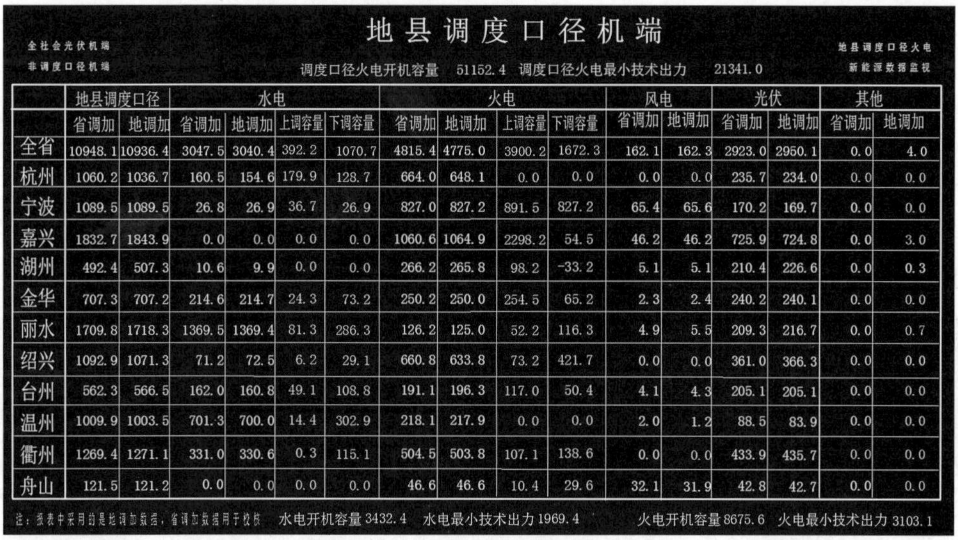

地县调度口径机端

全社会光伏机端

非调度口径机端

调度口径火电开机容量　51152.4　调度口径火电最小技术出力　21341.0

地县调度口径火电

新能源数据监视

	地县调度口径		水电				火电				风电		光伏		其他	
	省调加	地调加	省调加	地调加	上调容量	下调容量	省调加	地调加	上调容量	下调容量	省调加	地调加	省调加	地调加	省调加	地调加
全省	10948.1	10936.4	3047.5	3040.4	392.2	1070.7	4815.4	4775.0	3900.2	1672.3	162.1	162.3	2923.0	2950.1	0.0	4.0
杭州	1060.2	1036.7	160.5	154.6	179.9	128.7	664.0	648.1	0.0	0.0	0.0	0.0	235.7	234.0	0.0	0.0
宁波	1089.5	1089.5	26.8	26.9	36.7	26.9	827.0	827.2	891.5	827.2	65.4	65.6	170.2	169.7	0.0	0.0
嘉兴	1832.7	1843.9	0.0	0.0	0.0	0.0	1060.6	1064.9	2298.2	54.5	46.2	46.2	725.9	724.8	0.0	3.0
湖州	492.4	507.3	10.6	9.9	0.0	0.0	266.2	265.8	98.2	-33.2	5.1	5.1	210.4	226.6	0.0	0.3
金华	707.3	707.2	214.6	214.7	24.3	73.2	250.2	250.0	254.5	65.2	2.3	2.4	240.2	240.1	0.0	0.0
丽水	1709.8	1718.3	1369.5	1369.4	81.3	286.3	126.2	125.0	52.2	116.3	4.9	5.5	209.3	216.7	0.0	0.7
绍兴	1092.9	1071.3	71.2	72.5	6.2	29.1	660.8	633.8	73.2	421.7	0.0	0.0	361.0	366.3	0.0	0.0
台州	562.3	566.5	162.0	160.8	49.1	108.8	191.1	196.3	117.0	50.4	4.1	4.3	205.1	205.1	0.0	0.0
温州	1009.9	1003.5	701.3	700.0	14.4	302.9	218.1	217.9	0.0	0.0	2.0	1.2	88.5	83.9	0.0	0.0
衢州	1269.4	1271.1	331.0	330.6	0.3	115.1	504.5	503.8	107.1	138.6	0.0	0.0	433.9	435.7	0.0	0.0
舟山	121.5	121.2	0.0	0.0	0.0	0.0	46.6	46.6	10.4	29.6	32.1	31.9	42.8	42.7	0.0	0.0

注：报表中采用的是地调加数据，省调加数据用于校核　水电开机容量 3432.4　水电最小技术出力 1969.4　火电开机容量 8675.6　火电最小技术出力 3103.1

图 2-18　地县调度口径机端

（2）异常处置。省调加数据与地调加数据相差过大时会有红灯告警，值班员可通过查看具体县调数据，初步判断问题原因，省调加数据异常通知自动化专业的运维人员处理，地调加数据异常通知相应地调自动化运维处理。

7. 稳定监视

稳定监视是提供给调度员监控稳定限额在线断面潮流的界面，稳定限额分为长期规则、调度员规则、检修规则三类，优先级依次递增，不同类型的规则有不同的页面展示，方便调度员查询。临界越限、越限的稳定限额会自动出现在越限监视设备界面，正常后会自动消失。

稳定限额规则由调控云稳定限额模块制作，以文件形式发送到 D5000 系统，解析文件后在稳定监视界面进行展示。断面名称、限额值、创建原因、规则类型、条件描述均来自解析文件；断面状态、差值、断面值来自 D5000 系统程序自动计算。浙江电网稳定监视表如图 2-19 所示。

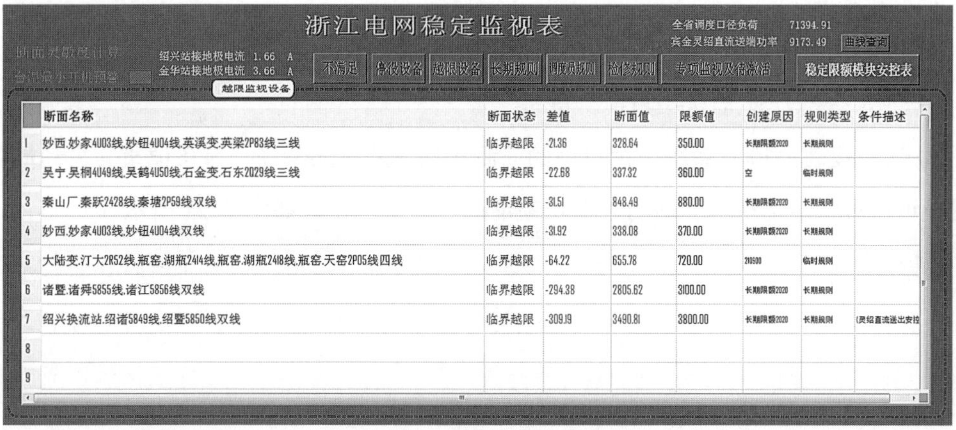

浙江电网稳定监视表

全省调度口径负荷　71394.91

宾金灵绍直流送端功率　9173.49　曲线查询

断面灵敏度计算

台调最小开机预警

绍兴站接地极电流　1.66　A

金华站接地极电流　3.66　A

不满足　停役设备　越限设备　长期规则　调度员规则　检修规则　专项监视及待激活　稳定限额模块安控表

越限监视设备

	断面名称	断面状态	差值	断面值	限额值	创建原因	规则类型	条件描述
1	妙西.妙家4U03线.妙钮4U04线.英溪变.英梁2P83线三线	临界越限	-21.36	328.64	350.00	长期限额2020	长期规则	
2	吴宁.吴桐4U49线.吴鹤4U50线.石金变.石东2029线三线	临界越限	-22.68	337.32	360.00	空	临时规则	
3	秦山厂.秦跃2428线.秦塘2P59线双线	临界越限	-31.51	848.49	880.00	长期限额2020	长期规则	
4	妙西.妙家4U03线.妙钮4U04线双线	临界越限	-31.92	338.08	370.00	长期限额2020	长期规则	
5	大陆变.汀大2R52线.瓶窑.湖瓶2414线.瓶窑.湖瓶2418线.瓶窑.天窑2P05线四线	临界越限	-64.22	655.78	720.00	210500	临时规则	
6	诸暨.诸舜5855线.诸江5856线双线	临界越限	-294.38	2805.62	3100.00	长期限额2020	长期规则	
7	绍兴换流站.绍诸5849线.绍暨5850线双线	临界越限	-309.19	3490.81	3800.00	长期限额2020	长期规则	(灵绍直流送出安控
8								
9								

图 2-19　浙江电网稳定监视表

8. 调度厂站接线图

电网厂站接线图目录如图 2-20 所示，为省调调度变电站、电厂的一次接线图调用链接汇总，以地区、发电厂、电铁、新能源进行分类。变电站以地区分类，并以运维班或者集控站进一步区分；电厂以不同颜色区分电厂类型、电压等级；电铁以电铁线路分类；新能源主要为光伏和风电，并以颜色区分电压等级，方便调度员调用。点击相应厂站名称可跳转至厂站一次接线图。

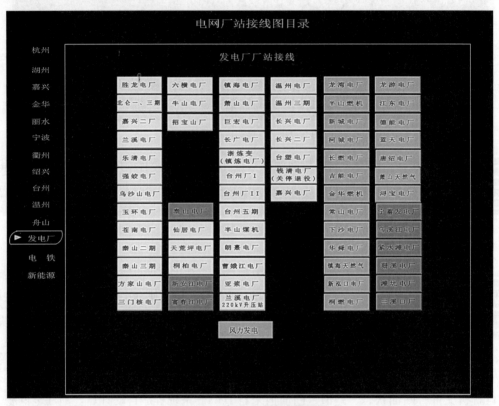

图 2-20 电网厂站接线图目录

9. 其他监视画面

（1）遥信遥测封锁一览表。

1）进入路径为 SCADA—封锁一览表。

2）该表反映 D5000 系统中被封锁的遥测遥信，若解除封锁，该条记录会自动消除。值班员可根据该表掌握各厂站的数据封锁情况。封锁一览表如图 2-21 所示。

图 2-21　封锁一览表

（2）状态估计一览表。

1）进入路径为 SCADA—状态估计一览表；

2）该表反映 D5000 系统中被状态估计代、线路被对端代的遥测数据，表中信息读取 D5000 系统实时数据库，若解除状态估计代，该条记录会自动消除。值班员可根据该表掌握各厂站的数据状态估计代、线路对端代情况。状态估计一览表如图 2-22 所示。

中文名称	有功质量码	无功质量码
浙江.泰山厂/220kV.泰立2424线	被对端代	被状态估计代

图 2-22　状态估计一览表

（3）机组运行工况。

1）进入路径为 SCADA—机组运行工况；

2）机组运行工况如图 2-23 所示，该画面主要用于展示各统调电厂及华东调度电厂各机组的出力及一次调频投退情况，也直接反应电厂上送机组有功功率数据质量情况，方便值班员掌握电厂机组的数据情况，可在一定程度上协助值班员避免机组数据封锁漏解情况的发生。

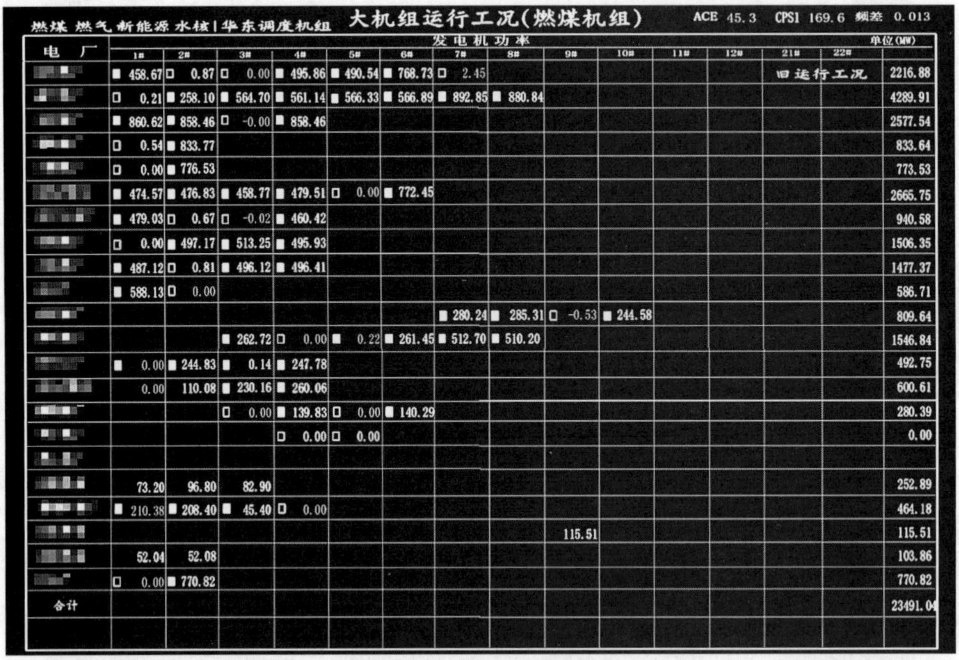

图 2-23　机组运行工况

（4）调度专项监视。

1）进入路径为 SCADA—专项监视图；

2）该画面主要为调度需求各类监视画面汇总链接；

3）左侧"已启用专项监视"为调度正在使用的画面，右侧"已退役专项监视"为历史监视画面，调度已停止使用；

4）此画面会根据调度需求不断调整，增加新链接；

5）计划检修专项监视主要用于监视各类厂站检修过程中周边线路潮流变化、机组出力变化，预防事故发生；

6）特高压专项监视主要用于监视特高压交流、直流及相关变电站线路潮流、电厂机组出力情况；

7）新能源消纳专项监视主要用于监视受电及常规能源对新能源光伏及风电影响情况。

专项监视表如图 2-24 所示。

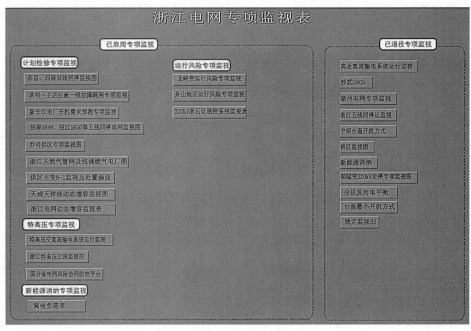

图 2-24　专项监视表

（5）新能源实时监视。

1）进入路径为 SCADA—新能源电厂；

2）新能源实时监视如图 2-25 所示，该画面主要用于展示新能源风电及光伏各口径实时数据。

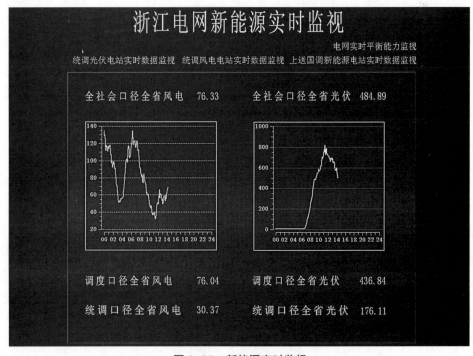

图 2-25　新能源实时监视

（四）常规操作

1. 遥信封锁

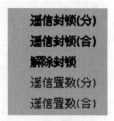

图 2-26　"遥信封锁"菜单项

选择该菜单项可以对断路器和隔离开关进行人工置位操作。选择需要操作的断路器或隔离开关，右键弹出断路器或隔离开关操作菜单，选择"遥信封锁"菜单项，如图 2-26 所示。

（1）遥信封锁：封锁操作后系统将以人工封锁的状态为准，不再接收实时的状态；

（2）解除封锁：遥信解除封锁后，会恢复接收实时数据；

（3）遥信置数：置数操作后，在该遥信未被新数据刷新之前以置数状态为准，当有变化数据或全数据上送后，置数状态即被刷新；

（4）点击选择所需的遥信封锁或遥信置数菜单项，将开关设为相应的状态，设置成功后被设开关具备封锁或置数的质量码。

2. 遥测封锁

选择该菜单项，弹出"遥测封锁"对话框，如图 2-27 所示。

图 2-27　"遥测封锁"对话框

在对话框中输入封锁值以及备注（备注部分为可选项），点击"确定"按钮，将当前设备的遥测值固定为输入的封锁值，直到"解除封锁"为止。

快捷操作方式：遥测封锁操作也可以不通过菜单操作，可以直接双击遥测量，系统即会弹出遥测封锁的操作界面。

3. 今日曲线

选择该菜单项，弹出该遥测量的今日曲线查询窗口，今日曲线如图 2-28 所示。

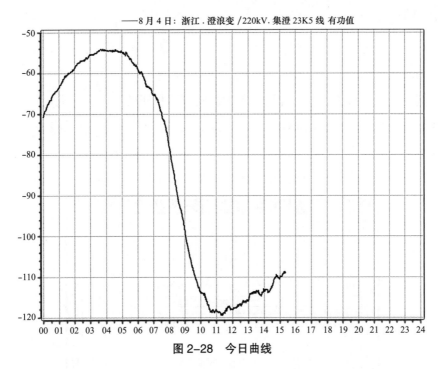

——8 月 4 日：浙江 . 澄浪变 /220kV. 集澄 23K5 线 有功值

图 2-28　今日曲线

在通过今日曲线调出曲线工具后，选择另外一个遥测量，点击曲线合并菜单项，会在已经打开的曲线工具中，自动添加本遥测的今日曲线，曲线合并如图 2-29 所示。

——7 月 6 日：浙江 . 昆仑变 /220kV.#1 主变 220kV 绕组 有功值
——7 月 6 日：浙江 . 昆仑变 /220kV.#2 主变 220kV 绕组 有功值

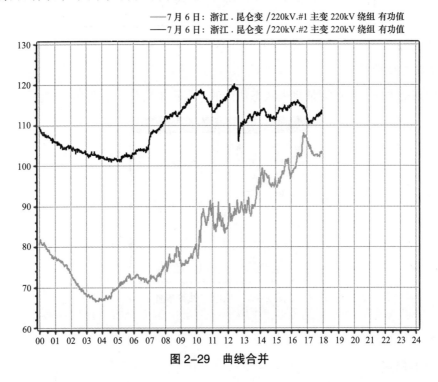

图 2-29　曲线合并

4. 人工对端代

仅线端量测有此菜单项，选择该菜单项，该遥测量将由对侧厂站的数据来代替。

5. 解除对端代

仅线端量测有此菜单项，选择该菜单项，将解除量测的"人工对端代"设置，该遥测量将恢复接收前置的数据。未被"人工对端代"的量测，该菜单项被隐去。

6. 人工点多源

选择该菜单项，弹出人工点多源的定义窗口，如图 2-30 所示。

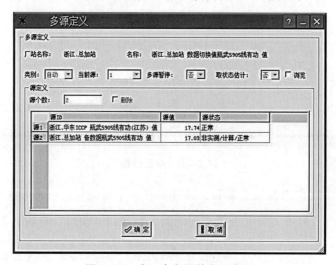

图 2-30　人工点多源的定义窗口

7. 取状态估计结果

选择该菜单项，该遥测量将由状态估计的结果值来代替，如图 2-31 所示。

图 2-31　取状态估计操作

四、FES

（一）概述

FES 作为 D5000 系统中实时数据输入、输出的中心，主要承担了调度中心与各所属厂站之间、与各个上下级调度中心之间、与其他系统之间以及与调度中心内部后台系统之间的实时数据通信处理任务，也是这些不同系统之间实时信息沟通的桥梁。信息交换、命令传递、规约的组织和解释、通道的编码与解码、卫星对时、采集资源的合理分配都是前置子系统的基本任务，其他还包括报文监视与保存、厂站多源数据处理、厂站端设备对时、设备或进程异常告警、事件顺序记录（sequence of event，SOE）告警、维护界面管理等任务。FES 应用主画面如图 2-32 所示。

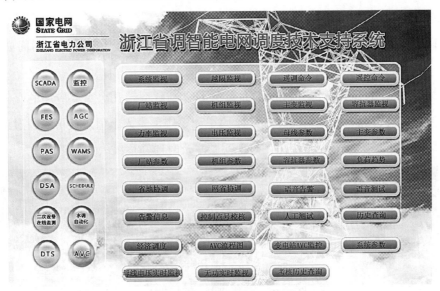

图 2-32　FES 应用主画面

（二）通道工况监视及异常处理

1. 通信通道监视画面

（1）重要厂站工况。

1）进入路径为 FES—重要厂站工况（主）；

2）该画面主要用于展示 500kV 变电站、电厂、上送华东系统通信通道的具体情况。

（2）220kV 变电站工况。

1）进入路径为 FES—220kV 变电站工况（主）；

2）该画面主要用于展示各 220kV 变电站、地调 EMS 系统通信通道的具体情况。

（3）地区纵向传输通道工况。

1）进入路径为 FES—220kV 变电站工况（主）—地区纵向传输通道；

2）该画面主要用于展示地调转发省调数据所用纵向传输平台通信通道的具体情况。

（4）通道状态。

1）通道、厂站投退状态分为投入、故障、退出三种。绿色为投入、黄色为故障、红色为退出。

2）通道的投退状态根据误码率等因素综合判断，故障状态受故障阈值影响，一般阈值为20%，即少于20%的遥测刷新时，通道判为故障。若阈值为0，表示不判通道刷新情况。

3）厂站的投退状态根据通道的状态判断，双通道均故障判厂站通信状态故障，双通道退出判厂站通信状态退出。

4）通道值班状态分为值班、备用、封锁值班、封锁备用四种，封锁值班与封锁备用为人工操作。

2. 服务器运行状况

（1）进入路径为FES—重要厂站工况（主）—服务器运行状况，具体界面如图2-33所示；

（2）"服务器运行状况"监视画面展示了D5000系统几个重要应用的服务器运行情况，包括运行状况、磁盘空间、CPU使用率和应用负责人，值班员可以通过该监视画面实时掌握重要服务器的状况，并在出现问题时及时通知运维人员处理。

服务器名称	运行状况	磁盘空间	CPU （%）	负责人	服务器名称	运行状况	磁盘空间	CPU （%）	负责人
	正常	正常	0			正常	正常	15	
	正常	正常	5			正常	正常	21	
	正常	正常	22			正常	正常	2	
	越限	正常	0			正常	正常	7	
	越限	正常	0			正常	正常	19	
	正常	正常	8			正常	正常	6	
	正常	正常	4			正常	正常	15	
	越限	正常	0			正常	正常	10	
	越限	正常	0			越限	正常	0	
	正常	正常	22			越限	正常	0	
	正常	正常	4			正常	正常	14	
	正常	正常	4			正常	正常	15	

图2-33　服务器运行状况

3. D5000系统上送华东总加数据

（1）进入路径为FES—重要厂站工况（主）—上送华东数据监视；

（2）上送华东总加数据监视表展示了浙江上送华东D5000系统数据，数据通过两路DL476通道和网调D5000系统直连方式上送，两路通道互为主备；

（3）若上送数据有增删，会及时进行维护更新。

4. 重要厂站数据刷新监视

（1）进入路径为FES—重要厂站工况（主）—重要厂站数据刷新监视；

（2）D5000系统中，对500kV及以上变电站的不同电压等级数据进行遥测不刷新监视告警。选择某厂站某电压等级的主变压器有功功率及线路电流等若干遥测数据，当这些数据质量码都为不刷新时，则判定此电压等级数据不刷新，在 D5000 系统的重要厂站数据刷新监视画面将产生红色光字告警，同时监控台告警窗也将产生告警信息。

5. 故障处理

（1）通道异常处理。

1）厂站单条 104 通道数据通信完全中断，对缺陷分析判断后，应先登录相应的前置机 ping 远动设备 IP，并尝试远程登录（telnet）端口，通知地调自动化处理，并告知其初步检查情况。同时告知省调自动化专业的运维人员，并在"OMS 值班日志管理"中做好记录。

2）厂站主备通道数据通信完全中断，对缺陷分析判断后，应立即通知调度员，联系通信、网络、相关地调自动化、省调自动化专业的运维人员处理，并在"OMS 值班日志管理"中做好记录。

3）如有值班通道数据异常，在做好通道切换、封锁，数据置数、数据多源、旁路代操作等应急操作后，立即通知调度员并做好记录，对缺陷分析判断后，联系相关地调自动化、省调自动化专业的运维人员处理，并在"OMS 值班日志管理"中做好记录。

4）异常遥信查询：首先点击告警查询，跳出对话框后点选"遥信变位"，可选定时间段，点击"查询告警"，然后跳出告警信息，通过告警信息查看异常遥信点位，告警查询如图 2-34 所示。

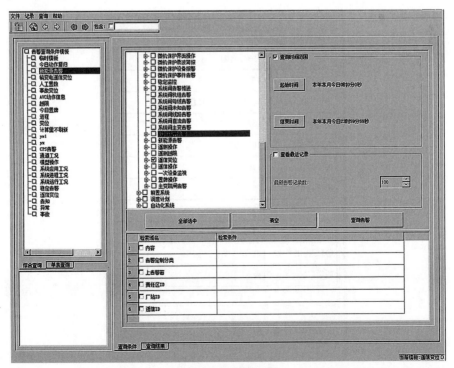

图 2-34 告警查询

5）厂站测试工作（地区电话打至省调主站核对遥测数据），500kV 及以上变电站和电厂为月测试，220kV 变电站为季测试，测试内容为一次接线图上厂站有功功率、无功功率、电流，断路器、隔离开关位置等。如果核对数据有误立即告知对方处理并在"OMS 值班日志管理"中做好记录。

（2）上送华东数据异常。

1）对比上送华东两个通道数据，若有一路通道数据异常，联系华东将值班通道切至数据正确的通道。

2）定位具体异常数据来源，通知地调、电厂和省调自动化专业的运维人员处理。

（三）常规操作

1. 通道菜单

在通道信息相关图元上点击鼠标右键，然后进行菜单选择，进行相应操作。主要的操作有：参数检索、通道信息、通道报文显示、通道原码显示、实时数据显示、通道人工控制、今日通道工况。通道菜单如图 2-35 所示。

图 2-35　通道菜单

2. 参数检索、通道信息

参数检索、通道信息界面提供用户相对次要的通道相关信息。参数检索如图 2-36 所示，通道信息如图 2-37 所示。

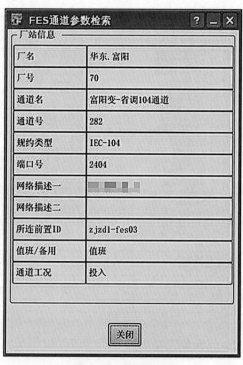

图 2-36　参数检索

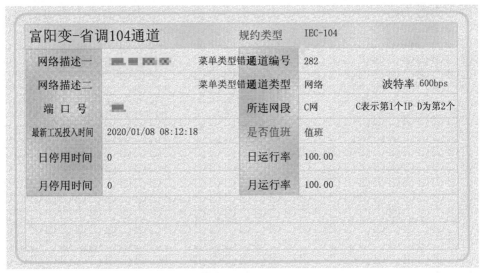

图 2-37 通道信息

3. 通道原码、通道报文、实时数据的进程调用

提供用户最快捷的调用方式进行工具调用。在所选择的通道的图元上点击右键，然后弹出所需要的工具界面。调用时会直接将通道信息进行传递，让工具知道相关信息，然后直接在程序启动时进行初始化，直接定位在所选择的通道上，方便用户进行检测。通道报文如图 2-38 所示，实时数据如图 2-39 所示。

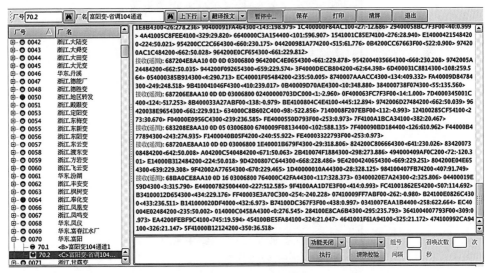

图 2-38 通道报文

	遥测 遥信 遥脉				
	遥测名称	通道/点号	遥测值	通道/点号	遥测值
1	华东.富阳/500kV.富昇5491线_有功值	富阳变104通道1/0	268.299	富阳变-省调104通道/0	268.246
2	华东.富阳/500kV.富昇5491线_无功值	富阳变104通道1/1	-0.053	富阳变-省调104通道/1	-0.476
3	华东.富阳/500kV.富昇5491线_电流值	富阳变104通道1/2	325.806	富阳变-省调104通道/2	316.589
4	华东.富阳_富昇5491线B相电流_值	富阳变104通道1/3	305.228	富阳变-省调104通道/3	304.546
5	华东.富阳_富昇5491线C相电流_值	富阳变104通道1/4	277.006	富阳变-省调104通道/4	282.341
6	华东.富阳/500kV.富昇5491线_电压值	富阳变104通道1/5	297.109	富阳变-省调104通道/5	297.318
7	华东.富阳_富昇5491线B相电压_值	富阳变104通道1/6	296.248	富阳变-省调104通道/6	296.047
8	华东.富阳_富昇5491线C相电压_值	富阳变104通道1/7	297.613	富阳变-省调104通道/7	297.612
9	华东.富阳_富昇线5013开关母线侧同期电压_值	富阳变104通道1/8	296.323	富阳变-省调104通道/8	296.307
10	华东.富阳_富昇线5013开关A相电流_值	富阳变104通道1/10	344.315	富阳变-省调104通道/10	343.503
11	华东.富阳_1号主变/富昇线5012开关A相电流_值	富阳变104通道1/19	41.077	富阳变-省调104通道/19	41.366
12	华东.富阳_1号主变/富昇线5012开关线路侧同期电压_值	富阳变104通道1/22	297.030	富阳变-省调104通道/22	297.091
13	华东.富阳_1号主变/富昇线5012开关主变侧同期电压_值	富阳变104通道1/23	296.525	富阳变-省调104通道/23	296.492
14	华东.富阳/500kV.阳昇5492线_有功值	富阳变104通道1/26	285.372	富阳变-省调104通道/26	269.832
15	华东.富阳/500kV.阳昇5492线_无功值	富阳变104通道1/27	-8.933	富阳变-省调104通道/27	-8.668
16	华东.富阳/500kV.阳昇5492线_电流值	富阳变104通道1/28	309.753	富阳变-省调104通道/28	320.801
17	华东.富阳_阳昇5492线B相电流_值	富阳变104通道1/29	308.063	富阳变-省调104通道/29	308.488
18	华东.富阳_阳昇5492线C相电流_值	富阳变104通道1/30	282.375	富阳变-省调104通道/30	282.117

图 2-39　实时数据

4. 通道人工控制

提供用户界面，对所选择的通道进行人工控制操作。包括对所选择的通道进行值班、备用的封锁与解封锁；对所选择的通道进行投入、退出的封锁与解封锁；对所选择的通道进行连接关系的封锁与解封锁。通道人工控制如图 2-40 所示。

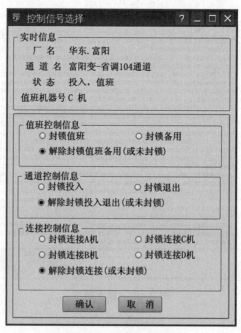

图 2-40　通道人工控制

5. 今日通道工况

调用告警查询界面，直接查询当日该厂站所有通道的投退情况，并可翻看最多十日前的投退情况，方便值班员查询。今日通道工况如图 2-41 所示。

	告警内容		
1	2021-07-28 01:31:44	华东. 富阳	富阳变-省调104通道 退出(前置机C报警)
2	2021-07-28 01:32:15	华东. 富阳	富阳变-省调104通道 投入(前置机C报警)

图 2-41 今日通道工况

第二节 电能量计量系统

一、系统概述

电能量计量系统是智能电网调度控制系统的一个应用功能，部署于安全二区，基于基础平台的统一电网模型，通过基础平台提供的消息总线以及各类服务，实现主要功能包括计量装置管理、数据采集、对时管理、数据处理、电量旁路替代、费率管理、关口电量统计、电量损耗分析、平衡分析、电能量数据质量分析管理、报表功能、监视告警、权限管理、系统接口、电量信息发布。

二、用户登录

在电量二区工作站上打开浏览器，在地址栏输入电量系统首页网址，进入系统的登录页面，电能量计量系统登录界面如图 2-42 所示。

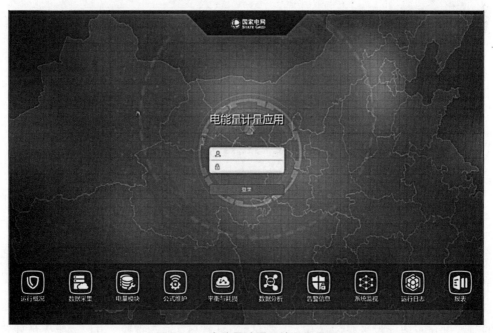

图 2-42 电能量计量系统登录界面

三、工况及告警监视

1. 工况监视

（1）进入路径：点击"数据采集"→"工况监视"。

（2）"工况监视"展示各个地区数据上传和采集装置通道运行状态情况，220kV 大部分变电站电量数据由地区转发，不显示通道工况。状态指示灯分左右两格，左边表示数据采集情况，正常采集显示绿色；4 ~ 8h 未采上数据亮黄灯；8h 以上未采上数据亮红灯；右边表示通道通信情况，绿色表示通信正常，灰色表示通信中断。

2. 监视告警

（1）告警总览。点击"监视告警"→"告警总览"，可以看到各厂站运行工况、母线平衡、数据、模型的实时告警情况。

（2）历史告警查询。点击"监视告警"→"历史告警查询"，可以看到各厂站运行工况、母线平衡、数据、模型告警的历史情况。监视告警如图 2-43 所示。

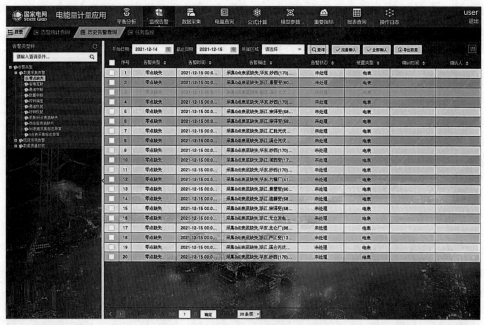

图 2-43　监视告警

3. 故障处置

（1）数据未采集：8h 以上未采上数据工况监视亮红灯，500kV 及以上变电站通知省检运维人员，电厂通知电厂运维人员，并做好值班记录。

（2）通信中断：先进行通道主备切换，手动换至通信正常的通道值班，然后登录相应的前置机 ping 电能量采集装置 IP，并尝试 telnet 端口，通知省检、电厂运维人员处置，告知其初步检查情况，并做好记录。

四、常规操作

1. 表底数据查询及补采

（1）点击"数据采集"→"表底数据查询"，从左侧目录树中选中某个电能表的选择日期点击查询可以查看表底值。表底数据查询如图 2-44 所示。

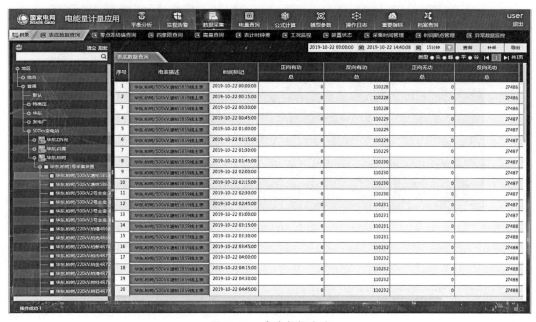

图 2-44　表底数据查询

（2）点击右上角补采按钮可以补采某段时间段的表底数据，补采操作如图 2-45 所示。

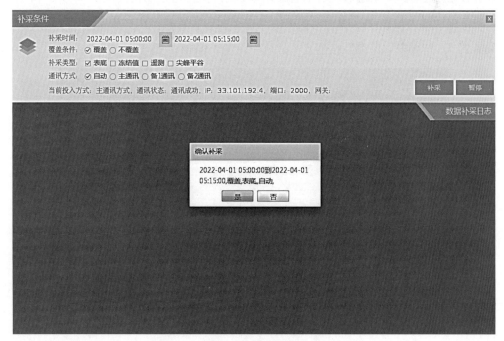

图 2-45　补采操作

（3）数据补采成功，可看到补采报文，如图2-46所示。

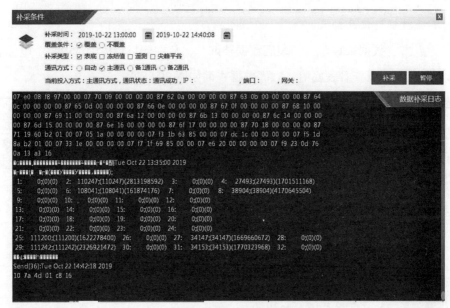

图2-46　补采报文

2. 值班通道切换

厂站若出现主通道中断，备用通道正常的情况，需手动进行通道切换。在模型维护页面的通道信息栏下面将主通道状态选择关闭，备通道状态选择开启，点击"保存"按钮。同时根据当前开启的通道选择封锁的采集前置。根据网络要求，省调通道通过前置一采集数据，地调和华东通道通过前置二采集数据。值班通道切换如图2-47所示，图2-47开启的备用通道为地调接入网，则基本信息栏下面的装置状态由"锁定采集1"改成"锁定采集2"，并点击"保存"按钮。

图2-47　值班通道切换

第三节 电力现货实时平衡市场

一、系统概述

由于天气、电网故障等偶然因素的存在，日前计划给出的出力水平与实际运行时的负荷水平可能出现较大偏差，所以日前做出的发电计划必须根据电网实际运行情况进行调整。平衡市场与备用资源同时被作为调节的手段。

电力现货实时平衡市场实现电力实时平衡的市场化调节、电网安全约束的市场化调整，在满足安全约束的条件下对发电机组进行最优化经济调度，实现全系统发电成本最优，同时发现实时电力价格。

二、用户登录

在电力市场二区工作站上打开浏览器，在地址栏输入电量系统首页网址，进入系统的登录页面，如图 2-48 所示。

图 2-48　电力现货实时平衡市场登录界面

三、主要监视画面

（一）实时市场接入数据

1. 实时市场数据接入监视页面

查看实时市场数据接入监视页面，查询基础数据接收是否正常。所有数据文件均可在主机的"data/schedule/io/data_bak/"对应文件名目录下查看。实时市场数据接入监视页面如图 2-49 所示。

图 2-49 实时市场数据接入监视页面

2. 自动化值班员需监视数据汇总

自动化值班员需监视数据汇总见表 2-1。

表 2-1　　　　　　　　自动化值班员需监视数据汇总

编号	数据类型	具体数据	数据来源	发布时间	备注
1		超短期系统负荷预测	D5000 调度计划系统	提前 15min 预测，每 5min 更新	超短期系统负荷预测
2		超短期母线负荷预测	D5000 调度计划系统	提前 15min 预测，每 15min 更新	超短期母线负荷预测
3	计划类数据	省市联络线计划	华东分中心	每日发布次日数据，时间不固定	省市口子计划
4		日前固定出力机组计划	日前市场	日前市场出清后发布，时间不固定	日前市场机组固定出力
5		运行方式、状态估计数据	D5000 系统	每 15min 实时市场自动获取	模型与方式版本号
6		实时机组出力采样	D5000 系统	秒级同步，实时市场每 5min 获取保存	点集不刷新告警

44

续表

编号	数据类型	具体数据	数据来源	发布时间	备注
7	实时报价数据	实时市场电能报价	日前市场	每日两次，中午10：30-11：00一次，出清结束后一次	日前申报替代价格
8		实时市场机组成本报价	日前市场	每日两次，中午10：30-11：01一次，出清结束后一次	—
9	调频数据	AGC里程信息	AGC系统	每小时一次，接收上一小时数据	AGC调频里程
10		AGC调频性能	AGC系统	每日一点，接收昨日数据	AGC调频性能
11		AGC状态信息	AGC系统	每半小时，接收上半小时数据	AGC状态信息
12		机组调节速率	AGC系统	每小时一次，接收上小时数据	调节速率
13		实时市场调频报价	日前市场	每日两次，中午10：30-11：00一次，出清结束后一次	日前调频报价信息
14	发布数据	实时市场计划	实时市场	每5min，发布15min后90min计划	—
15		调频市场中标信息	实时市场	每小时40分时，发布下小时调频中标信息	—
16		实时市场信息发布	实时市场	每日15：00前发布前一日数据	—

3.需要单独查看的数据

（1）超短期负荷预测是否正确接入，文件存在"data/schedule/io/data_bak/CDQXTFHYC"目录下，刷新频率为5min；

（2）超短期母线负荷预测是否正确接入；

（3）联络线计划是否正确接入；

（4）机组固定出力是否正确接入；

（5）系统备用需求是否设置。

（二）实时市场本身运行稳定性查看

1.实时市场流程监视

实时市场流程监视如图2-50所示。

图2-50 实时市场流程监视

（1）案例是否正常循环（每 5min 会自动创建 15min 后的案例）；

（2）模型与方式数据是否为最新版本；

（3）实时市场出清流程是否正常。

2. 历史反演案例状态

历史案例状态如图 2–51 所示。

	案例名称	案例保存	案例批准	物理模型编号	最高节点价格
287	实时市场2021-06-02_23:55.final	●	●	1517	1329.0820
286	实时市场2021-06-02_23:50.final	●	●	1517	1329.0820
285	实时市场2021-06-02_23:45.final	●	●	1517	1286.4969
284	实时市场2021-06-02_23:40.final	●	●	1517	1286.4969
283	实时市场2021-06-02_23:35.final	●	●	1517	1329.0820
282	实时市场2021-06-02_23:30.final	●	●	1517	1286.4969
281	实时市场2021-06-02_23:25.final	●	●	1517	1329.0820
280	实时市场2021-06-02_23:20.final	●	●	1517	1329.0820
279	实时市场2021-06-02_23:15.final	●	●	1517	1329.0820

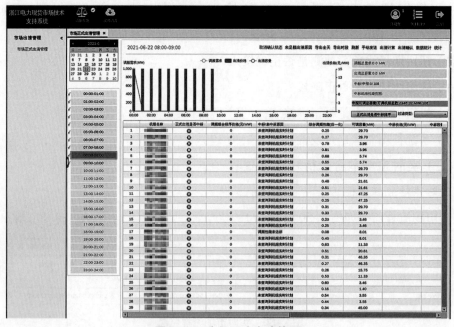

图 2–51 历史案例状态

（1）最新案例是否保存批准成功；

（2）计算是否遗漏案例（每日 288 点每 5min 滚动计算）；

（3）是否存在节点价格异常；

（4）优化是否收敛；

（5）物理模型是否为最新。

（三）调频市场本身运行稳定性查看

1. 市场正式出清

市场正式出清管理如图 2–52 所示。

图 2–52 市场正式出清管理

（1）调频需求是否发布；

（2）机组里程、容量是否报价、可调容量是否申报；

（3）机组调频性能是否接入；

（4）小时正式出清是否正常完成（提前 1h 出清）；

（5）出清容量是否满足；

（6）出清价格是否超出预期。

2. 查看调频定价页面

需要查看内容类似正式出清，差别为事后 1h 出清。

调频市场出清结果文件缺失，需要查看

"zjsc2-ops03:/home/D5000/zhejiang/var/data_out/TPSCCQHZ" 目录下最新文件是否生成。

（四）市场数据发送与信息发布

数据发送与信息发布如图 2-53 所示。

	数据名称	数据日期	发布日期	功能介绍
1	发布调频里程性能	2021-06-01	2021-06-02 05:…	发布调频里程…
2	发布市场机组及其调节速率	2021-06-01	2021-05-31 00:…	发布参与备用…
3	发布调频需求及备用需求	2021-06-01	2021-05-31 10:…	发布调频市场…
4	发布调频出清结果	2021-06-01	2021-06-02 11:…	发布调频市场…
5	计算30分钟实时电能出清结果	2021-06-01	2021-06-02 10:…	计算实时市场…
6	发布30分钟实时电能出清结果	2021-06-01	2021-06-02 10:…	发布实时市场…
7	发布5分钟实时电能出清结果			发布实时市场…
8	发布受电备注信息	2021-06-01	2021-05-31 15:…	发布受电计划…
9	计算实时市场出清结果校验码			计算实时市场…
10	发布实时市场调整后报价	2021-06-01	2021-06-02 10:…	发布实时市场…

图 2-53 数据发送与信息发布

第 1、2、3、8 项数据为当日程序自动发送前一日数据，其余数据均为每日 15 点前，程序自动发布前一日数据。目前发布数据包括 1~6、8、10；7、9 两项数据暂不发送。

（五）计划值文件入库

实时市场每 5min 发送计划值文件给 SCADA 系统，需查看计划值文件是否存在持续遗漏和入库异常的情况。计划值入库如图 2-54 所示。

	文件名	日志级别	日志内容	更新时间
1	ZJ_20210603_…	正常	成功入库的计划值记录：198/198！	2021-06-02 23:50:16
2	ZJ_20210602_…	正常	成功入库的计划值记录：198/198！	2021-06-02 23:45:18
3	ZJ_20210602_…	正常	成功入库的计划值记录：198/198！	2021-06-02 23:40:14
4	ZJ_20210602_…	正常	成功入库的计划值记录：198/198！	2021-06-02 23:35:16

图 2-54 计划值文件入库

（六）系统告警窗查看

启动总控台，打开系统告警窗查看对应告警，上半部分为重要告警，需要值班人员确认，如不确定可联系对应业务人员查看；下半部分为一般告警，一般不用处理。

涉及的告警行为主要包括系统运行、计算驱动、案例数据、安全校核、优化计算、结果检测、数据接入、案例管理、初始计划、计划干预、评估分析、市场发布、计算参数。

具体告警内容包括安全校核不收敛、出现不平衡量、断面越限、节点价格超过上限或下限、数据解析入库、出清计算超时、出清数据准备出错、数据校验、案例创建、数据超时未接入、爬坡滑坡能力不足（备用监视 – 系统能力）、调频能力不足（中标调频容量小于总需求）、批准失败、优化不收敛。

第四节 调度运行管理系统

一、系统概述

浙江省调三区调度运行管理系统（以下简称 OMS 系统）包含多个子系统，主要功能为日常操作及生成各类日报、旬报、月报等报表并上报华东及国调。调度自动化运行值班主要使用其中的自动化值班日志及查询、二次设备检修及查询等模块。

二、用户登录

打开浏览器，输入 OMS 系统地址，跳转到登录界面，在登录窗口输入用户名、密码，回车即可登录到系统主界面，OMS 系统登录界面如图 2-55 所示。

图 2-55　OMS 系统登录界面

三、日志记录及交接班操作

日志记录及交接班是每天必做的工作，要进行日志记录及交接班就必须登录三区 OMS 系统中的"值班记录"，值班记录是记录工作中遇到的各类事件的工具，用于事后处理和查询。

（一）值班记录

（1）选择"自动化专业管理"→"自动化值班管理"→"值班记录"下的值班记录项，值班记录如图 2-56 所示。

图 2-56　值班记录

（2）点击"新建"新增记录，记录后点击"保存"。

（二）运行设备巡检

在"值班记录"页面下点击"运行设备巡检"，进行交接班设备巡视工作。运行设备巡检界面如图 2-57 所示。

图 2-57 运行设备巡检界面

（三）二次设备检修申请

开展除紧急检修外的检修工作，都需提前提交二次设备检修申请，检修工作开始前，自动化值班员确认该项工作是否有二次设备检修申请，检修内容、检修时间和影响范围是否与厂站汇报一致，确认无误方能许可工作。具体检修工作细则参见"检修及消缺工作要求"。

二次设备检修申请为 OMS 系统的一个模块，具体路径为"设备运检管理"→"二次设备检修"→"自动化系统设备检修"。二次设备检修申请如图 2-58 所示。

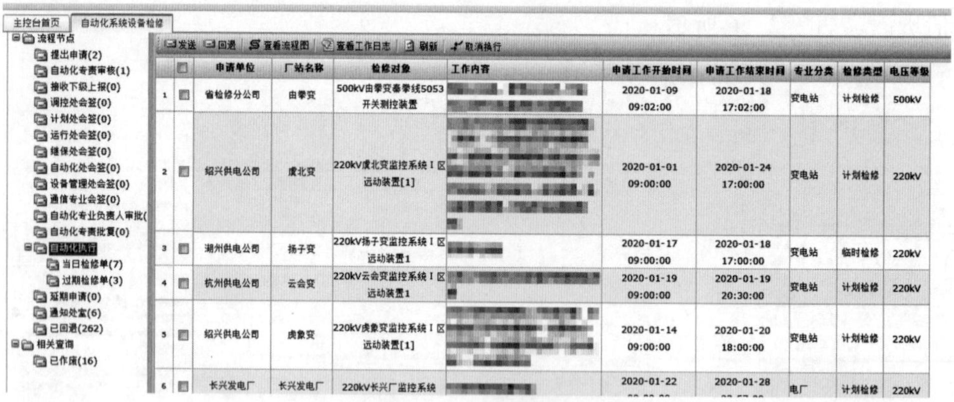

图 2-58 二次设备检修申请

点击右键出现文件菜单选项，双击即可进入查看检修单详细内容。当确认工作开始时，双击"实际开始时间"右边的空白框并点选"自动化值班签名"保存后，系统会自动在"值班记录"录入该项工作记录。

第五节 网络安全管理平台运行值班内容

一、系统概述

新一代网络安全管理平台全面监测、分析和审计设备接入、网络访问、用户登录、人员操作等各种事件，及时发现和治理电力监控系统的网络安全风险，快速处置恶意攻击、病毒感染等网络安全事件，实现"外部侵入有效阻断、外力干扰有效隔离、内部介入有效遏制、安全风险有效管控"的电力监控系统安全防护目标，保障电力监控系统和电网安全稳定运行。

网络安全管理平台建设遵循"独立采集、分布处理、多级协同、统一管控"的四项原则。

（1）独立采集：以终端采集为单元，实现调度系统、配电自动化系统、负荷控制系统、变电站、发电厂等进行安全事件独立采集，满足安全事件的采集要求。

（2）分布处理：按照国（分）、省、地调度分级部署，各平台实现独立运行监视，实现分布处理。

（3）多级协同：按照采用统一建模、数据代理、资源定位等技术贯穿全网，实现上下级数据共享，多级协同。

（4）统一管控：能够实现上下级告警实时同步，实现对于安全事件的统一管控。

二、通用功能

（一）登录

网络安全管理平台部署于安全二区，需要使用管理平台二区专用工作站。

启动时，首先进入登录界面，登录界面为整个平台的入口，支持用户名和密码字段的校验。当输入的用户名或密码不正确时会有错误提示；当登录成功后将进入管理平台登录界面，如图 2-59 所示。

图 2-59　网络安全管理平台登录界面

（二）分屏

手动触发分屏功能为用户自行选择想要分屏出来的页面，点击对应页面的导航栏的分屏按钮，即可在当前浏览的页面上分出一个显示当前访问页的独立平台窗口。手动触发的分屏窗口可自由拖拽至任意位置。

（三）标题及导航

导航条是方便用户对系统常用功能操作提供快捷方式，由六个部分组成，分别是安全监视、安全审计、安全分析、安全核查、平台管理、模型管理。主页面、标题及导航如图 2-60 所示。

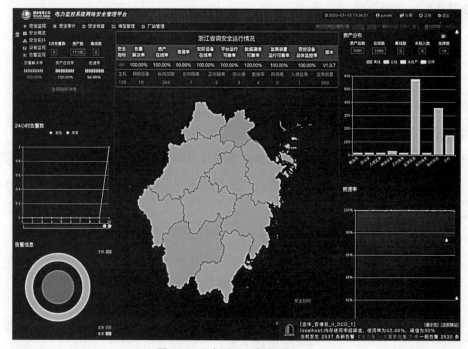

图 2-60　主页面、标题及导航

鼠标悬浮在安全监视上，会弹出安全监视的二级导航，安全监视由六个部分组成，分别是安全概览、安全拓扑、设备监视、行为监视、告警监视、威胁监视。安全审计由八个部分组成，分别是行为审计、设备操作、硬件接入、网络接入、安全告警、设备离线、综合审计、人员审计。安全分析由三部分组成，分别是运行分析、安全报表和指标对比。安全核查由两部分组成，分别是设备核查和任务核查。

导航栏右侧滚动显示当前最新一条告警。点击滚动的告警，弹出告警详情信息，如图 2-61 所示。

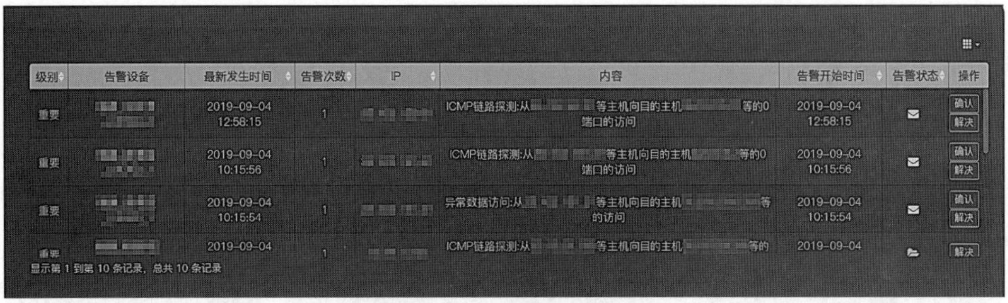

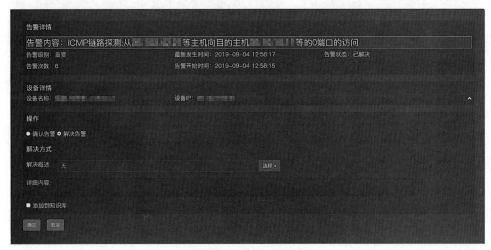

图 2-61 告警详情信息

告警详情弹窗主要显示的是告警内容、告警级别、最新发生时间、告警状态、告警次数、告警开始时间，以及解决告警概述和解决告警的详细内容方案。中间部分显示的是告警对应的设备详情，点击右边箭头，能查看到更多信息，如图 2-62 所示。

图 2-62 告警详情弹窗

在页面的最下面选择确认告警，然后点击"确认"，窗口消失，则最新一条告警状态由未确认，变为了已确认。而选择解决告警，则会显示出最佳的告警解决方案。

填写具体的解决方案后，点击添加到知识库，在平台管理模块的知识库中就能出现对应的解决方案，同时再次出现同类型的告警，解决方案中会自动添加，点击"确认"按钮即可。点击"取消"按钮，则页面消失，不会操作告警。

（四）资产选择树

资产选择树可以按照安全区、资产类型和区域等条件对资产进行快速筛选。对应关联到的页面中，对页面中的内容按照所筛选出的资产进行查询，显示与所筛选出的资产相关的内容。

用户可根据需要进行勾选操作，可单独选择按照某一安全区或按照资产类型或区域进行筛选，也可以同时选择多个条件进行筛选。当需要全选或反选时，可点击全选按钮或反选按钮进行选择。

资产选择树也提供手动输入搜索筛选节点的功能，可在搜索窗内输入想要的筛选节点，点击选中按钮进行选择。

（五）资产详情窗

资产详情窗提供某个资产的具体信息，用户可以通过查看该资产详情窗获得该资产所有的配置及参数信息，如图 2-63 所示。

图 2-63　资产详情窗

进入资产详情窗的步骤：点击平台表格里某一个具体的设备名称即可进入对应资产的资产详情窗。

资产详情窗包括某个资产的具体参数信息，有资产所属区域、设备类型、资产所属安全区、设备名称、设备 IP、所在位置、所属部门、负责人、联系方式、设备厂商、设备型号、电压等级、出厂日期、投运日期、CPU 阈值、内存阈值、操作系统类型、是否上报等信息，该窗口只负责展示某个资产的具体信息，不能进行修改。

三、安全监视

（一）功能概述

安全监视主要是对平台的告警，设备以及其他指标进行实时监视。

（二）安全概览

安全概览页面帮助用户了解告警，设备和流量的情况。它主要由全网指标、24h 告警、告警信息、区域安全运行情况、资产分布、密通率六个部分组成。

1. 全网指标

主要是本级平台和下级平台的告警数、未解决告警数、告警解决率以及本级和下级平台的资产数、离线数、资产在线率。其中，告警数和未解决告警数所显示的告警级别是紧急和重要级别。全网指标如图 2-64 所示。

图 2-64　全网指标

2. 24h 告警数

以区域曲线的方式默认显示本级平台当天 24h 的告警情况，鼠标悬浮在曲线上的某一点上，就会显示对应时间点上的告警总数。拖动图形下面的拖拽条，用户可以看到一周之内的告警情况，而且拖拽条内的蓝色区域是整体一周告警情况的缩影。24h 告警数如图 2-65 所示。

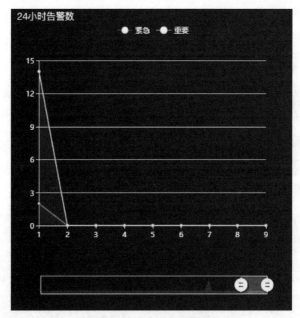

图 2-65　24h 告警数

在 24h 告警曲线对应的点上面进行点击操作，就会弹出某一时间点上所产生的所有告警的告警列表，如图 2-66 所示。

图 2-66 告警列表

在告警列表上点击"确认"按钮，告警状态由未确认变为已确认状态。点击"解决"按钮，则会弹出告警解决弹窗。

告警弹窗显示该告警的详细信息和设备详细信息，可在告警解决方案中填写告警解决方案，也可选择知识库中的告警解决方案来解决告警。

3. 告警信息模块

图 2-67 告警信息

告警信息模块主要是根据设备类型来显示本级告警情况，如图 2-67 所示。

里圈表示各个设备对应的紧急告警数和重要告警数总和，外圈表示里圈设备对应的紧急告警数和重要告警数。点击里圈或者外圈，会弹出点击位置设备下的所有告警列表，或者该设备下的紧急告警列表或者重要告警列表，如图 2-68 所示。

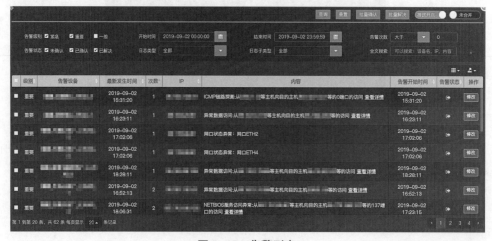

图 2-68 告警列表

在告警列表上点击"确认"按钮，告警状态由未确认变为已确认状态。点击"解决"按钮，则会弹出告警解决弹窗。告警弹窗显示该告警的详细信息和设备详细信息，可在告警解决方案中填写告警解决方案，也可选择知识库中的告警解决方案来解决告警。

4. 资产分布

主要显示的是本级平台的资产总数，资产在线数，资产离线数，资产未投入数，资产挂牌数，以及平台中已经添加的各种类型资产的分布情况。其主要目的是能够帮助用户更好地观察平台中现有资产情况。点击某一个资产，图形可以放大到某一个资产下，能够清晰地看清，该资产下资产状态的个数。点击图形下面"资产分布"四个字，图形恢复到初始图形，如图 2-69 所示。

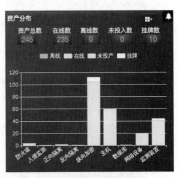

图 2-69　资产分布

5. 密通率

主要显示当天每 15min 本级平台明密文占比，其目的主要直观地显示密通率变化情况。图形下面的拖拽条可以拖拽至更大的时间范围，最大的时间范围是从 0 点 00 分开始一直到现在，如图 2-70 所示。

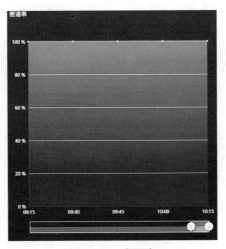

图 2-70　密通率

（三）设备监视

设备监视功能包括对主机设备、网络设备、数据库和安全设备的监视，可同时监视以上设备的各个性能指标以及 CPU、内存的使用率，并可对主机设备的外接设备接入数进行监视，还可同时监视所有设备的告警情况。功能图如图 2-71 所示。

1. 功能图

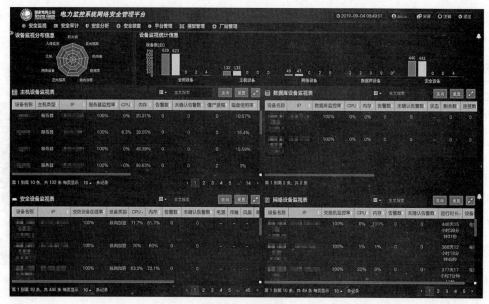

图 2-71　功能图

2. 设备监视分布信息

通过左上角的雷达统计图可查看各个监视资产的数量信息，鼠标悬停可查看统计信息，主要功能设计是为了更直观地查看设备监视分布信息，如图 2-72 所示。

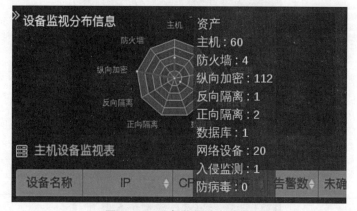

图 2-72　设备监视分布信息

通过右上角的柱图可查看各个资产的投入统计信息，鼠标悬停可查看统计信息，主要功能设计是为了直观地查看各资产的统计信息，根据设备类型查看资产的投入情况，如图 2-73 所示。

图 2-73　设备监视统计信息

3. 设备状态说明

从四个表格（见图 2-71）中每行通过颜色的不同来区分该设备是在线、离线、未投入以及挂牌的状态。当设备处于在线情况时，即设备投入使用中且处于在线的状态。

当设备处于未投入情况时，即设备未投入使用，可能是人为添加的资产，但一直未投入使用。

4. 主机设备监视

主机设备监视是对本级主机设备的运行状态、告警信息、操作信息、外接设备使用情况以及设备异常的实时监视。主机的运行状态监视包括在线状态、CPU 利用率、内存利用率、未关闭的 TCP 连接数；告警信息监视包括告警数；操作信息监视包括登录用户数；外设设备使用情况监视包括 USB 接入数、并口使用情况、串口使用情况以及光驱使用情况；设备异常监视网络端口状态、电源模块状态信息。主设备监视如图 2-74 所示。

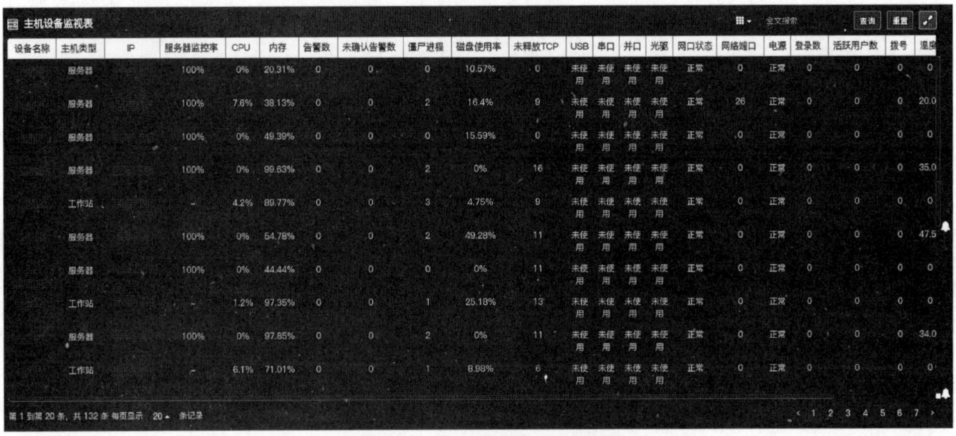

图 2-74　主机设备监视

当 CPU 和内存超过系统设定的阈值（单击设备名称查看阈值），将显示黄色告警颜色；当 USB、串口、并口、光驱未使用时显示"–"，使用时显示"使用中"状态；当电源状态正常时显示"正常"，有异常情况则显示"异常"，同时显示黄色告警颜色。可通过将鼠标悬停每个设备名称字段时，显示对应设备的 IP 地址，点击设备名称，可查看该设备的详细信息。

通过点击网络端口对应的数值，可查看该设备所监听的网络端口详细信息，包括端口号、进程名称以及协议，如图 2-75 所示。

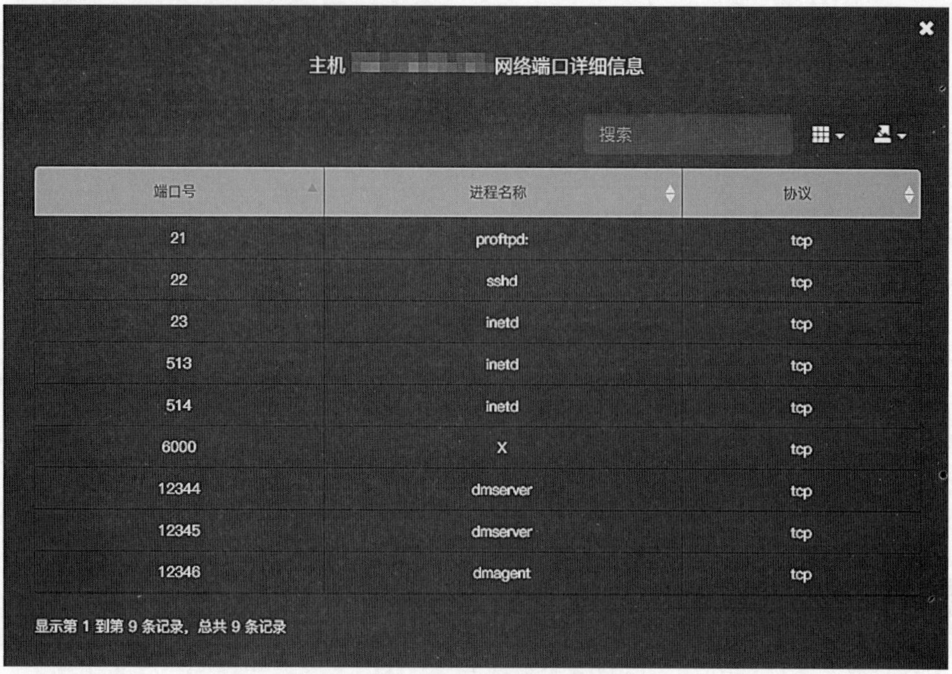

端口号	进程名称	协议
21	proftpd:	tcp
22	sshd	tcp
23	inetd	tcp
513	inetd	tcp
514	inetd	tcp
6000	X	tcp
12344	dmserver	tcp
12345	dmserver	tcp
12346	dmagent	tcp

图 2-75　网络端口详细信息

5. 数据库设备监视

数据库设备监视是对数据库设备的运行状态、告警信息以及设备异常的实时监视。数据库的运行状态监视包括数据库运行时长、数据库运行状态、CPU 利用率、内存利用率、数据库剩余连接数、数据当前已使用连接数、数据库存储空间使用情况；告警信息监视包括告警数，运行异常监视包括数据库锁表状态。

通过表中的状态列可查看数据库的运行情况，如果异常将显示告警颜色，CPU 和内存超过阈值也同样显示告警颜色（阈值查看方法同主机设备），资产的详细信息查看方法同主机设备。

6. 安全设备监视

安全设备监视是对纵向设备、隔离设备、防火墙设备、入侵检测系统以及防病毒系统的实时监视，对纵向设备可实时监视设备在线状态、CPU 利用率、内存利用率、主备机状态、明 / 密通隧道数量、明 / 密通策略数量、设备密通率以及告警数；对隔离设备可实时监视设备在线状态、CPU 利用率、内存利用率、传输状态以及告警数；对防火墙设备可实时监视在线状态、CPU 利用率、内存利用率、网口状态、电源模块状态、风扇状态以及告警数；对入侵检测系统和防病毒系统可实时监视设备在线状态以及告警数。安全设备监视如图 2-76 所示。

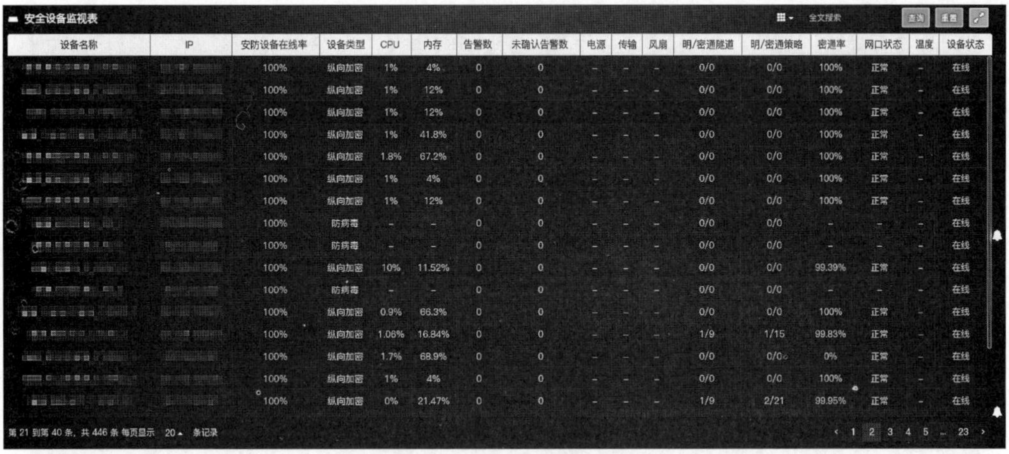
安全设备监视表　　全文搜索　查询　重置

设备名称	IP	安防设备在线率	设备类型	CPU	内存	告警数	未确认告警数	电源	传输	风扇	明/密通隧道	明/密通策略	密通率	网口状态	温度	设备状态
[illegible]	[illegible]	100%	纵向加密	1%	4%	0	0	–	–	–	0/0	0/0	100%	正常	–	在线
[illegible]	[illegible]	100%	纵向加密	1%	12%	0	0	–	–	–	0/0	0/0	100%	正常	–	在线
[illegible]	[illegible]	100%	纵向加密	1%	12%	0	0	–	–	–	0/0	0/0	100%	正常	–	在线
[illegible]	[illegible]	100%	纵向加密	1%	41.8%	0	0	–	–	–	0/0	0/0	100%	正常	–	在线
[illegible]	[illegible]	100%	纵向加密	1.8%	67.2%	0	0	–	–	–	0/0	0/0	100%	正常	–	在线
[illegible]	[illegible]	100%	纵向加密	1%	4%	0	0	–	–	–	0/0	0/0	100%	正常	–	在线
[illegible]	[illegible]	100%	纵向加密	1%	12%	0	0	–	–	–	0/0	0/0	100%	正常	–	在线
[illegible]	[illegible]	100%	防病毒	–	–	0	0	–	–	–	0/0	0/0	–	–	–	在线
[illegible]	[illegible]	100%	防病毒	–	–	0	0	–	–	–	0/0	0/0	–	–	–	在线
[illegible]	[illegible]	100%	纵向加密	10%	11.52%	0	0	–	–	–	0/0	0/0	99.39%	正常	–	在线
[illegible]	[illegible]	100%	防病毒	–	–	0	0	–	–	–	0/0	0/0	–	–	–	在线
[illegible]	[illegible]	100%	纵向加密	0.9%	66.3%	0	0	–	–	–	0/0	0/0	100%	正常	–	在线
[illegible]	[illegible]	100%	纵向加密	1.06%	16.84%	0	0	–	–	–	1/9	1/15	99.83%	正常	–	在线
[illegible]	[illegible]	100%	纵向加密	1.7%	68.9%	0	0	–	–	–	0/0	0/0	0%	正常	–	在线
[illegible]	[illegible]	100%	纵向加密	1%	4%	0	0	–	–	–	0/0	0/0	100%	正常	–	在线
[illegible]	[illegible]	100%	纵向加密	0%	21.47%	0	0	–	–	–	1/9	2/21	99.95%	正常	–	在线

第 21 到第 40 条，共 446 条 每页显示 20 条记录　　‹ 1 2 3 4 5 … 23 ›

图 2–76　安全设备监视

表中 CPU 和内存超过阈值将显示告警颜色（阈值查看方法同主机设备），电源、主备、传输、风扇如果异常也同样显示告警颜色，资产的详细信息查看方法同主机设备。

7. 网络设备监视

网络设备监视是对网络设备的运行状态、告警信息以及设备异常的实时监视。网络设备的运行状态监视包括在线状态、CPU 利用率、内存利用率以及运行时长；告警信息监视包括告警数。网络设备监视如图 2–77 所示。

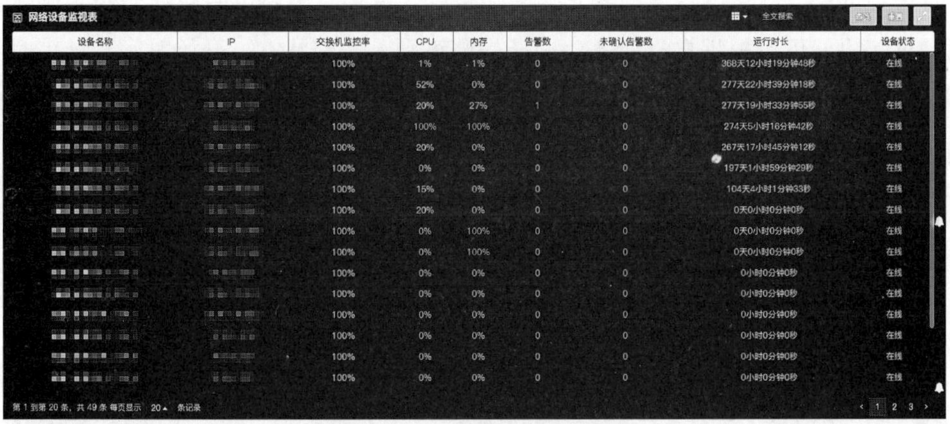
网络设备监视表　　全文搜索

设备名称	IP	交换机监控率	CPU	内存	告警数	未确认告警数	运行时长	设备状态
[illegible]	[illegible]	100%	1%	1%	0	0	368天12小时19分钟48秒	在线
[illegible]	[illegible]	100%	52%	0%	0	0	277天22小时39分钟18秒	在线
[illegible]	[illegible]	100%	20%	27%	1	0	277天19小时33分钟55秒	在线
[illegible]	[illegible]	100%	100%	100%	0	0	274天5小时16分钟42秒	在线
[illegible]	[illegible]	100%	20%	0%	0	0	267天17小时45分钟12秒	在线
[illegible]	[illegible]	100%	0%	0%	0	0	197天1小时59分钟29秒	在线
[illegible]	[illegible]	100%	15%	0%	0	0	104天4小时1分钟33秒	在线
[illegible]	[illegible]	100%	20%	0%	0	0	0天0小时0分钟0秒	在线
[illegible]	[illegible]	100%	0%	100%	0	0	0天0小时0分钟0秒	在线
[illegible]	[illegible]	100%	0%	100%	0	0	0天0小时0分钟0秒	在线
[illegible]	[illegible]	100%	0%	0%	0	0	0小时0分钟0秒	在线
[illegible]	[illegible]	100%	0%	0%	0	0	0小时0分钟0秒	在线
[illegible]	[illegible]	100%	0%	0%	0	0	0小时0分钟0秒	在线
[illegible]	[illegible]	100%	0%	0%	0	0	0小时0分钟0秒	在线
[illegible]	[illegible]	100%	0%	0%	0	0	0小时0分钟0秒	在线
[illegible]	[illegible]	100%	0%	0%	0	0	0小时0分钟0秒	在线

第 1 到第 20 条，共 49 条 每页显示 20 条记录　　‹ 1 2 3 ›

图 2–77　网络设备监视信息

表中 CPU 和内存超过阈值将显示告警颜色（阈值查看方法同主机设备），资产的详细信息查看方法同主机设备。

8. 资产筛选树

可通过左侧隐藏的资产树对设备监视进行选择性查看，如图 2–78 所示，选择数据库和网络设备，则界面表格中只显示数据库和网络设备的相关信息。

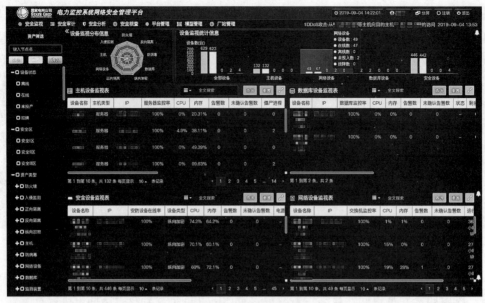

图 2-78　资产筛选树

（四）告警监视

告警监视模块主要是当天实时监视发生的告警，并且对告警进行确认和解决的操作，同时也能够对发生的告警进行查询。其主要目的是用户能够简捷快速地处理发生的告警。

告警查询中，默认的告警级别是紧急、重要、普通，默认的告警状态是未确认，已确认和已解决。可以根据自己所需，选择告警级别、告警状态、开始时间、结束时间、告警次数、全文搜索，然后点击"查询"按钮，查看结果。点击"重置"回到默认状态，如图 2-79 所示。

图 2-79　告警监视

点击列表中某一告警设备，会弹出关于设备的详情信息弹窗，如图 2-80 所示。

图 2-80　资产信息

点击"确认"按钮，该告警的告警状态由未确认变为已确认，点击"解决"按钮，会弹出告警解决窗。告警解决弹窗，上面部分显示该告警的详细内容，中间部分显示该告警对应设备的详细内容，下面部分则可以填写告警方案或者选择告警方案。

在左边选中告警，点击"批量确认"，可对单条告警或者多条告警同时确认。点击"批量解决"，也可对单条告警或者多条告警同时解决，解决内容默认为无。而在被解决告警后面选择修改，会弹出告警解决弹窗，则会对已经解决的告警修改其解决方案。

还可以点击左上角，根据资产树进行查询。

告警内容栏中显示告警内容时，如果出现查看详情四个字时，点击查看详情，弹出窗口，显示一级告警内容，在下面表格中点击左侧的展开按钮，就会展开二级、三级告警，默认显示最新一条告警。告警详情如图 2-81 所示。

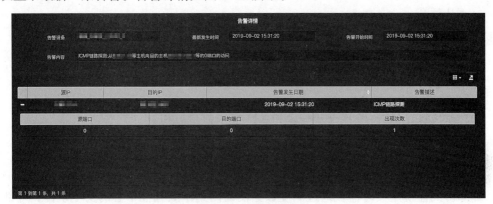

图 2-81　告警详情

（五）威胁监视

威胁监视功能包括外部访问监视、内网操作行为监视、外接设备监视和重点设备的监视四个部分。分别实时监视通过调度数据网访问到本级调控中心的安全事件；实时监视调控中心内部本机登录和远程终端安全外壳协议（secure shell，SSH）访问以及远程桌面（Xmanager 软件）访问的安全事件；实时监视调控中心外部设备接入的安全事件；重点设备的活跃状态以及由安全事件产生的告警事件。

1. 功能图

威胁监视功能图如图 2-82 所示。

图 2-82　威胁监视功能图

2. 统计信息

最上侧统计信息展示了活跃用户数量、跨机访问数、接入设备数。其中：

（1）活跃用户数：当前初始节点 IP 登录数总和，即主机 IP 登录用户数量总和（IP去重）。

（2）跨机访问数：当前 SSH 登录和 X11 登录数量总和。

（3）接入设备数：当前外设设备接入总和。

3. 外部访问监视

外部访问监视是实时监视通过调度数据网访问到本级调控中心的安全事件，外部主机通过前置交换机访问本级受监控的主机产生的安全事件，在外部访问监视表中，可实时监视外部设备从调度数据网通过本级网关机访问到本级调控中心的访问信息，包括外来单位、外部节点、本级初始节点、活跃路径、活跃节点以及在当前活动节点的操作和操作时间。外部访问监视如图 2-83 所示。

图 2-83　外部访问监视

通过图 2-83 可查看外部网络访问的信息，其中外部主机通过前置网关机访问到本级主机后，即确定外部主机为外来单位，同时也获取到外部节点，访问的本级主机确定为本地初始节点，通过此主机可活动到本机的其他主机，即产生活动路径，鼠标悬浮于活动路径即可查看全部的活动路径。

当活动路径显示"–",表示为本地初始节点的主机未访问其他本级的主机,因此活动节点仍为本地初始节点的主机;

当活动路径显示"–>",表示为本地初始节点的主机仅访问一次其他本级主机,因此活动节点为访问后的本级主机;

当活动路径显示"–>root@server–2–>",表示为本地初始节点的主机访问三次其他本级的主机,因此活动节点为最后一次访问的本级主机;

当活动路径显示"–>root@server–2–>...–> root@server–2–>",表示为本地初始节点的主机访问超过四次其他本级的主机,因此活动节点为最后一次访问的本级主机。

当前操作的列是显示在活动节点中的本级主机的最新操作命令,点击当前操作的项,可查看当天内所有的操作信息,包括主机名称、主机IP、用户名、操作信息以及操作时间,当有危险操作时,将危险操作指令显示为红色告警颜色。

同时,表格的右上角支持条件模糊搜索和最大化表格功能,单击最大化按钮,即可实现表格最大化功能。

4. 外接设备监视

外接设备监视功能实时监视调控中心外部设备接入的安全事件,包括本级主机上接入U盘、光驱后产生的操作,以及笔记本等相关设备接入交换机并访问本级主机时产生的安全事件。在外接设备监视表中,终端接入交换机时,可实时监视交换机网口接入终端安全事件,包括终端接入交换机网口号、接入终端IP地址、该终端设备接入后访问其他节点的登录操作信息;USB设备接入时,可实时监视USB设备接入主机后产生的安全事件,包括接入主机的IP地址、USB设备名称、接入时间以及接入USB设备后对该主机的操作信息;光驱接入时,可实时监视光驱设备接入主机的安全事件,包括接入主机的IP、光驱设备名称、接入时间以及接入光驱设备后对该主机的操作信息,外接设备监视如图2-84所示。

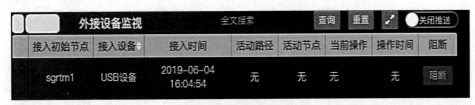

图 2-84 外接设备监视

通过图2-84可查看外接设备监视的信息,外接设备接入到本级主机后,接入的本级主机为接入的初始节点,同时也获取到接入设备类型,通过此主机可活动到本机的其他主机,即产生活动路径,活动路径可以有多条,鼠标点击活动路径即可查看全部的活动路径,通过显示的下拉菜单可进行切换显示哪条活动链路的操作信息及操作时间。

当活动路径显示"–"，表示为本地初始节点的主机未访问其他本级的主机，因此活动节点仍为本地初始节点的主机；

当活动路径显示"->"，表示为本地初始节点的主机仅访问一次其他本级主机，因此活动节点为访问后的本级主机；

当活动路径显示"->root@server–2->"，表示为本地初始节点的主机访问三次其他本级的主机，因此活动节点为最后一次访问的本级主机；

当活动路径显示"->root@server–2->...–> root@server–2->"，表示为本地初始节点的主机访问超过四次其他本级的主机，因此活动节点为最后一次访问的本级主机。

当前操作的列是显示在活动节点中的本级主机的最新操作命令，点击当前操作的项，可查看当天内所有的操作信息，包括主机名称、主机 IP、用户名、操作信息以及操作时间（图例同外部访问监视）。

同理，该表格也支持模糊搜索和放大功能，具体情况同理外部访问监视。

5. 操作行为监视

操作行为监视是实时监视调控中心内部的本机登录、SSH、Xmanager 的安全事件，在操作行为监视表中：

（1）本机登录时，可实时监视在本机执行的操作指令、操作时间、登录用户、登录节点 IP 信息；

（2）远程终端访问时，可实时监视使用 SSH 协议从初始节点到活跃节点经过的访问路径，可监视当前访问的操作系统用户，操作指令、操作时间；

（3）远程桌面访问时，可实时监视使用 X11 协议从初始节点到活跃节点的访问路径，可监视当前访问的操作系统用户，操作指令、操作时间。操作行为监视如图 2-85 所示。

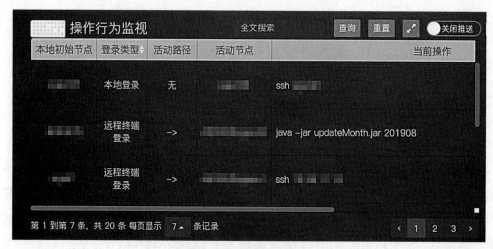

图 2-85　操作行为监视

通过图 2-85 可查看操作行为监视的信息，当内部访问本级主机后，即被访问的本级主机作为本地初始节点，同时也获取到登录类型，通过此主机可活动到本机的其他主机，即产生活动路径，鼠标悬浮于活动路径即可查看全部的活动路径。

当活动路径显示"–"，表示为本地初始节点的主机未访问其他本级的主机，因此活动节点仍为本地初始节点的主机；

当活动路径显示"–>"，表示为本地初始节点的主机仅访问一次其他本级主机，因此活动节点为访问后的本级主机；

当活动路径显示"–>root@server-2–>"，表示为本地初始节点的主机访问三次其他本级的主机，因此活动节点为最后一次访问的本级主机；

当活动路径显示"–>root@server-2–>...–> root@server-2–>"，表示为本地初始节点的主机访问超过四次其他本级的主机，因此活动节点为最后一次访问的本级主机。

当前操作的列是显示在活动节点中的本级主机的最新操作命令，点击当前操作的项，可查看当天内所有的操作信息，包括主机名称、主机IP、用户名、操作信息以及操作时间（图例同外部访问监视）。

同理，该表格也支持模糊搜索和放大功能，具体情况同理外部访问监视。

6. 重点设备监视

重点设备监视是将外部访问、内网行为监视和外接设备监视所产生的告警信息，在重点设备监视功能中集中展示，重点设备监视表中，外部访问、内网行为监视和外部设备监视中的活跃节点以及活跃路径中的节点全部在列，另外发生智能分析告警信息的安全设备（纵向设备等）也全部在列，可查看每个设备名称、活跃用户数量、告警事件、告警时间。重点设备监视如图 2-86 所示。

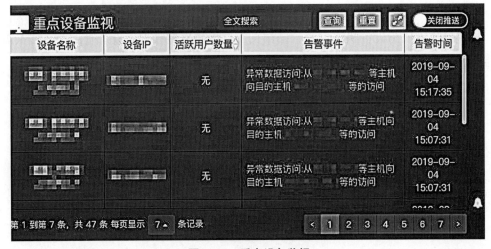

图 2-86 重点设备监视

点击告警事件，可查看该设备一天内所有的告警事件，包括告警内容和告警时间。告警事件如图 2-87 所示。

主机名称	主机IP	用户名	操作信息	操作时间
			ls –lrt	2019-09-04 16:06:21
			cd sop_rnsm	2019-09-04 16:06:21
			exit	2019-09-04 16:06:21
			ls –lrt	2019-09-04 16:06:21
			cd sop_rnsm	2019-09-04 16:06:20
				2019-09-04

图 2-87　告警事件

对应安全设备的监视，双击安全设备（纵向设备等）时，会将该条目删除，代表忽略该条，当该设备再次发生告警信息时会再次出现在列。

（六）设备检修挂牌

厂站、主站自动化设备检修时，相关网安工作会引起告警，为避免此类告警上送至网络安全管理平台，影响正常网安告警监视，需对受影响网络安全监测设备进行检修挂牌操作，屏蔽检修过程中产生的告警。检修工作完成时，应及时取消检修挂牌，恢复正常监视功能。检修挂牌需要在自动化检修申请单中进行说明具体挂牌设备。

1. 挂牌

挂牌操作本质为设备状态更改，操作页面位于"模型管理→设备管理"，搜索需要操作厂站、主站设备；设备管理界面如图 2-88 所示。

图 2-88　设备管理界面

选择需要挂牌的设备，选择"状态设置"，弹出状态设置页面。

将设备状态由"运行"改为"检修"，并填写原因。检修状态设置如图 2-89 所示。

图 2-89 检修状态设置

修改完成后，系统会反馈操作结果，如图 2-90 所示。

图 2-90 操作结果

2. 解除挂牌

解除挂牌前需收到现场相关检修工作已完成的汇报；操作步骤同挂牌，将设备状态由"检修"改为"运行"，并填写原因。

解除挂牌后系统会自动查询是否存在网络安全告警，确认无告警后许可现场完工。告警信息查询如图 2-91 所示。

图 2-91 告警信息查询

第六节 调控云平台

一、系统概述

调控云是国家电网有限公司调控领域电力物联网建设的重要平台支撑。浙江调控云作为"1+N"的省级调控云，遵循国调调控云统一建设规范，一期在省调搭建基于虚拟化、分布式及服务化等云技术理念的云基础设施，二期将搭建同城双活的云基础设施。系统构建计算、存储等资源池，实现资源的弹性扩展、按需服务；全网统一的模型、运行和实时数据资源池，实现全网模型、各类运行数据汇集、实时数据获取；开放、共享的调控云应用服务体系，打造一个基础应用及五大中心（全景展示、分析预警、调度指挥、运行管控、技术支持）的业务体系。

二、调控云资源管控平台

调控云资源管控平台基于调控云平台基础建设，用于展示和监视调控云平台软件及硬件运行情况，并对部署于调控云上的应用运行情况进行监视，方便值班人员及运维人员对调控云的整体情况进行把控。

（一）用户登录

使用三区工作站打开谷歌浏览器，在地址栏输入系统地址，登录后进入系统的首页，如图 2-92 所示。

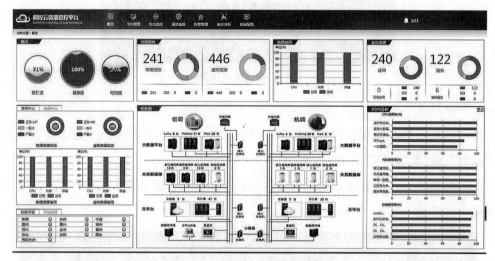

图 2-92　调控云资源管控平台

直接使用调控云账户登录，无需额外开通账户。

（二）数据告警

该模块反映调控云数据汇集完整性情况，若出现数据汇集丢失，会出现红灯告警，值班人员需及时进行数据补招或者通知地调自动化进行数据补招。

调控云数据汇集告警规则：资源管控平台数据告警，当数据缺点，或者数据汇集较慢，30min 后数据没有汇集上来，即会产生告警。

1. 数据来源说明

点击相应地区的灯可进入该地区数据告警详情界面，如图 2-93 所示。其中地区全社会口径、非统调光伏及 0.4kV 光伏三项数据来自省调 D5000 系统三区数据库，地区调度口径、网供口径及地区非统调电源三项数据来自地调 EMS 系统三区数据库。

图 2-93　数据告警

点击相应的量测类型的曲线图标，可查看数据的日曲线，如图 2-94 所示。方便值班人员进行数据补招。

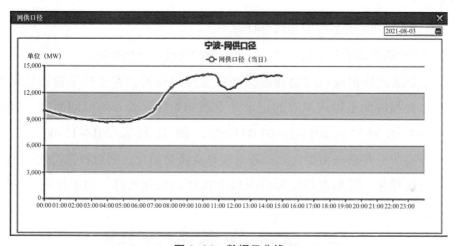

图 2-94　数据日曲线

2. 数据补招工具使用说明

（1）登录。

方法一：地区数据告警详情界面→补招工具；

方法二：登录调控云门户，应用商店→模型管理→运行数据补召。

（2）全设备补招。用于补招某一类对象下的所有设备。全设备补招界面如图 2-95 所示。

1）补招设备对应的全部量测类型。不勾选条件查询中设备对应的量测类型时，点击全设备补招按钮，则对这一类对象的所有量测类型的所有设备进行数据补招。

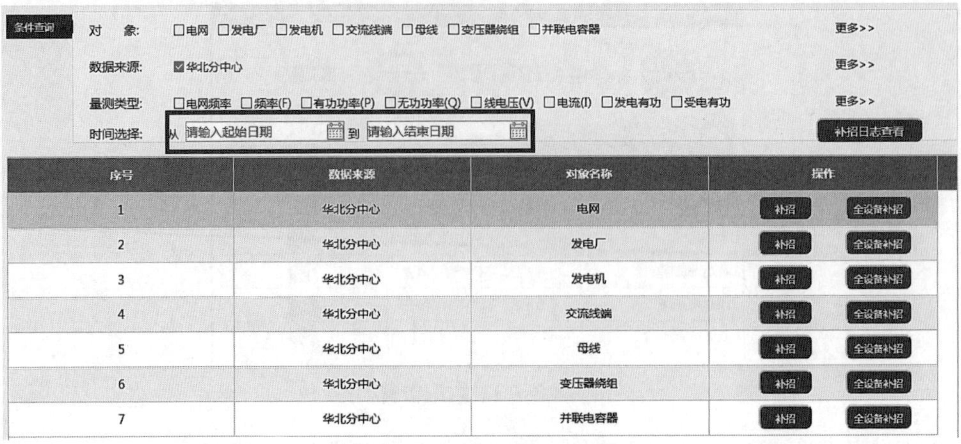

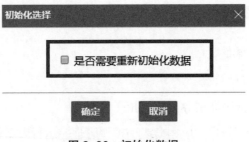

图 2-95　全设备补招界面

操作步骤如下：

a. 选择需要补招的开始时间和结束时间。

b. 在列表中选择需要补招的对象，点击右侧的全设备补招按钮。

c. 点击全设备补招按钮后会弹出初始化选择的弹窗，若选择重新初始化数据，则会先删除补招时间范围内原有的记录并重新初始化（若开始时间和结束时间范围为 2018-12-06 01:00:00 至 2018-12-07 00:00:00，则会删除 2018-12-06 和 2018-12-07 两天的原有数据并重新初始化）；若不选择重新初始化，则对补招时间范围内的数据值进行更新操作，现场根据实际情况慎重选择初始化条件，初始化数据如图 2-96 所示。

图 2-96　初始化数据

d. 点击"确认"按钮下发补招命令。

2）选择设备对应的量测类型进行补招。

a. 选择需要补招的开始时间和结束时间。

b. 在列表中选择需要补招的对象以及对象的量测类型，点击右侧的全设备补招按钮。

c. 点击全设备补招按钮后会弹出初始化选择的弹窗，若选择重新初始化数据，则会先删除补招时间范围内原有的记录并重新初始化（若开始时间和结束时间范围为

2018-12-06 01:00:00 至 2018-12-07 00:00:00，则会删除 2018-12-06 和 2018-12-07 两天
的原有数据并重新初始化）；若不选择重新初始化，则对补招时间范围内的数据值进行
更新操作，现场根据实际情况慎重选择初始化条件。

d. 点击"确认"按钮下发补招命令。

（3）选择设备补招。

1）补招设备对应的全部量测类型。不勾选条件查询中设备对应的量测类型时，点击
全设备补招按钮，则对这一类对象的所有量测类型的所有设备进行数据补招。操作步骤
如下：

a. 选择需要补招的开始时间和结束时间。

b. 在列表中选择需要补招的对象，点击右侧的补招按钮，进入设备筛选界面。
设备全测量补招如图 2-97 所示。

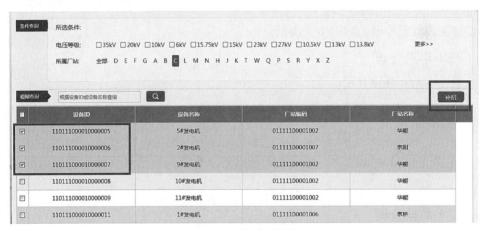

图 2-97 设备全测量补招

c. 选择需要补招的设备，点击补招按钮后会弹出初始化选择的弹窗，若选择重新
初始化数据，则会先删除补招时间范围内原有的已选择记录并重新初始化（若开始时
间和结束时间范围为 2018-12-06 01:00:00 至 2018-12-07 00:00:00，则会删除 2018-
12-06 和 2018-12-07 两天的已选择的设备记录并重新初始化）；若不选择重新初始
化，则对补招时间范围内的数据值进行更新操作，现场根据实际情况慎重选择初始化
条件。

d. 点击"确认"按钮下发补招命令。

2）选择设备对应的量测类型进行补招。

a. 选择需要补招的开始时间和结束时间。

b. 在列表中选择需要补招的对象以及需要补招的量测类型，点击右侧的补招按钮。
进入设备筛选界面。

c. 选择需要补招的设备，点击补招按钮后会弹出初始化选择的弹窗，若选择重新初始化数据，则会先删除补招时间范围内原有的已选择记录并重新初始化（若开始时间和结束时间范围为 2018-12-06 01:00:00 至 2018-12-07 00:00:00，则会删除 2018-12-06 和 2018-12-07 两天的已选择的设备记录并重新初始化）；若不选择重新初始化，则对补招时间范围内的数据值进行更新操作，现场根据实际情况慎重选择初始化条件。

d. 点击"确认"按钮下发补招命令。

三、数据集市

数据集市就像数据的展厅,正如其名字"集市"一样,是一个面向最终用户的数据市场。在这里，数据以一种更加容易被业务人员接受的方式组合在一起,通过在数据展厅合理陈列,业务人员能够更加快速高效的地利用加工好的熟数据,并对数据开展分析应用,从而快速获得数据价值,辅助生产决策。

（一）用户登录

本系统有两种登录方式：

（1）调控云登录。通过调控云门户登录，路径为"SaaS"→"专业应用"→"数据集市"。

（2）数据集市地址登录。直接输入数据集市登录网页地址，使用调控云账号密码登录。

（二）数据查询

数据查询模块包括量测查询和电力电量数据查询。

量测查询分为原始值查询、特征值查询和图表分析。原始值查询主要对标准量测数据进行不同频率（查询频率分为 1min、5min、0.5h、1h 和指定时刻）的查询，并且可以实现横向和纵向的维度转换，满足不同用户的需求。特征值查询指对基础量测数据的最大值、最大值时间、最小值、最小值时间、积分等特征数据进行查询（目前只支持对当前日期的前一天的数据进行查询，不提供当天特征值数据查询）。图表分析是指基于原始值查询和特征值查询的基础，将查询数据的结果集转换成可视化的曲线图或柱状图更直观的显示给用户，支持多曲线同屏对比展现。

1. 量测查询

量测查询入口：点击"数据查询"，再点击"量测查询"。

量测查询分为原始值、特征值、图表分析这三类查询。现以查询宁波调度口径负荷为例，详细说明这三类查询的使用方法。

（1）原始值查询。在目录导航中依次点击"宁波""电网总加"，然后找到调度口径负荷"宁波"、调度口径负荷"省调"（"宁波"表示数据源来自宁波，"省调"表示数据源来自省调），选中打钩，然后点击"原始值"，选择所需查询的时间段、频率，列表展示有数据输出方向、统计值、所需突显的值可供选择，选择完成后点击查询即可，如图2-98所示。数据输出方向有横向和纵向两个选择，统计值可按自己需求选择单选、多选或不选。图2-98中选择了最大值，则会将所查询的量测值对应的最大值显示出来；突显功能可以将查询出来的某类值标红区别于其他数据，如图中选择突显域为大于，值填7800，则可以将查询出来的大于7800的值标红。

图 2-98　原始值查询

（2）特征值查询。在目录导航中依次点击"宁波""电网总加"，然后找到调度口径负荷"宁波"、调度口径负荷"省调"，选中打钩，然后点击"特征值"，选择统计类型、时间段、特征值，列表展示有统计值、突显条件可供选择，选择完成后点击查询即可，如图2-99所示。统计类型有日统计、月统计、年统计可选择；特征值可单选和多选，图2-99中选择了积分和最大值两项，查询结果中就会显示积分和最大值这两项特征值的数据；统计和突显条件的使用方法与原始值查询里统计和突显的使用方法一样。

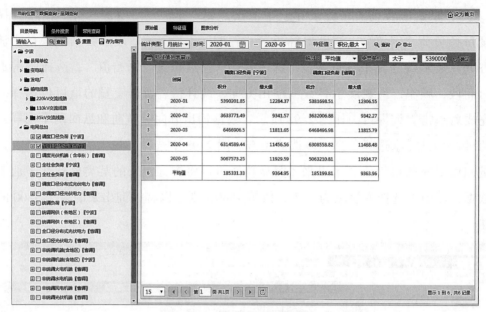

图 2-99 特征值查询

（3）图表分析。在目录导航中依次点击"宁波""电网总加"，然后找到调度口径负荷"宁波"、调度口径负荷"省调"，选中打钩，然后点击"图表分析"，选择所需查询分类、时间、对比时间、对比项、图表分析展示有图表类型、单屏或多屏、数据明细可供选择，选择完成后点击"查询"即可。分类有日内负荷曲线、月内每日统计、年内每月统计三种可选，对比项可单选和多选。当分类选择日内负荷曲线时，图表只能选择曲线，当分类选择月内每日统计和年内每月统计时，图表可以选择曲线或者柱状图；选择单屏时，所有的量测量显示在一张图表上，选择多屏时，根据查询的量测数量，生成对应的等量图表。数据明细可将量测数据以表格形式显示。数据明细中统计和突显条件的使用方法与原始值查询中统计和突显的使用方法一样。量测查询图表分析如图 2-100 所示。

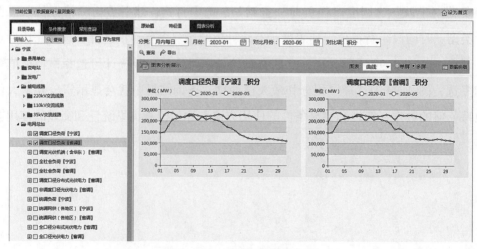

图 2-100 量测查询图表分析

也可以选择条件搜索来找到所需要的量测。要注意的是，来源这个条件不选的话，查询结果中包含宁波和省调的数据源，若只想看地调的或者省调的数据源，来源需选择相应地调或者省调。如需经常查询某个或某些量测量，点击"存为常用"按钮，方便下次查询。

2. 电力电量

电力电量查询入口："数据查询"→"电力电量"。

电力电量查询分为单日查询、多日查询、单月查询、多月查询、单年查询、多年查询、图表分析。

（1）单日查询。以查询宁波全社会发受为例，在总加里找到"全社会发受"，选中打钩，选择统计类型、时间，选择"完成"后点击"查询"即可。统计类型有汇总统计和按县局统计，选汇总统计就显示单位为宁波的一条数据；选按县局统计则会将宁波包括的各县局的数据都显示出来。在查询结果的最后，可以看到有组成分析和单位分析，点击"组成分析"，可以看到"宁波全社会发受"的组成，即计算方式。如果在组成分析图中还想看宁波调度发受的组成，可以在宁波调度发受的框中右键，点击"公式分解"，就可以看到宁波调度发受的计算公式。单位分析与统计类型中按县局统计相同，显示宁波各县局的数据。单日查询如图 2-101 所示。

图 2-101　单日查询

（2）多日查询。多日查询与单日查询的区别在于时间的选择，需要选择的是一个时间段。

（3）单月统计。单月统计选择的时间是某个月，其他与单日查询相同。

（4）多月统计。多月统计的时间段选择的是某个月到某个月，查询结果中每个月会有一个按日分析，点击按日分析，会显示此月每日的数据。

（5）单年统计。单年统计的时间是某年，其他与单日查询相同。

（6）多年统计。多年统计的时间段选择的是某年到某年，查询结果中每年会有一个按月分析，点击按月分析，会显示此年每月的数据。

（7）图表分析。图表分析与量测查询中的图表分析类似，区别在于图表分析展示中多了一个单位分屏，如图 2-102 所示。点击"单位分屏"，会将浙江及 11 个地市的数据分别以图表形式显示出来。

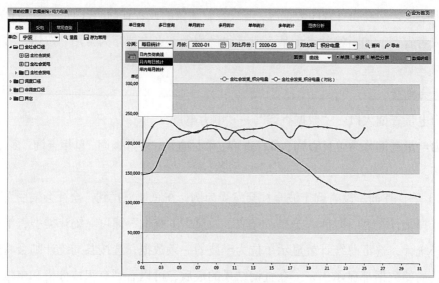

图 2-102　电力电量图表分析

电力电量查询也有存为常用功能，可将经常需要查询的数据保存在常用查询里。

（三）调度类日报表

1. 统调电厂上报日报

点击"数据上报"→"地县及电厂上报"→"日报"→"统调电厂上报日报"进入，统调电厂上报如图 2-103 所示。

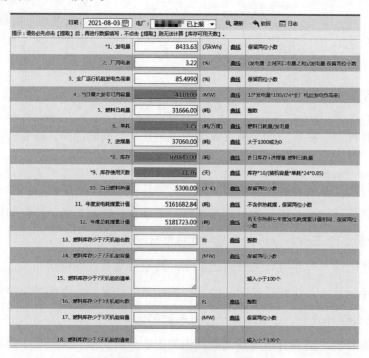

图 2-103　统调电厂上报

功能说明：用于统调电厂每日上报数据，光伏在每日 20 点就可以上报，其他统调电厂在凌晨 0 点 20 后到 1 点 00 上报。

发电量为提取积分值，其他都为手填。

2. 地县调上报日报

点击"数据上报"→"地县及电厂上报"→"日报"→"地县调上报日报"进入，地县调上报如图 2-104 所示。

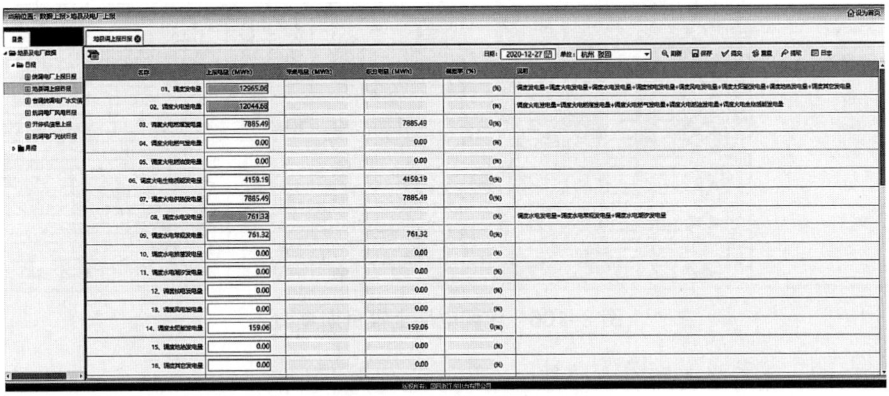

图 2-104 地县调上报

功能说明：地县调每日上报数据使用，0 点 20 后到 1 点 00 上报。

所有数据均为提取积分值，上报值可以自行修改。

3. 地县调上报统计日报

点击"数据上报"→"地县及电厂上报"→"日报"→"地县调上报日报汇总"进入，如图 2-105 所示。

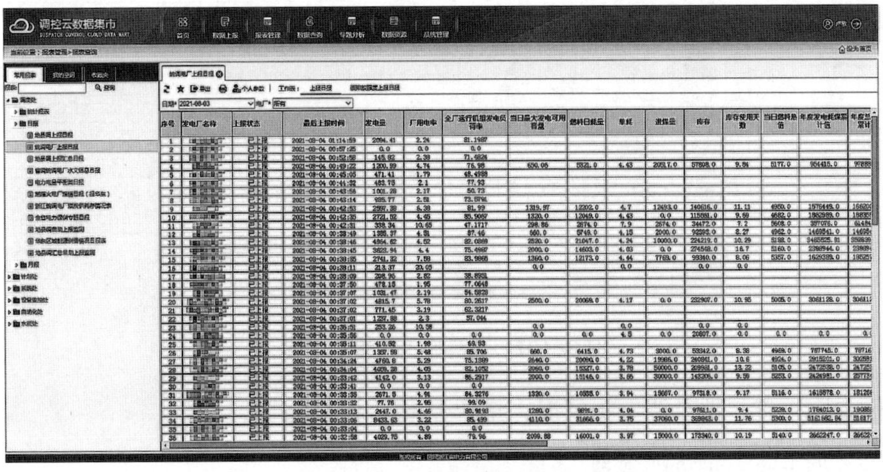

图 2-105 地县调上报统计

功能说明：地县调上报统计使用，所辖地县均上报后进行统计上报，0 点 20 后到 1 点 00 上报，所有数据为各地县的汇总。

4. 统调电厂上报日期查询

点击"报表管理"→"报表查询"→"调度处"→"日报"→"统调电厂上报日报"进入，如图 2-106 所示。

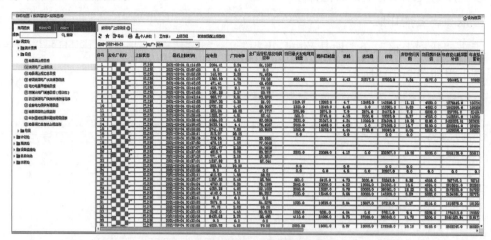

图 2-106 统调电厂上报日期查询

功能说明：查看是否所有电厂都已上报，红色为未上报。

5. 地县调上报情况查询

点击"数据报表"→"报表查询"→"调度处"→"日报"→"地县调上报日报"进入，如图 2-107 所示。

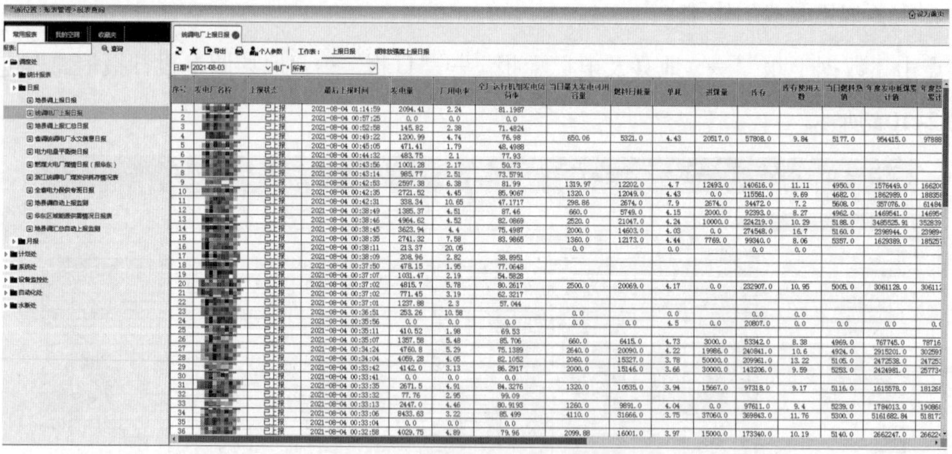

图 2-107 地县调上报情况查询

功能说明：查看地县调上报情况，是否上报，上报时间等。

6. 地县调汇总上报情况查询

点击"数据报表"→"报表查询"→"调度处"→"日报"→"地县调上报汇总日报"进入，如图 2-108 所示。

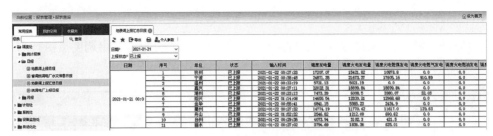

图 2-108　地县调汇总上报情况

四、稳定限额

稳定限额模块完成电网长期、临时、调度员规则限额的编制、会签、审批、启用以及归档，同时基于稳定限额断面基本信息以及一区告警信息、二区安全校核信息，通过可视化展示以及各类指标统计进行稳定分析，为进一步提高电网安全稳定运行提供技术手段。配置了长期规则模块、检修规则模块、调度员规则模块、限额矩阵配置框架模块、限额推送模块、限额启用模块、异常告警监视模块、限额风险点闭环管控模块、省地纵向互联及数据共享模块、综合查询统计模块各 1 套。

五、用户登录

使用谷歌浏览器登录调控云门户，点击"SaaS"，右侧菜单选择"专业应用"，在"专业应用"界面中选择"稳定限额"即可进入。稳定限额首页如图 2-109 所示。

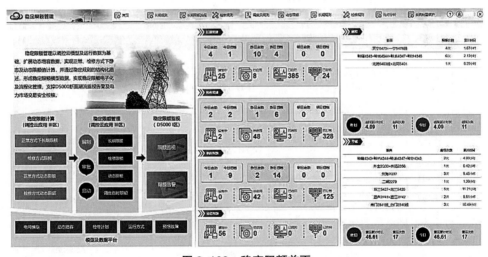

图 2-109　稳定限额首页

（一）规则查询

限额规则分为长期规则、检修规则和调度员规则三类。长期规则和调度员规则均在此进行编制，检修规则通过检修单内的关联页面进行编制。

1. 长期规则

长期规则编制后，须通过审核流程进行审批后进入待启用状态，由调度员执行启用。长期规则如图 2-110 所示。

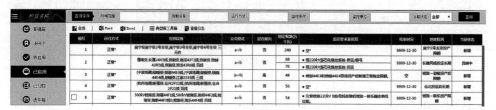

图 2-110　长期规则

2. 调度员规则

调度员规则编制后，可由调度员直接执行启用。调度员规则如图 2-111 所示。

图 2-111　调度员规则

3. 检修规则

检修规则在检修单页面编制后跟随检修单流转，待检修单经过系统处会签后，进入待启用状态，由调度员执行启用。检修规则如图 2-112 所示。

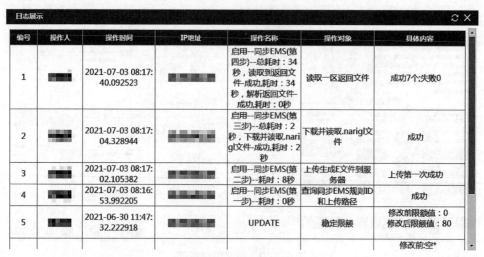

图 2-112　检修规则

（二）规则操作日志及常规异常处置

1. 日志查看

实现三区限额数据源端维护,限额启用一、三区实时同步共享等操作步骤的日志查询,帮助值班人员对稳定限额异常原因进行初步判定。日志查看如图 2-113 所示。

编号	操作人	操作时间	IP地址	操作名称	操作对象	具体内容
1		2021-07-03 08:17:40.092523		启用--同步EMS(第四步)--总耗时:34秒,读取到返回文件-成功,耗时:34秒,解析返回文件-成功,耗时:0秒	读取一区返回文件	成功7个;失败0
2		2021-07-03 08:17:04.328944		启用--同步EMS(第三步)--总耗时:2秒,下载并读取.narigl文件-成功,耗时:2秒	下载并读取.narigl文件	成功
3		2021-07-03 08:17:02.105382		启用--同步EMS(第二步)--耗时:8秒	上传生成E文件到服务器	上传第一次成功
4		2021-07-03 08:16:53.992205		启用--同步EMS(第一步)--耗时:0秒	查询同步EMS规则ID和上传路径	成功
5		2021-06-30 11:47:32.222918		UPDATE	稳定限额	修改前限额值:0 修改后限额值:80
						修改前:空*

图 2-113 日志查看

2.异常处置

稳定限额文件传输,主要过程是由稳定限额应用将文件传输到 D5000 系统,D5000 系统接收后生成反馈文件并发送到三区服务器,稳定限额应用到三区中转服务器扫描对应反馈文件,如发现并确认里面内容为成功则本次传输过程成功,否则失败。

值班人员在异常发生时应查看问题规则的操作日志,初步判断原因后先通知调度员尝试重新启用规则,无效后通知运维人员处理。

第七节 调度自动化运行监测系统

一、系统概述

本系统主要是为浙江省调提供自动化系统的运行监测服务。本系统主要从动力环境、通信网络、安全设备、服务器、系统软件(数据库/中间件)、应用系统等多个层面实现全方位一体化的智能监管;覆盖各类自动化系统、自动化/通信机房以及变电站通信机房,实现对电网自动化所有系统跨安全分区的统一管理,实现跨安全分区的网络拓扑管理、拓扑拼接等功能、网络设备统一运维功能和对各网络设备异常、网络拓扑变更等统一监控和报警功能。

二、主要监视画面及操作

(一)用户登录

在三区工作站打开 IE 浏览器,在地址栏输入系统地址;进入系统的登录页面,如图 2-114 所示。

图 2-114　运行监测系统登录界面

（二）监测首页

从左边菜单上点击"监测首页"→"主站设备"→"主调"，进入运行监测首页界面，页面分类别管理以及展示所有纳入监控的设备、厂站、应用及动力环境的运行情况，数据状态实时更新，操作简洁方便，展示一目了然。监测首页如图 2-115 所示。

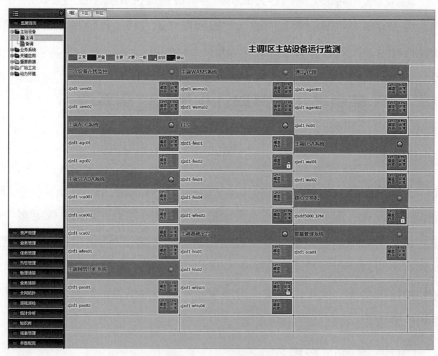

图 2-115　监测首页

页面左侧菜单：主站设备页面展示已上架的主站设备运行状态，关键应用展示所有关键应用的运行状态，重要数据展示所有重要数据的实时状况，厂站工况展示厂站运行状况及通道状态，动力环境实时展示环境数据及数据状态，业务系统按照业务系统分类展示主站设备的运行状态。

页面上方：按照一、二、三区分类展示设备及应用。

告警提示色：红色为严重告警，绿色为正常，橙色为主要、次要、一般告警等级。

（三）主站设备

1. 设备告警封锁

设备告警封锁的功能包括封锁和解锁。设备告警封锁后，该设备的告警提示色消失，显示绿色，图标中显示横杠。在封锁时间段内即使有新告警上来也不做告警色提示，只有当设备告警解锁后，告警提示色恢复正常提示。该功能只针对设备操作。

（1）封锁操作步骤。

1）进入主站设备页面，以"主站设备主调Ⅲ区"中的"zjzd3-web01"为例；

2）将鼠标移至"zjzd3-web01"的右侧提示图标上，右击，在弹出的菜单中选择"设备告警封锁"；

3）系统提示：封锁成功，点击"确认"，设备成功封锁，图标提示色变为绿色，新增一个小锁标。

4）这时将鼠标移至"zjzd3-web01"的右侧提示图标上，悬浮框将显示"设备被封锁"。

（2）解锁操作步骤。

1）将鼠标移至封锁后的"zjzd3-web01"右侧提示图标上，右击，在弹出的菜单中选择"设备告警解锁"；

2）系统提示：解锁成功，点击"确认"，设备成功解锁，图标恢复为封锁前的样子。

2. 定位至屏柜图

（1）将鼠标移至"zjzd3-web01"的右侧提示图标上，右击，在弹出的菜单中选择"定位至屏柜图"；

（2）页面跳转至"zjzd3-web01"所在的屏柜图"11楼ems机房屏柜图"页面，屏柜图中"zjzd3-web01"被框中并闪烁提示。

3. 定位至业务拓扑图

（1）将鼠标移至"zjzd3-web01"的右侧提示图标上，右击，在弹出的菜单中选择"定位至业务拓扑图"；

（2）页面跳转至"zjzd3-web01"所在的业务拓扑图"OMS业务系统拓扑图"页面，屏柜图中"zjzd3-web01"被框中并闪烁提示。

4. 查询相关告警

操作步骤如下。

（1）将鼠标移至"ERP 服务器 1"的右侧提示图标上，右击，在弹出的菜单中选择"查询相关告警"。

（2）弹出相关告警对话框，显示设备"ERP 服务器 1"的相关告警，如图 2-116 所示。

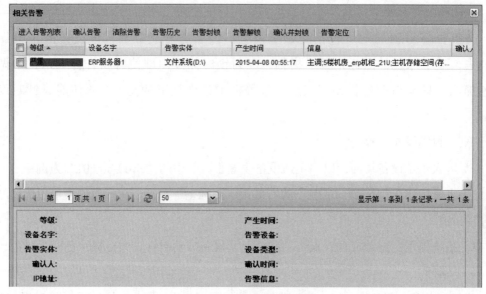

图 2-116　查询相关告警

（3）进入告警列表。点击"进入告警列表"，页面跳转至告警管理中的告警列表界面。

（4）确认告警。

1）在对话框的列表中勾选告警，点击"确认告警"；

2）被确认操作的告警显示状态为"确认未处理"，告警渲染色清除，显示为无告警色，如图 2-117 所示；

图 2-117　确认未处理

3）进入告警管理下的告警列表查看，该告警也是如此状态。

（5）清除告警。

1）在对话框的列表中勾选告警，点击"清除告警"；

2）系统清除告警，告警在对话框列表中消失，进入告警管理下的告警列表，该告警也同样消失。

（6）告警历史。

1）在对话框的列表中勾选告警，点击"告警历史"；

2）系统自动弹出告警历史对话框，默认展示该设备在最近一周的历史告警，如图2-118所示；

图 2-118　告警历史

3）在查询条件中设置为"系统"，选择起止时间为本月，点击"查询"，那么列表将展示本月该设备所属系统的所有历史告警。

（7）告警封锁。

1）在对话框的列表中勾选告警，点击"告警封锁"。

2）系统自动弹出封锁时间设置对话框，如图2-119所示，开始时间默认为当天，可设置结束时间；如开始时间为2015-6-11，结束时间为2015-6-12，那么在这段时间内该条告警被封锁，有新的告警产生也不再提示，超过结束时间，告警将自动解锁，恢复告警提示等。如果结束时间为空，那么告警将一直封锁，直到人工解锁告警。

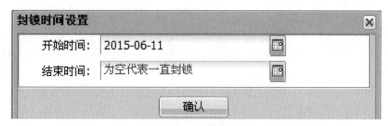

图 2-119　告警封锁

3）点击"确定"，封锁时间设置对话框自动关闭，告警封锁设置成功。

4）列表中该告警的告警色渲染为蓝色。

（8）告警解锁。

1）在列表中勾选告警色为蓝色的告警，点击"告警解锁"，弹出"解锁成功"提示框；

2）点击"确定"，告警色还原为告警等级对应的告警色。

（9）确认并封锁。

1）在告警列表中勾选告警，点击"确认并封锁"；

2）告警状态显示为确认未处理，渲染色更改为无渲染色。

（10）告警定位。

1）在告警列表中勾选单条告警（不能多选），点击"告警定位"；

2）页面跳转至产生告警设备所在的屏柜图中，设备框中并闪烁提示；如页面跳转至"ERP服务器3"所在的"5楼机房"屏柜图中，"ERP服务器3"框中并闪烁提示。

5. 实时监测

（1）将鼠标移至"zjzd3-web01"的右侧提示图标上，右击，在弹出的菜单中选择"实时监测"；

（2）弹出实时监测对话框，显示设备"zjzd3-web01"的实时监测情况，其中以饼图显示磁盘文件情况，曲线图显示设备cpu负载情况。实时监测如图2-120所示。

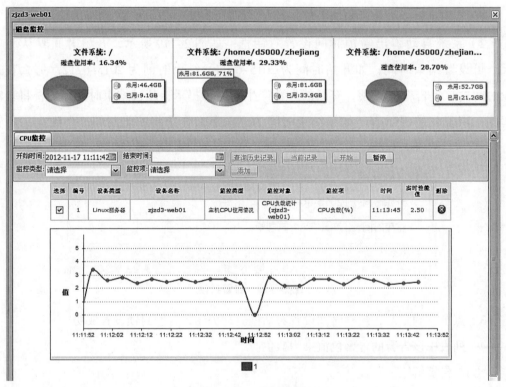

图2-120 实时监测

6. 详细监控信息

鼠标移至设备名（服务器、交换机）右侧的小方框上，如服务器"Ⅲ区采集服务器"，右击选择"详细监控信息"，弹出详细监控信息对话框，展示设备的详细监控信息，包括操作系统监控信息、设备上的应用信息以及设备的相关告警信息，如图2-121所示。

图 2-121　详细监控信息

（四）关键应用

关键应用中展示所有应用的运行状态，同设备运行一样，如系统检测到应用运行有所异常，那么将产生告警提醒值班人员。

1. 设备告警封锁

（1）封锁操作步骤。

1）进入"关键应用"页面，以"数据跳变"应用为例。

2）将鼠标移至"数据跳变"的右侧提示图标上，右击，在弹出的菜单中选择"设备告警封锁"。

3）应用封锁成功，应用的告警色提示圆图标变为绿色中间出现一条横杠。

4）这时将鼠标移至右侧圆图标上，系统会悬浮框显示"设备被封锁"。

（2）解锁操作步骤。

1）将鼠标移至"数据跳变"的右侧提示图标上，右击，在弹出的菜单中选择"取消设备告警封锁"。

2）应用成功解锁，状态恢复至封锁前。

2. 定位至应用图

（1）将鼠标移至应用名（如：SCADA 传 Web 应用）后面的小圆圈图标上，右击，在弹出的右键菜单中选择"定位至应用图"；

（2）页面跳转至"SCADA 传 Web 应用"对应的应用拓扑图。

3. 查询相关告警

（1）将鼠标移至应用名（如：SCADA 传 Web 应用）后面的小圆圈图标上，右击，在弹出的右键菜单中选择"相关告警"；

（2）弹出"SCADA 传 Web 应用"的相关告警对话框，显示该应用的相关告警。

4. 历史数据曲线

历史数据曲线功能主要是以曲线的方式展示历史数据，曲线上每隔 1min 绘制一个点。关键应用一般没有数据曲线，只有几个特殊的数据类应用才有展示历史数据曲线。

（1）将鼠标移至重要数据（如 testCPU）的小圆圈图标处，右击，在弹出菜单中选择"数据曲线"。

（2）弹出历史数据曲线对话框，显示最近一天内的数据曲线图，如图 2-122 所示：

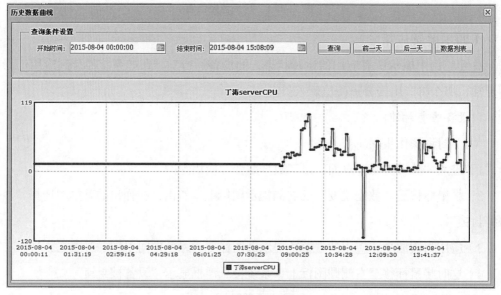

图 2-122　历史数据曲线

1）点击"前一天"，图形中将显示当前时间往前推一天的数据曲线；

2）点击"后一天"，图形中将显示当前时间往后推一天的数据曲线，如当前显示已是最近一天的数据曲线，那么图形将继续显示该数据曲线；

3）选择开始时间和结束时间，点击"查询"，那么图形中将显示这段时间内的数据曲线。

（五）重要数据

从左边菜单上点击"监测首页"→"重要数据"→"主调 / 备调"，进入重要数据页面。系统显示各重要数据的实时监测数据，系统每隔 20s 采集一次数据并更新。

1. 设备告警封锁

（1）封锁操作步骤。

1）进入"重要数据"页面，以"半山煤机总有功"为例；

2）将鼠标移至"半山煤机总有功"的右侧提示图标上，右击，在弹出的菜单中选择"设备告警封锁"；

3）系统提示封锁成功，圆图标告警提示色变为绿色中间出现一条横杠；

4）这时将鼠标移至右侧圆图标上，系统会悬浮框显示"设备被封锁"。

（2）解锁操作步骤。

1）将鼠标移至"半山煤机总有功"的右侧提示图标上，右击，在弹出的菜单中选择"取消设备告警封锁"；

2）应用成功解锁，状态恢复至封锁前。

2. 查询相关告警

（1）将鼠标移至重要数据名（如"半山煤机总有功"）后面的小圆圈图标上，右击，在弹出的右键菜单中选择"查询相关告警"；

（2）弹出"半山煤机总有功"的相关告警对话框，显示该数据的相关告警。

3. 历史数据曲线

历史数据曲线功能主要是以曲线的方式展示历史数据，曲线上每隔1min绘制一个点，操作方法同"关键应用"的历史数据曲线。

（六）厂站工况

厂站工况主要监测500kV和220kV的厂站，当某个厂站出现通道中断、数据不刷新、数据跳变等异常的时候，系统将产生告警来提示值班人员；并可以按厂站电压等级进行展示。

1. 设备告警封锁

（1）封锁操作步骤。

1）进入"厂站工况"页面，以"涌潮变电所"为例。

2）将鼠标移至"涌潮变电所"的右侧提示图标上，右击，在弹出的菜单中选择"设备告警封锁"。

3）系统提示封锁成功，圆图标告警提示色变为绿色中间出现一条横杠。

4）这时将鼠标移至右侧圆图标上，系统会悬浮框显示"设备被封锁"。

（2）解锁操作步骤。

1）将鼠标移至"涌潮变电所"的右侧提示图标上，右击，在弹出的菜单中选择"取消设备告警封锁"。

2）应用成功解锁，状态恢复至封锁前。

2. 查询相关告警

（1）将鼠标移至厂站名（如"涌潮变电所"）后面的小圆圈图标上，右击，在弹出的右键菜单中选择"查询相关告警"；

（2）弹出"涌潮变电所"的相关告警对话框，显示该应用的相关告警。

3. 通道状态展示

该功能主要展示厂站通道的状态，主要包括投入、退出、故障、封锁投入、封锁退出等状态。

1 号圆标：展示厂站的告警状态，包括告警色及封锁情况等。

2 号圆标：展示厂站的运行状态，当厂站出现运行故障的，该圆标显示黄色，产生告警，然后 1 号圆标显示告警色。

3 号圆标：每个通道单独展示一个图标，每个圆标显示该通道的运行状态。

三、告警管理操作

告警管理功能模块主要管理系统中的告警，包括告警的展示、告警的清除及封锁解锁等主要功能。

从左边菜单上点击"告警管理"→"当前告警"→"所有告警"，进入告警管理的界面，如图 2-123 所示。

图 2-123　告警管理界面

图 2-123 中的左侧菜单上展示，告警管理是按照当前告警、历史告警等进行分类别管理的。

告警管理页面展示告警列表，可以对列表中的告警进行确认、取消、清除、定位、封锁、解锁及导出等操作。

1. 确认告警

（1）在当前告警列表中，选中一条或者多条告警，点击列表上方菜单栏中"确认告警"；

（2）告警成功确认后，确认的告警等级栏显示告警为"确认未处理"状态，确认人栏显示当前登录的账户名。

2. 取消告警

（1）在当前告警列表中，选中一条或者多条状态为"确认未处理"的告警，点击列表上方菜单栏中"取消告警"；

（2）告警成功取消确认，告警等级栏恢复显示告警原有的告警等级，确认人栏的确认人清空。

3. 清除告警

（1）在当前告警列表中，选择一条或多条告警，点击列表上方菜单栏中"清除告警"；

（2）告警成功清除，在当前告警列表中消失，进入历史告警列表中（心跳连接失败的告警不能清除）。

4. 告警历史

（1）在告警列表中，选择一条告警，点击列表上方菜单栏中"告警历史"；

（2）弹出该条告警的告警历史对话框，显示该告警的历史记录主要包括告警产生的时间及清除时间等。

5. 告警定位

（1）在当前告警列表中，选中一条告警，点击列表上方菜单栏中"告警定位"；

（2）页面定位至产生该条告警的设备所在的机房屏柜图中，设备被圈中并闪烁。

6. 定位至业务拓扑图

（1）在当前告警列表中，选中一条告警，点击列表上方菜单栏中"定位至业务拓扑图"；

（2）页面定位至产生该条告警的设备所在的业务拓扑图中，设备被圈中并闪烁提醒。

7. 告警封锁

在告警管理中的告警封锁是针对于单条告警进行封锁的，当单条告警处于封锁状态时，该设备的该类告警不再显示及提醒，只有在成功解锁后，告警才能正常显示与提醒。

（1）封锁操作步骤。

1）在当前告警列表中选择一条告警，点击"告警封锁"，弹出封锁时间设置对话框。

2）设置封锁结束时间，并"确认"。在设置的这段时间内告警封锁，过了结束时间系统将自动对该告警进行解锁；如果不填写结束时间则表示告警将一直被封锁，不会自动解锁。

3）弹出告警"封锁成功"提示框，告警成功封锁，告警严重等级提示色变为蓝色，告警进入历史告警列表中。

（2）解锁操作步骤。

1）在历史告警列表中选择状态为封锁的告警（告警提示色为蓝色），点击"告警解锁"；

2）弹出"解锁成功"提示框，告警成功解锁，告警提示色恢复为告警级别对应的颜色，系统能正常显示及提醒该类告警。

8. 告警弹框

当系统监测到新告警时，系统会从页面的右下角处自动弹出一个告警提示框，以声光的形式提醒用户有新告警产生。告警提示框中显示包括告警级别、产生时间、告警设备及告警内容等。告警弹框如图 2-124 所示。

图 2-124　告警弹框

第二部分
调度自动化及网络安全运行维护

运行维护作为调度自动化及网络安全系统运行的第一战线，需要对主站自动化及网络安全系统进行操作、巡视和紧急缺陷处理，开展主站、厂站自动化及网络安全系统和设备升级、改造、检修和消缺等工作，以保障电力系统安全、稳定、优质、经济运行。

第三章 ／ 调度自动化及网络安全系统运维行为管控

本章主要介绍调度自动化及网络安全运维和检修的行为管控，主要包括运维人员要求、运维场所管控、运维对象管控、用户权限管理和运维操作要求。

第一节　运维人员要求

一、总体要求

（1）建立责权分立、操作制衡的管控机制。主站运维应设系统管理员，并按管理对象分设网络管理员、数据库管理员和安全管理员，网络管理员负责网络运维管理，数据库管理员负责各类数据库统一管理，安全管理员负责安全配置管理。

（2）主站运维人员按承担业务的重要程度分为核心运维人员、日常运维人员和临时运维人员。

（3）核心运维人员为负责关键设备设施、数据库、基础平台、实时监控、自动控制等软硬件运维工作的人员。

（4）日常运维人员为负责非关键设备软硬件运维工作的人员。

（5）临时运维人员为开展系统升级、消缺、临检等非常态化维护工作的人员。

（6）调控机构应加强运维人员准入管理，组织运维单位和个人分别签订保密协议和安全承诺书，严防社会工程学攻击。

（7）核心和日常运维人员应定期接受安全、运行、保密管理制度和相关技能培训，考核合格后方可上岗。临时运维人员应具备业主单位认可的运维资质，通过现场安全管理制度培训，考核合格后方可参与运维工作。

（8）日常运维人员每日应进行至少一次机房环境、设备和重要自动化及网络安全系统巡视，如有异常，应立即通知系统管理员和维保厂家并做好相关记录。

（9）日常运维人员应负责机房人员的出入管理，认真做好外来人员进出机房的记录。

（10）应从内部人员中选拔从事关键岗位的人员，并签署岗位安全协议，并应与安全管理员、系统管理员、网络管理员等关键岗位的人员签署保密协议。

（11）应严格规范人员离岗过程，及时终止离岗员工的所有访问权限；应严格调离手续的办理程序，只有在收回访问权限和各种证件、设备后，关键岗位人员承诺履行调离后的保密义务后，方可办理调离手续。

二、业务知识与技能

（1）规章制度：熟悉电力监控系统安全工作规程和电力生产事故调查规程等有关知识，熟悉工作范围内的规程和管理制度。

（2）电力系统：具备一定的电力系统基础知识，了解电力系统主要设备及其功能。

（3）计算机基础：具备计算机软硬件基础知识，熟练使用 Windows、Linux 等常用操作系统。

（4）网络安全：掌握网络基础理论，具备局域网维护及故障处理能力；了解网络安全基本概念，熟悉电力监控系统安全防护技术要求，具备调度控制系统基础安全加固及风险辨识能力。

（5）数据库：掌握数据库基本概念，能运用常用的 SQL 语句，具备数据库运行状况、数据库资源检查等运维能力。

（6）调度控制系统：基本掌握系统架构、设备组成、功能模块、数据交互、业务关联等相关知识；具备参数配置、常见缺陷处理等运维能力。

三、人员工作职责

（1）系统专业巡检：按要求定期（每日、每周、每月）开展系统专业巡检，配合做好定期轮换试验。

（2）系统维护：包括参数配置、图模库定义、信息联调等。

（3）缺陷处理：及时处置系统常见缺陷，遇到重大复杂问题协助技术支撑厂家开展处置工作。

（4）维保配合：配合维保技术支撑厂家进行硬件安装更换、系统软件升级优化等工作。

四、人员考核机制

（1）每年一次年度评价，提交年度个人工作总结，包括年度内工作、学习、技能提升等相关内容。评价意见包括工作表现、工作态度、奖惩情况、能力提升等内容。

（2）运维工作中有重大贡献，排除安全隐患，保障系统安全运行，视情况给予奖励。具体包括发现重大安全隐患，避免缺陷扩大威胁系统安全运行；有效处理技术复杂的重大缺陷；提出合理化建议，提升系统效率及运行可靠性等。

（3）运维工作不到位，威胁系统安全运行，视情况给予处罚。具体包括巡检未发现重大安全隐患；违规作业，导致新的缺陷，影响系统安全运行；未遵守检修流程，未有效控制危险点；不听从系统管理员或工作负责人指挥，擅自工作或超范围工作；其他违规作业。

第二节　运维场所管控

一、安全防护管理

（1）自动化机房应满足国家安全信息系统安全等级保护、《电力监控系统安全防护管理规定》等相关规定的要求。

（2）自动化机房实行区域封隔，值班人员出入使用门禁卡或指纹、人脸识别等系统，应严格按门禁管理权限出入相关区域。

（3）自动化机房大门应 24h 关闭，所有人员出入自动化机房务必做到随手关门。

（4）需接入电力监控系统生产控制大区工作的部门，应配备专用接入笔记本电脑和移动介质。现场接入电力监控系统工作须使用专用配备的笔记本电脑，原则上不得使用厂家携带的笔记本电脑（计算机），专用配备的笔记本电脑须报相应的调度机构备案。配备的专用笔记本电脑严禁上互联网；在接入系统前进行专用配备瑞星杀毒软件检查。移动介质所属安全区内专用，不得跨安全区应用，严禁外来人员携带的移动介质直接使用于生产控制大区各应用系统。

（5）原则上自动化机房不允许带入外来单位的调试设备（电脑、移动硬盘、U盘等），如因工作需要带入自动化机房的上述设备，应进行安全检测登记，未通过安全检测的调试设备严禁带入自动化机房。厂方技术人员对自动化应用系统进行维护时，应通过堡垒机进行维护，以便堡垒机能对用户身份和行为进行管理和控制，同时对主机上的操作行为进行监控与记录，确保系统审计的合规性和系统的安全性。

（6）电力监控系统远方维护诊断的使用，必须提前一个工作日以书面形式报送自动化室，说明工作内容和申请使用厂家接入计算机情况，经审批后方可进行。远方维护使用拨号认证服务器，并做好使用情况的详细记录。电力监控系统远方维护时由自动化运维班安排专人负责，实施闭环管理并进行全程监督，方可许可拨号接入，远方维护诊断口不用时，应与通信线路断开。对于故障处理，经运行值班同意后可先行拨入，但事后应补填申请单并做好相应的故障处理记录。

（7）合理设定控制策略，封闭机房内计算机设备的 USB 端口和未使用的接入交换机网络端口，仅开放业务所需的地址和端口，防止设备违规接入，不得随意更改设备配置，影响设备的正常运行。

（8）自动化机房严禁无关人员进入。如外来人员因工作需要进入自动化机房，应做好预约并履行相关申请、登记手续，进行身份登记确认，并在自动化人员陪同下方可进入。

（9）进入自动化机房工作的外来维护人员，应提前一个工作日与管理部门预约好具体进入时间及大概的工作时间段，以便有序地统筹安排；重要应用系统的维护单位应事前向自动化室提供工作人员备案清单，证明维护人员身份。运行值班人员根据该备案清单核实身份后方可许可厂方运维人员对系统进行维护。

（10）来访者应服从机房管理要求，并做好相应物品进出入登记。外来人员进入机房必须有内部人员陪同。进入机房后听从工作人员的指挥，未经许可，不得乱动机房内设施。一般人员无故不得在机房长时间逗留。外来人员参观机房，须有部门指定人员陪同。操作人员按陪同人员要求可以在电脑演示、咨询；对参观人员不合理要求，陪同人员应婉拒，其他人员不得擅自操作。外来人员进行维护工作时，值班人员应在工作前向其交代清楚安全注意事项，在工作过程中一旦发现影响安全生产的行为有权终止其工作。外来人员在机房进行维护工作时，需挂工作牌。

（11）对于工作时间长且工作内容危险程度低的工作，在外来工作人员接受过现场安全培训并签字的前提下可单独工作，但每次工作结束必须向值班员或系统管理员汇报工作情况。

（12）专职保洁服务人员应了解并遵守自动化机房管理规定，定时清扫、限时出入，严禁危及设备安全的行为。公司物业部门应将保洁人员的名单事前向自动化室提供人员备案清单。

（13）任何人未经值班员同意，不得随意出入自动化机房。对未经许可擅自进入机房的人员值班员有权阻止其进入，对不听劝告者值班员应立即汇报主管领导，或直接汇报上级主管部门。

（14）自动化机房的门禁卡由物业管理有限公司（或指定单位）统一管理，发给每一位具有相应权限的员工，每张门禁卡只能由本人使用，不得转借给其他人使用或几人共用一张卡。

（15）自动化室员工的门禁卡权限由自动化室出联系单并经调控中心领导审批后提交物业公司（或指定单位），物业公司（或指定单位）根据联系单开通相关权限。物业公司（或指定单位）不得随意缩小或扩大某位员工的门禁卡权限。

二、环境管理

（1）自动化机房维护人员应加强环境管理意识，创造优良环境，营造良好工作氛围。

（2）自动化机房内温度、湿度、噪声、甲醛有害气体含量等指标应满足现行国家标准、行业标准、企业标准，如 GB 2887《计算机场地通用规范》、GB/T 18883《室内空气质量标准》等。

（3）机房的灯光照明应充足，当大楼交流电源失电时，事故照明应能可靠自动投入工作，并配置便携式应急照明设备。

（4）机房物品摆放应整齐有序，不得堆放杂物，不得摆放与工作无关的物品。

（5）机房内严禁吸烟，应设置醒目、统一的禁止吸烟标识。

（6）机房附近不得放置产生强电磁场干扰的仪器设备，不得存放产生粉尘、油烟、有害气体设备，不得存放易燃、易爆物品。

（7）机房的楼板荷载应在 5.0kN/m² 以上，地面应铺设防静电活动地板。

（8）机房内宜装设新鲜空气补给设备。

（9）机房应设置统一的接地环网，设备应可靠接地，接地电阻应小于 0.5Ω。

（10)GPS天线等引入调控机房的电气连接应配置防雷模块，防止机房设备遭受雷击。

（11）机房内每面机柜都应可靠固定，排列整齐，屏柜命名规范，屏柜内各装置标识明确，连接电缆布线整齐、电缆标识规范准确。

（12）应配置机房运行监测系统，实现对调控机房环境温度、湿度、烟感、漏水、电源系统状态等环境信息的自动采集报警。

三、消防管理

（1）自动化机房应安装火灾自动报警装置和自动灭火系统，部署灭火器、防毒面具等消防安全保卫设施，并定置科学合理。

（2）运维人员应参加消防和安全保卫教育，参加消防器材、防毒面具等的使用培训，参加大楼消防演习。

（3）严禁将易燃、易爆、有毒物品带入自动化机房等工作区域，不得随意挪用消防器材和随意更改设置地点，消防疏散通道和安全出口应保持畅通，并设置明显的走向标志。

（4）自动化机房内如需动火，需办理动火工作票。动用电烙铁、热风枪等设备时，工作结束必须切断电源，待冷却后放置在安全地点，然后方可离开。

（5）自动化机房内的电气线路和接地装置应定期检查，并定期进行绝缘和接地电阻测量，防止电气老化起火。

（6）自动化机房一旦发生火灾情况，应迅速采取措施灭火，若火势无法控制，立即通知相关人员撤离，拨打火警电话，并报上级调控中心。

四、巡视管理

（1）机房巡视应按专业管理要求开展，明确巡视范围、路线、周期、内容等，及时发现和消除系统及设备故障、缺陷，提高安全稳定运行水平。

（2）机房巡视应纳入交接班巡视管理，巡视工作可采取现场巡视与运行监测系统画面巡视相结合的形式。

（3）机房日常巡视工作的范围主要包括运行环境、设备、消防、电源等，并做好相关记录。

（4）备调大厅、备调机房的日常巡视纳入属地化管理，对巡视发现的问题应立即上报相关部门处理。

（5）针对重要节假日、灾害、重要保供电等特殊情况，应加强巡视力度，开展专项巡视。

（6）日常巡视工作分为三类：A 类为实时监视类，需要实时关注，异常事件应在 1min 内发现；B 类为定期巡视类，一天多次定期巡视，特殊运行方式下增加巡视次数；C 类为日巡视类，一天接班时巡视一次。

第三节　运维对象管控

一、运维对象范围

（1）D5000 系统：前置服务器、SCADA 服务器、AGC/AVC 服务器、数据库服务器、磁盘阵列控制器。

（2）电力市场：计算服务器、平台服务器、应用服务器、数据库服务器、磁盘阵列控制器、核心交换机。

（3）调控云系统：计算节点服务器、管理节点服务器、磁盘阵列、数据库服务器、核心交换机。

（4）调度数据网：骨干网和接入网核心路由器，局域网核心交换机，重要自动化系统核心交换机。

（5）安防系统：横向隔离装置及传输服务器、纵向加密认证装置、堡垒机（权限集中管理设备）。

（6）UPS 电源及辅助设备：电源分配屏、UPS 电源装置、UPS 输入输出屏、机房内电源分配屏、电力电缆、时间同步装置。

二、运维要求

（1）运维人员应对各自动化系统的运行情况进行认真详细检查，发现异常及时处理，并按要求做好记录。按工作流程负责处理缺陷单、停复役申请单、工作联系单。配合有关单位或部门的工作要求，及时做好自动化系统的数据修改及设置工作。

（2）运维人员应每月定期对机房内各应用系统的冗余设备进行切换，包括智能电网调度支持系统的厂站通道切换、SCADA 和 PUBLIC 等应用主备机切换、数据库应用主备机切换、纵向传输平台应用主备机切换、电量系统应用主备机切换等。冗余设备的切换工作应根据相应的操作票执行，执行过程中应一人操作，另一人专责监护，并将执行情况记入值班日志中。

（3）运维人员应将备用重要自动化系统的运行情况纳入日常运行监视的范围，发现异常及时通知系统管理员，并配合调控室开展备用自动化系统切主用演练。

（4）内网安全监视平台和入侵检测系统（intrusion detection system，IDS）应纳入日常巡视的范围，主要查看安防设备的在线情况、告警信息数据与级别，关注 IDS 入侵检测告警信息，纵向加密装置、防火墙和正反向隔离装置的非法访问信息，发现异常攻击告警应及时汇报二次安防专职，并认真做好分析查证及应急处置。

第四节　用户权限管理

一、用户管理

（1）应按照工作职责分为系统管理、维护、应用等用户，纳入系统统一管理。各用户必须严格按权限开展相关系统操作。

（2）系统管理员负责自动化系统用户的统一管理。

1）汇总并审核用户的需求，负责系统中用户权限配置，根据用户变动情况在系统中滚动更新；

2）负责系统所有账户的安全管理，按照责任区及权限建立用户管理机制，严禁账户共用；

3）负责对用户的日常工作行为进行评估，对严重不当操作给予通报或注销账户处理；

4）定期组织用户的培训工作。

二、责任区管理

（1）自动化系统中的责任区可分为运行责任区和调试责任区两类。应根据不同的调控范围或业务需求，划分相应的责任区并及时调整。

（2）系统管理员负责系统内所有责任区的统一规划和管理。

1）汇总并审核各用户在信息调试和运行时的责任区需求，根据系统承载能力和用户需求规划和分配责任区；

2）负责审核工程相关申请，在联调开始前将相关设备统一放入相应调试责任区；

3）负责在联调结束后，将相关设备划入相应运行责任区。

三、设备管理

（1）自动化系统设备应统一管理和命名，网络地址应统一规划，并建立相应的系统设备台账。

（2）系统管理员负责自动化系统设备的统一管理。

1）负责自动化系统设备命名规则的制定及网络地址的规划；

2）汇总并审核自动化系统设备的接入和变更需求，负责设备配置文件的调整；

3）负责自动化系统主干交换机和前置交换机端口配置的统一管理；

4）负责自动化系统设备的运行维护；

5）负责系统设备台账的统一管理。

四、资源管理

（1）自动化系统资源应统一管理，包括节点资源、数据库资源、厂站资源、图形（元）库、功能资源、接口资源等。

（2）系统管理员负责自动化系统资源的统一管理。

1）负责自动化系统中节点资源、数据库资源（数据库容量、各类表空间、采样定义等）的统一规划、分配、监视、分析和维护。

2）负责系统中变电站、总加站、虚拟站等厂站和通道资源的统一规划和分配。

3）负责系统中图形（元）库的统一管理，负责制定主接线图、间隔图、综合信息图等图形的界面规范和文件命名的规则。

4）负责系统计算公式的统一管理和命名规则的制定。

5）负责汇总并审核各部门对系统新增功能的需求，经论证后方可实施。

6）负责系统接口的统一管理，负责汇总并审核各部门对系统的接口需求，经论证后方可实施。

第五节 运维操作要求

一、运维操作分级

主站运维操作依据可能造成的安全风险，按照关键、重要和一般三个级别实行分级管控。

（1）关键运维操作是指可能造成下列严重后果的操作。

1）调度自动化主、备调系统 SCADA 功能失效；

2）安全防护功能整体失效或重要功能失效；

3）数据泄露、丢失或被窃取篡改等重大事件；

4）不间断电源或空气调节系统异常停运。

（2）重要运维操作是指改变调度自动化系统软硬件运行状态，从而可能导致系统运行异常、影响事故处理或延误送（发）电的操作。

（3）一般运维操作是指关键、重要运维操作以外的其他运维操作。

二、运维与检修工作要求

（1）关键和重要运维工作应根据电力监控系统安全规程的要求开具自动化系统主站工作票，并完成电力监控工作票、自动化缺陷和检修的线上流程。运维人员根据工作票内容工作，严禁私自扩大运维内容。运维工作完成后，需填写相应的运维记录。

（2）涉及 D5000、OPEN3000 核心系统的运维工作应编制标准化作业指导书。标准化作业指导书包括操作过程中的操作对象、操作内容、影响范围、安全备份、应急处置等内容。

（3）关键操作的工作负责人应由自动化负责人或其授权的自动化专责担任，重要操作工作负责人应由自动化专责担任。

（4）关键和重要运维工作严格执行操作监护、双重验证，工作负责人应到现场并全程负责组织实施。

（5）在省调备调、省培训中心建立核心系统的测试环境，测试环境的系统架构、主要硬件设备和主要应用功能应与在线系统保持一致。模拟验证运维操作，评估影响及风险，优化工作方案。

（6）贯彻文明施工的要求，推行现代化管理方法，科学组织施工，做好施工现场的各项管理工作；自动化设备维护应严格按照各系统维护手册和相关流程实施；施工现场的临时用电线路，用电设施的安装和使用必须符合安装规范和安全操作规程，严禁任意拉线接电。

（7）自动化设备检修应实行计划管理，根据检修计划向调控中心提交工作申请。检修申请应执行检修申请管理流程，影响遥控、遥调等功能或影响对一次设备监控的申请须经调控室会签。自动化设备检修申请应写明检修设备名称、检修性质、工作内容、停复役时间、设备状态及其他相关要求。已批准的检修工作，检修单位不得无故取消。对于已经终止的电网自动化系统设备检修申请表，该设备检修工作需重新办理申请手续。

（8）自动化主站系统设备检修工作全部结束后，应完成检修验收和恢复工作，由检修人员与本单位自动化当值运行人员、上级调控中心自动化值班人员核对转发信息、主备通道运行情况，并确认正常。同时应做好检修试验记录、检修结果和结论，得到自动化当值运行人员以及上级调控中心自动化值班人员和现场运行人员确认后方可终结工作票。

（9）自动化设备进行停用、检修等工作，应填写"地区电网调度自动化设备计划停用申请（审批）表"；同时必须充分考虑到对其他系统可能带来的影响，严格按照《国网浙江省电力公司市级供电企业电网自动化设备检修管理规定》执行。

（10）智能电网技术支持系统、调度生产管理系统、电力数据网等系统的检修工作导致部分设备停用，影响到上级自动化系统数据的正常接收，必须征得上级自动化管理部门同意后方可执行。

（11）智能电网技术支持系统、电力数据网、变电站自动化系统设备停用影响到调度自动化系统数据的正常接收，从而影响正常的电网运行监视功能，必须征得调控部门同意。

（12）自动化机房内的重要应用系统主机必须按"$N-1$"及以上原则进行配置。当冗余设备检修时，相同功能的设备不允许同时开展检修工作，原则上先开展备用主机检修工作，备机检查完成并确定正常可投后切为主机运行。

（13）检修应实行统一管理、集中许可，检修维护工作参考作业指导书填写相应的操作票。检修维护工作应提前3个工作日向调控中心自动化处提出申请，经自动化值班人员许可后方可开展工作。检修人员完成检修工作后，提交检修维护工作清单，经调度自动化值班人员审核确认后，方可结束工作。

（14）应用系统软件升级、新模块部署、调度数据网网络结构调整等大型检修工作在检修前必须编制检修工作方案，检修工作方案并经上级主管部门批准方可实施。检修方案中必须包含风险提示和相应的安全措施内容。

第四章 / 运行维护工作指导

本章主要介绍调度自动化及网络安全运行维护人员应掌握系统架构、维护操作和故障处置，主要包括智能电网调度技术支持系统、广域监测系统、纵向传输平台、电力市场技术支持系统、电能量计量系统、调度运行管理系统、网络安全管理平台、调控云平台、调度自动化运行监测系统、调度数据网和电力监控系统安全防护等。

第一节 智能电网调度技术支持系统运行维护

一、系统概述

超大规模特高压互联大电网的安全运行，需要采用更为高效的调度运行机制和更为先进的技术支持手段，需要在更大范围内实现调度业务的统一协调和精细化分工。智能电网调度技术支持系统（以下简称技术支持系统）是电网运行控制和调度生产管理的重要技术支撑手段。该系统由基础平台和实时监控与预警、调度计划、安全校核、调度管理四类应用组成，系统围绕分布式一体化共享的信息支撑、多维协调的安全防御、精细优化的调度计划和规范的流程化高效管理这四条主线，提供完整的智能电网调度技术支持手段，实现敏锐的全景化前瞻预警、优化的自适应自动调整、多维的全局观协调控制、统筹的精细化调度计划和规范的流程化高效管理。

二、系统总体架构

国、网、省三级调度智能电网调度技术支持系统的总体架构，如图 4-1 所示。

主调和备调采用完全相同的系统体系架构，实现相同的功能，实现主、备调的一体化运行。横向上，系统通过统一的基础平台实现四类应用的一体化运行以及与 SG186 的有效协调，实现主、备调间各应用功能的协调运行和系统维护与数据的同步；纵向上，通过基础平台实现上下级技术支持系统间的一体化运行和模型、数据、画面的源端维护与系统共享，通过调度数据网双平面实现厂站和调度中心之间、各级调度中心之间数据采集和交换的可靠运行。

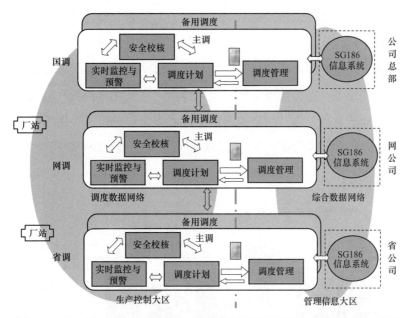

图 4-1 国、网、省三级调度智能电网调度技术支持系统的整体框架示意图

在一个调度中心内部，技术支持系统的总体架构如图 4-2 所示。

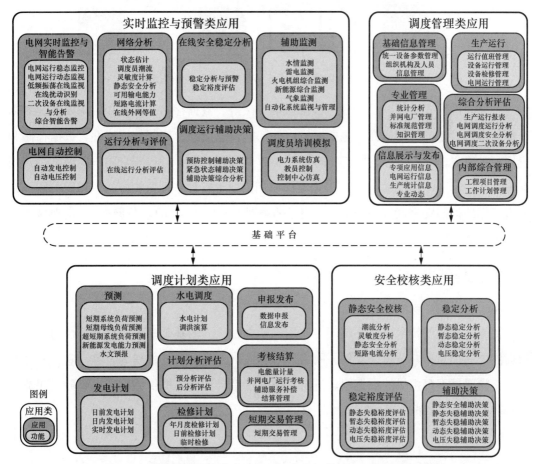

图 4-2 智能电网调度技术支持系统应用与基础平台的逻辑关系图

智能电网调度技术支持系统功能分为实时监控与预警、调度计划、安全校核和调度管理四类，突破了传统安全分区的约束，完全按照业务特性进行划分，系统整体框架分为应用类、应用、功能、服务四个层次。应用类是由一组业务需求性质相似或者相近的应用构成，用于完成某一类的业务工作；应用是由一组互相紧密关联的功能模块组成，用于完成某一方面的业务工作；功能是由一个或者多个服务组成，用于完成一个特定业务需求。最小化的功能可以没有服务。服务是组成功能的最小颗粒、可被重用的程序。

三、硬件架构

系统具体的硬件配置如图 4-3 所示。

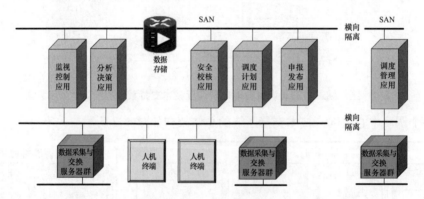

图 4-3　智能电网调度技术支持系统硬件配置结构示意图

系统硬件配置按照网段划分为数据采集与交换、数据存储、人机和应用四类。数据采集与交换处于内外网边界，主要完成内外部的信息交换；按照数据特性、数据存储和应用相对独立，一、二区进行统一的基于 SAN 的数据存储，遵循安全防护的要求，三区配置另外一套 SAN 的数据存储；根据不同应用的业务特性来配置相应的应用服务器群；人机工作站按照安全区统一配置，既可节省硬件投资，又能实现界面统一，实现最大化的资源共享。

四、基础平台

（一）概述

智能电网调度技术支持系统四类应用均建立在统一的基础平台之上，平台为各类应用提供统一的模型、数据、实例、网络通信、人机界面、系统管理等服务。应用之间的数据交换通过平台提供的数据服务进行，还通过平台调用来提供分析计算服务。四类应用与基础平台的逻辑关系如图 4-4 所示。

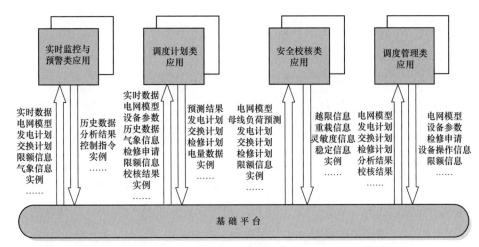

图4-4　智能电网调度技术支持系统四类应用与基础平台的逻辑关系图

（二）系统管理

系统管理的主要目标是配置、监视和管理系统的运行情况。主要包括系统内各节点的启动和停止、进程运行状态监视、系统内某一服务的多台服务器间主备冗余机制管理等等。其中各个节点资源与运行状态监视、系统运行参数管理等信息均可通过系统管理图形界面直观地、图形化地展现出来，以便使用者对整个系统进行直观地管理和监视。

1. 启动及退出

（1）启动系统管理图形界面。

方法一：点击总控台上"系统管理"按钮；

方法二：在终端命令行输入"sys_adm"命令；

屏幕弹出"系统管理图形界面"，如图4-5所示。

图4-5　系统管理界面

（2）用户登录。

在工具栏中，按下用户登录按钮🔒，弹出用户登录对话框。

输入用户名和口令，并选择登录有效期后，按"确定"登录。此时，登录按钮状态

变为 ![锁图标]。

（3）退出系统管理图形界面。

方法一：选择标题栏隐藏菜单中的"关闭"选项；

方法二：菜单/工具栏点击"关闭"按钮；

方法三：选择菜单中的"系统"，在下拉菜单中选择"退出"。

2. 应用状态及主备切换

系统管理图形界面左边的树形结构显示了系统中存在的所有应用，应用名前有叉形图标表示该应用没有在任何节点上运行。如果鼠标单击某个应用，则会在右边的列表中显示所有与该应用相关的信息。

通过工具界面右边的列表能够监视所有的应用状态，包括应用名、节点名、运行态和当前状态等信息。对任意一条记录点击鼠标右键都能弹出用于主备切换的右键菜单，因此在这里可以方便地完成任意应用在各个运行节点上的主备切换。

使用右边左上方的"主备机状态"栏，可以方便地监控主机和备机的应用状态。单击"主机"，则列表中只会显示当前状态为主机的应用状态；单击"备机"，则列表中只会显示当前状态为备机的应用状态。使用右边右上方的"状态标记"栏，可以清楚地标记出某种状态下的所有应用，状态标记不仅可以标记主机和备机，还可以标记出处于故障、退出或未运行状态下的应用，如图4-6所示。

主备机状态			状态标记		
⦿ 所有状态	○ 主机	○ 备机	选择状态	未运行 ▼	☑ 标记

	应用名	节点名	运行context	应用优先级	当前状态	最后接收信息时间
1	scada	kylin1-1	实时态	1	主机	2009年7月27日10时
2	scada	sca1-1	实时态	2	退出	2009年7月25日15时
3	scada	sysadm3-1	实时态	3	备机	2009年7月27日10时
4	● scada	huangkun	实时态	4	未运行	
5	● scada	test1-1	实时态	5	未运行	
6	agc	kylin1-1	实时态	1	主机	2009年7月27日10时
7	agc	sca1-1	实时态	2	退出	2009年7月25日15时
8	agc	sysadm3-1	实时态	3	备机	2009年7月27日10时

图4-6　主备机状态

（三）公式定义与查询

公式定义以数据库中的域作为操作数，进行算术运算或逻辑运算，并支持赋值语句、循环语句、条件语句等语句。公式定义界面同时显示计算结果。用户根据自己的需求灵活定义系统公式并浏览显示。

1. 启动及退出

方法一：点击总控台上"公式定义"按钮；

方法二：在终端命令行输入"sca_formula_define"命令；

屏幕弹出"公式定义与显示"画面，如图4-7所示。

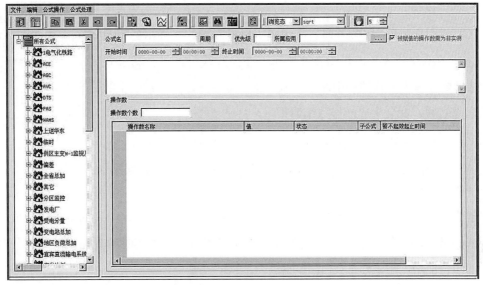

图4-7　公式定义与显示

有两种方法退出系统公式界面：

方法一：选择标题栏隐藏菜单中的"关闭"选项；

方法二：点击菜单/工具栏"退出"按钮。

2. 界面介绍

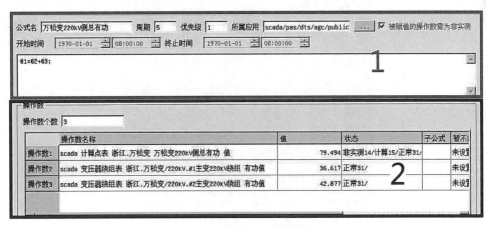

图4-8　公式定义功能界面

（1）公式编辑区。在图4-8中标号1的区域编辑公式。选择操作数用"@"字符，比如"@1"表示取第一个操作数的值，其他都是按照C语言的语法。值得注意的是，每一句后面必须加分号，这也是C语言的语法所要求的。

（2）操作数显示区。在图4-8中标号2的区域，即操作数显示区编辑操作数。输入操作数的个数（*n*），按下"ENTER"键，操作数显示区就会产生对应个数的操作数编辑框。操作数有四个域，分别是操作数名称、值、状态、子公式。

3. 公式操作

（1）添加公式。在树形列表区域点击鼠标右键，在弹出的下拉菜单中选择"添加公式"，如图 4-9 所示。在公式编辑区进行新公式编辑，选择要在哪个公式类型中添加公式，然后可以设定操作数的个数，按回车键之后，就会生成操作数编辑框。

图 4-9　添加公式

（2）删除公式。按下 ✂ 按钮后，就将所打开的公式删除。

（3）保存公式。按下 按钮后，修改后的公式保存到数据库中。

（四）检索器

检索器是数据库信息检索工具，可以搜索定位到实时数据库中表的某条记录或者某条记录的某个域。作为系统的公共工具，主要与图形界面和实时库界面以及一些公共服务界面结合使用。检索器如图 4-10 所示。

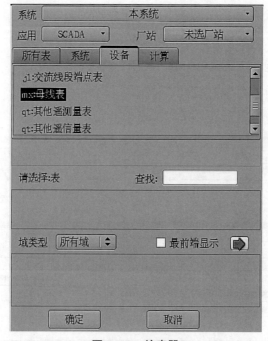

图 4-10　检索器

1. 启动及退出

启动检索器有三种方式：

方法一：在系统总控台上选择"检索器"图标按钮；

方法二：在命令窗口执行"search"命令；

方法三：通过编辑工具界面，点击操作数位置，自动调用检索器窗口。

检索器的退出方法有两种：

方法一：点击窗口左边的窗口菜单，选择其中的关闭选项；

方法二：点击界面上的"取消"按钮。

2. 检索查询

检索器提供了表筛选、域筛选、记录筛选的功能。将每个应用的表分为若干类（如 SCADA 应用下的表分为系统类、设备类、计算类、参数类等，在配置文件"search.ini"中设置），能快速定位到指定的表；将每个域分为若干类（如遥信类、遥测类、其他类等，在域名表中定义），能快速定位到指定的域。

3. 检索发送

在检索器中查询到所需的记录或域后，采用拖曳方式实现所选数据的发送。

查询到所需的记录或域后，用拖曳的方式，将其拖动到应用程序界面上。检索器确认了一个拖动操作的请求后，把相应的数据打包，以便于拖动。应用程序界面收到数据包后，将其解开处理。拖曳提供了一种传递信息的简单视觉效果机制。

（五）实时库界面

智能电网调度技术支持系统的数据库，采用的是商用数据库和实时数据库相结合的方式，既具有商用数据库的通用性、稳定性，也符合电网监控的实时性。采用商用数据库，使得电网监控系统与其他系统互连更为方便，形成了一个完整的、开放的、数据共享的信息系统；基于 Unix 共享内存技术和 TCP／IP 网络协议开发出分布式实时数据库系统弥补了商用数据库操作速度慢、不能满足 EMS 的实时性和响应速度等缺陷。实现实时数据锁定内存，提高了访问速度，从而保证了智能电网调度技术支持系统的实时响应性。

1. 启动 dbi（数据库操作工具）

方法一：点击总控台上"数据库"按钮；

方法二：在终端命令行输入"dbi"；

屏幕弹出"实时态数据库操作界面"，如图 4-11 所示。

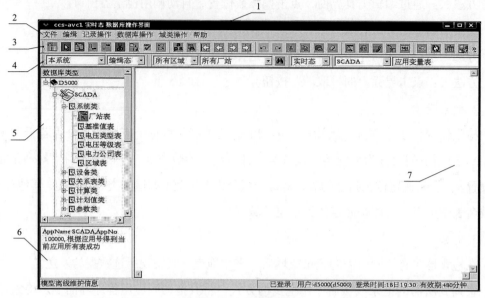

图 4-11　dbi 界面

1—标题区；2—菜单栏；3—工具栏；4—查询栏；5—常用实时库表树形显示区；

6—操作提示信息栏；7—实时库表内容显示操作区

2. 功能操作

（1）编辑操作。

1）剪切当前域。选中表中某个域的内容，在工具栏中点击"剪切当前域"按钮，或使用快捷键 Ctrl+X，将当前域内容删除，并存储到粘贴板上。

2）复制域。选中表中某个域的内容，在工具栏中点击"复制域"按钮，或使用快捷键 Ctrl+C，将当前域内容复制到粘贴板上。

3）粘贴域。选中表中某个域的内容，在工具栏中点击"粘贴域"按钮，或使用快捷键 Ctrl+V，将粘贴板上内容粘贴到当前域。

注: 这个操作必须在"剪切域"或"复制域"之后进行。如果没有进行剪切或复制操作，粘贴版中内容为空，则没有内容粘贴到当前域。

4）清空域。该操作未放入编辑菜单选择中，可在工具栏中，直接按下"清空域"按钮，使其处于工作状态，然后单击要清除的域，域中的内容即被清空（清空域完成后，要将按钮还原，以免删除有用的数据）。

5）撤消域操作。在工具栏中，点击"撤消"按钮，将撤消上一步进行的域操作。最多可以撤销 50 步域操作。

6）重做域操作。在工具栏中，点击"重做"按钮，将重复上一步域操作。

（2）操作记录。

1）第一条记录。选择菜单栏中"记录操作 / 第一条记录"菜单项。或在工具栏中点击按钮 ⬅，则当前显示的表中第一条记录为选中记录，底色改变，记录前有 ▶ 符号提示。

2）上一条记录。选择菜单栏中"记录操作 / 上一条记录"菜单项，或在工具栏中点击按钮 ⬅，则当前记录的上一条记录为选中记录，底色改变，记录前有 ▶ 符号提示。

3）下一条记录。选择菜单栏中"记录操作 / 下一条记录"菜单项，或在工具栏中点击按钮 ➡，则当前记录的下一条记录为选中记录，底色改变，记录前有 ▶ 符号提示。

4）最后一条记录。选择菜单栏中"记录操作 / 最后一条记录"菜单项，或在工具栏中点击按钮 ➡，则当前表中的最后一条记录为选中记录，底色改变，记录前有 ▶ 符号提示。

5）记录后插入。选择菜单栏中"记录操作 / 记录后插入"菜单项，或在工具栏中点击按钮 ➡，则在当前记录后插入一条没有数据的新纪录。

6）记录前插入。选择菜单栏中"记录操作 / 记录前插入"菜单项，或在工具栏中点击按钮 🔳，则在当前记录前插入一条没有数据的新纪录。

7）复制选中记录。选择菜单栏中"记录操作 / 复制选中记录"菜单项，或在工具栏中点击按钮 ▷，即将当前记录复制到粘贴板。

8）粘贴记录。选择菜单栏中"记录操作 / 粘贴记录"菜单项，或在工具栏中点击按钮 🔳，将粘贴板中的记录复制到当前记录后。

9）删除当前记录。在工具栏中点击按钮 🔳，将当前记录删除。

10）撤销删除记录。在工具栏中点击按钮 ↩，撤销上次删除记录操作。

（3）数据库操作。

1）查询表数据。在信息显示区中输入应用号和表号，例如查询 SCADA 应用的负荷表，SCADA 应用号是 100000，厂站表的表号是 405，则在信息显示区输入"100000 405"。然后选择菜单栏中"数据库操作 / 查询表数据"菜单项，或点击工具栏中"查询表数据"按钮 🔳，即可在表显示区打开这张表。

2）保存数据。选择菜单栏中"数据库操作 / 保存数据"菜单项，或点击工具栏中"保存数据"按钮 🔳，将 dbi 上编辑后的数据保存到商用数据库中。

五、电网运行稳态监控—SCADA

（一）概述

电网运行稳态监控处理前置应用采集上来的实时数据，是调度员的眼睛和操作工具，用户的数据监视和操作，如远方遥控等都依赖于电网运行稳态监控应用提供的强大丰富的功能，特别是随着电力系统无人值班站的增多，许多原来在厂站端处理的事情，现在需要主站端的调度员根据系统实时运行情况，及时地调度处理。所以正确理解电网运行稳态监控的基本数据，掌握电网运行稳态监控的操作，快速响应、及时解决系统出现的问题十分重要。系统为了安全高效地实现电网运行稳态监控的监控功能，在任何重要的控制操作执行之前，系统自动检查口令和安全性，任何操作或事件都能记录、存储或打印出来。

（二）功能框架

SCADA 功能框架如图 4-12 所示。

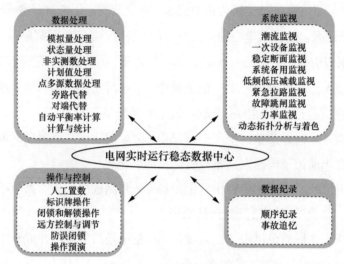

图 4-12 SCADA 功能框架

（三）数据处理

数据处理模块提供模拟量处理、状态量处理、非实测数据处理、计划值处理、点多源处理、数据质量码、自动旁路代替、自动对端代替、自动平衡率计算、计算及统计等功能。数据来源有前置采集、人工置数、公式计算和其他应用。基本处理机制为基于报文的触发处理，主要报文类型有全数据报文、变化数据报文、操作数据报文和事件报文。数据处理流程如图 4-13 所示。

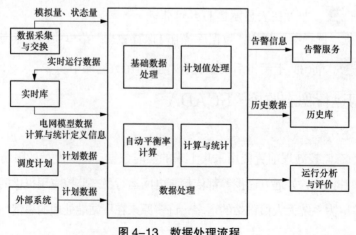

图 4-13 数据处理流程

（四）系统监视

实现了根据现场采集的实时运行数据，结合电网模型、拓扑连接关系，将传统的面向开关、量测的监视提升为面向一次设备运行状态的综合监视，为调度员提供基于设备基本量测的信息，如机组停复役、线路停运、线路充电、线路过载、高抗的投退、静止补偿器投退、变压器投退或充电、变压器过载、母线投退等，使得调度员能够直观了解设备运行状态。一方面有效综合了量测信息，将面向测点的告警提升为设备状态告警，为综合智能告警打下了很好的数据基础；另一方面通过设备状态变化触发状态估计、动态预警等功能的联动，有效提高了系统响应速度。系统监视流程如图 4-14 所示。

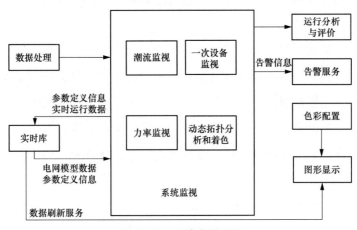

图 4-14　系统监视流程

（五）操作与控制

画面操作主要操作类型有查询参数检索和信息模板，遥测遥信的置数 / 封锁，告警信号的抑制和确认，调用类告警查询、曲线调用、棒图调用、图形等，挂设备锁住、警告、接地、检修等标志牌，遥测限值修改、多源定义、替代定义等。控制操作主要有遥控和遥调，遥控一般对开关进行控制，遥调一般对电压和发电机出力进行控制，分别由 AVC 和 AGC 应用完成。操作与控制流程如图 4-15 所示。

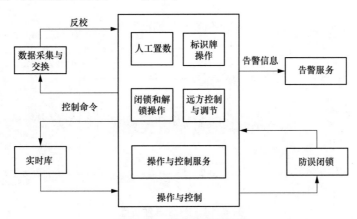

图 4-15　操作与控制流程

六、电网高级应用软件——PAS

（一）概述

随着电力系统的迅速发展，电力系统的结构和运行方式日趋复杂，调度中心的自动化水平也不断得到提高。为保证电力系统运行的安全、稳定、经济、优质，要求调度系统能够迅速、准确而全面地掌握电力系统的实际运行状态，预测和分析系统的运行趋势，对运行中发生的各种问题提出对策。

电力系统分析、计算程序的在线应用有助于调度员掌握系统实际运行状态，解决和分析系统中发生的各种问题，并对系统的运行趋势做出预测，确保了电力系统的安全和经济运行。

准确而完整的数据库是电力系统高级应用程序成功应用的基础。由于远动装置存在误差，在数据传送过程中各个环节也有误差，这就使得遥测数据存在不同程度的误差和不可靠性。此外，由于测量装置在数量上及种类上的限制，往往无法得到电力系统分析所需要的完整、足够的数据。为提高遥测量的可靠性和完整性，需进行状态估计。通过运行状态估计程序能够提高数据精度，滤掉不良数据，并补充一些量测值，为电力系统高级应用程序的在线应用提供可靠而完整的数据。

基于正确的状态估计结果，在线调度员潮流模块能够作在线潮流计算或模拟操作潮流计算，得出线路、变压器电流、母线电压的越限信息，为实际调度操作的可行性或操作后的方式调整提供理论依据，保证了电力系统的安全可靠运行。结合地调的实际情况，应用较多的功能为合解环操作前的模拟操作潮流计算。PAS 导航页面如图 4-16 所示。

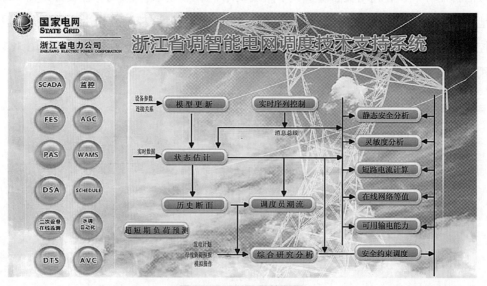

图 4-16 PAS 导航页面

（二）网络建模

网络建模是 PAS 网络分析软件的基础模块，通过网络建模，电网各设备的电气参数和相互之间的联结关系将被填入 PAS 网络数据库，相应地，网络建模主要工作包括设备参数入库和联结关系填库两部分。此外，PAS 还要求 SCADA 遥测数据的极性统一而合理，因此整理遥测数据的极性也可以看为网络建模工作的一部分。

1. 必须输入的参数

新增加厂站或发电机、变压器、线路、负荷、断路器、隔离开关、母线等设备，都要将其有关信息录入数据库中。有关 SCADA 信息的录库可参考 SCADA 维护内容，这里不再重复介绍。下面列出的是 PAS 各个模块公用的参数。

（1）线路。

1）电压等级；

2）安全电流（在电流限值栏）；

3）电阻、电抗和电纳：可输入有名值或标幺值，也可以输入线路类型和长度；

4）线路电流限值；

（2）变压器。

1）各侧电压等级；

2）各侧铭牌电压（分别在高端、中端、低端额定电压栏输入，两卷变中压侧不输入）；

3）各侧额定容量（MVA）（两卷变输入高压侧即可）；

4）各侧短路损耗（kW）；

5）各侧短路电压百分数；

6）高中压侧抽头类型；

7）高中压侧正常运行方式下抽头位置；

8）高压侧是否有载调压。

（3）电容电抗器。

1）电压等级；

2）容抗器类型（并联电容、并联电抗、串联电容、串联电抗、分裂电抗）；

3）额定无功功率容量（Mvar）。

（4）发电机。

1）电压等级；

2）额定功率（MVA）；

3）有功功率最大最小出力（MW）、无功功率最大最小出力（Mvar）；

4）费用系数（优化潮流）；

5）机组类型（水、火电等）。

（5）负荷、电压等级。

（6）断路器、隔离开关。

1）电压等级；

2）类型（开关，非接地开关，接地开关）。

2. 网络参数的录库

网络参数的录入有两个途径：

（1）在数据库界面中直接录入：将新增加或需修改的设备的参数直接录入到数据库的相应设备表中并保存即可。

（2）在作图软件包中录入：在作图软件包中打开新增加设备对应的接线图，在图中对该设备的属性进行补充并保存以达到录入网络参数的目的。

3. 节点入库

（1）节点入库向导界面。

1）列出供选择的厂站。如果使用图形编辑工具入库时，点击"节点入库"按钮，列出的为当前图形全部设备涉及的厂站，可以在列出的厂站中选择一个或多个，然后点击"选择入库用图"按钮进入下一步，没有选择任何厂站时，"选择入库用图"按钮为失效状态。选择入库用图如图 4-17 所示。

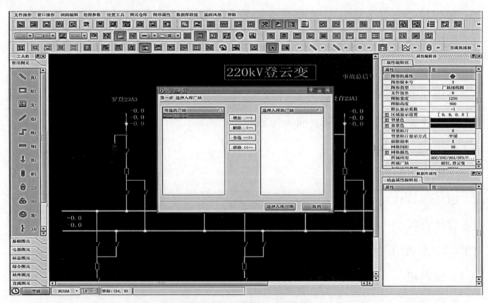

图 4-17　选择入库用图

2）维护待入库厂站的入库用图。第一步选择的各厂站当前入库用图将列出，在图形编辑工具入库时可以"增加""替换"或"删除"入库用图，"增加"指将当前图形加入选中厂站的入库用图中；"替换"指用当前图形替换选中厂站；"删除"指将选中图形从对应厂站的入库用图中删除。节点入库如图 4-18 所示。

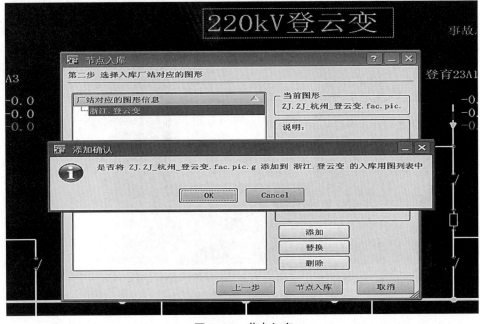

图 4-18 节点入库

3）对选中的厂站进行节点入库。这一步将进行有关检查，无误后将生成的节点号写入商用库。

（2）图形类型检查。只有"接线图"才能进行节点入库。使用图形编辑工具打开其他类型的图形不能进行节点入库，这时点击工具栏上"节点入库"按钮时，将提示不能进行节点入库。

（3）拓扑验证。节点入库程序通过拓扑分析检查出错误的或不正常的连接关系。

检查的结果分为错误和告警两类，使用入库向导界面时将逐个厂站的检查结果，如果检查结果中有错误，将通过设置"确定"按钮失效来使得不能进行入库，如果只有告警，有用户选择"确定"继续入库或者"取消"待进一步改进后再入库。

可以检查出的错误有：不同厂站的设备相连、不同电压等级的设备相连，可以检查出的不正常情形有节点空挂等。

在作图工具上进行节点入库时，选中检查结果中的条目时，如果所选的设备在当前图形上，可以定位到该设备。拓扑验证如图 4-19 所示。

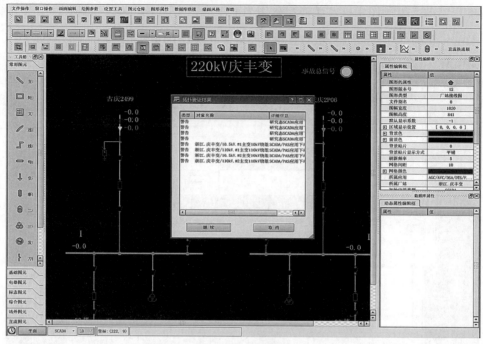

图 4-19　拓扑验证

（4）基本节点号生成。连接关系无误入库后生成的节点按下面的规则编号：

节点号 = 厂站 id%1000000 × 1000000+ 电压类型 id%1000000*1000+ 本电压等级的节点序号。

（5）清空厂站的节点号。可以使用"netmdl_node_clear"清空厂站的节点号，如果指定的厂站名不正确，可以给出出错提示。

4. 网络建模

（1）原始参数类型控制和参数转换。针对设备类型和单个设备设定原始参数类型，对于线路和变压器可以有其他类型的参数转换为标幺值保存到商用库中。

（2）网络模型的建立。生成适合计算的层次模型，保存到二进制文件中。

（3）拓扑和参数验证。不合法的拓扑连接和参数验证结果分为严重和不严重两类，如有严重的错误模型不能复制给状态估计。检查的严重错误包括节点号错误、非法参数等；检查的非严重错误包括节点空挂、参数偏离正常值等。

一般先点模型验证，这时如果有错误信息就会在右侧严重错误那里列出错误具体信息供查看，同时右侧的"更多模型验证信息"里也会列出一些不严重的告警信息，如果没有严重错误，就可以将当前模型复制到状态估计，点击"模型复制"按钮，下方运行信息会给出复制成功的提示。模型更新如图 4-20 所示。

图 4-20　模型更新

5. 遥测极性

在网络建模前，需要整理 SCADA 遥测数据的极性，对遥测数据的极性没有强制性的要求，但希望全网统一，不同站之间不应有不同的定义。下面给出遥测数据极性的一个参考定义：

（1）线路潮流：流出母线为正，流进母线为负；

（2）变压器潮流：流出母线为正，流进母线为负；

（3）负荷：流出母线为正，流进母线为负；

（4）发电机：流进电网为正，流出电网为负。

6. 维护要点

为保证 PAS 网络分析软件能够得到正确的结果，需要始终保持接线图和数据反映了正确的网络结构和准确的元件参数。在网络结构或元件参数发生变化时需要有关人员及时做好以下的维护工作：

（1）当元件的参数发生变化时，在数据库界面下进行相应的改动。

（2）如果网络增加新的元件，应通过数据库界面录入 PAS 所需的全部参数，并和接线图上的元件进行正确的连接。

（3）当网络结构发生变化时，应该使用作图软件包在相应的接线图上进行调整，然后切换到 PAS 应用点工具条上的"节点入库"按钮，按照提示进行操作，如果提示有告警请认真检查在改正确实存在的问题以后再继续下一步；节点入库的结果反映在数据库中各元件的"PAS节点名"域中，如果入库后某元件的该域仍为空白，说明该元件在接线图上的连接不正确，应该检查改正后重新进行节点入库。

（4）在新增元件后，还应该及时配置好相关的遥测、遥信量并按全网统一的标准对好极性，如果量测不完整应进行必要的等值处理。

（三）状态估计

状态估计根据SCADA实时遥信遥测数据进行分析计算，得到一个相对准确并且完整的运行方式，同时对SCADA遥信遥测进行校验，提出可能不正常的遥测点。状态估计的计算结果可以被其他应用软件作为实时方式使用，如调度员潮流可在状态估计计算结果基础上进行模拟操作计算等。

1. 功能简述

（1）计算模式。状态估计有两种计算模式：在线运行方式和离线运行方式。在线方式取SCADA实时数据，离线运行方式中可以在上次状态估计所取断面基础上进行计算。

（2）程序控制。状态估计在周期运行方式下（周期运行置为"是"），PAS主机值班或备用状态都会按所设定的执行周期每过一个执行周期时间，取SCADA遥信遥测计算一次。如果需要状态估计立即取SCADA遥信遥测计算，则点击"启动计算"，如果状态估计运行正常，在线消息显示"状态估计计算完成，可以进行下次计算"，并且断面时间与当前时间最多相差一个执行周期时间。

（3）计算结果显示。有图形和列表两种显示方式。状态估计计算得到的各设备量，包括线路首末端功率、变压器各侧功率、母线电压等均可在接线图上显示；所有潮流量、越限、重载信息以及预处理信息、可疑数据等遥测分析结果还可以列表显示。

（4）量测控制。当发现SCADA量测有误时，可通过检查遥测预处理告警，可疑数据表发现量测问题，通过对状态估计结果检查发现结果不理想时，可通过对相关量测进行控制消除不良量测的影响，以提高计算准确性。如果是单一测点有误，可直接将该测点屏蔽；如果某厂站遥测均有问题且SCADA中没有给出量测错误标志，可将整个厂站屏蔽；屏蔽的量测将不参加PAS计算。

2. 画面及操作

运行状态估计画面是使用者使用状态估计的最直接最方便途径，状态估计各种参数设置，计算范围的控制、结果显示检查、对量测控制等都通过画面进行。使用者只有了解画面的构造、功能、操作方法等才能正确使用和维护状态估计。

（1）主画面。先进入PAS目录画面，再点"状态估计"按钮可进入状态估计的主画面，主画面上主要有进程控制、潮流结果、量测分析结果、运行信息等几类按钮。

状态估计主画面如图 4-21 所示。

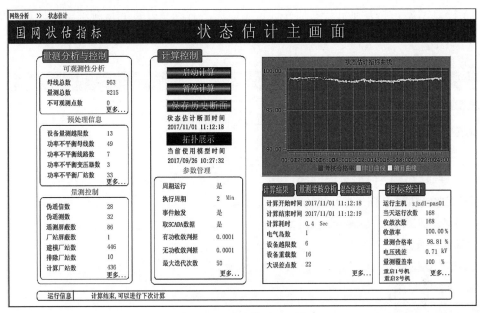

图 4-21 状态估计主画面

（2）启动计算。启动计算可以启动状态估计程序。点击"启动计算"，当状态估计处于为周期运行模式时，将每隔一个执行周期启动一次状态估计计算；当处于非周期运行模式时，状态估计只计算一次。

（3）暂停计算。暂停计算可以停止状态估计程序运行。当处于周期模式时，点击"暂停计算"，状态估计即停止计算。

（4）参数管理。通过文字方式显示。状态估计启动并处于周期模式下时，显示文字"是"，状态估计停止运行时，显示文字"否"。

（5）迭代信息。此表在每次计算后，显示出此次计算各步迭代的有功功率最大偏差和无功功率最大偏差的偏差值，以及偏差发生在哪个厂站和哪个电压等级。当迭代发散时，使用者可根据此表提供的信息进行调试检查。

（6）运行信息。此处显示历次状态估各个电气岛是否收敛等信息。

（7）指标统计。此表中可以查询当日、月、年各厂站或区域的指标累计统计。

（8）量测控制。此表可以查询伪遥信、伪遥测、厂站排除、厂站屏蔽等信息。

（9）分析。

1）电气岛信息。此表列出系统当现运行方式下个电气岛（带电子系统）的有关信息。

a. 电气岛号——系统中第几个电气岛号；

b. 厂站名——此电气岛平衡机所在厂站名；

c. 平衡机名——此电气岛平衡机名；

d. 母线数——此电气岛参加计算节点数。

2) 计算结果。此表列出状态估计计算结束后所有参与计算的量测结果。计算结果如图 4-22 所示。

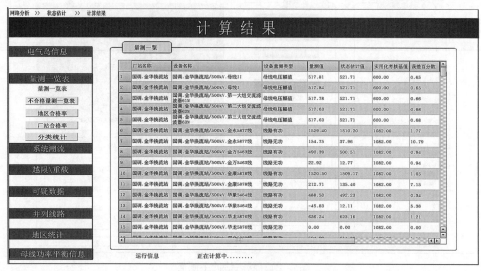

图 4-22　计算结果

其中不合格量测一览表会列出计算结果与量测对比超出合格范围的设备及量测。

3) 量测分析处理。当出现某些计算值与量测值存在很大差异时，可以定位到该量测所在的厂站，在厂站一次接线图里分析原因。在厂站接线图中，可以通过应用选择按钮，进入状态估计应用下。这时该应用下有以下几个按钮可助于分析问题；较常用到的就是"有功对比"和"无功对比"按钮，"有功对比"如图 4-23 所示，可以很直观地看到计算前与计算后的量测对比，进而找到误差较大的地方，分析出问题的所在之处。

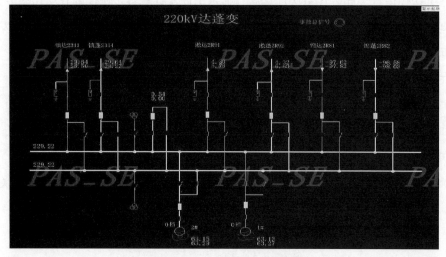

图 4-23　"有功对比"界面

（四）调度员潮流

调度员潮流（dispatcher power flow，DPF）是 D5000 系统中最基本的高级网络分析软件。调度人员可以使用它来研究当前电力系统可能出现的运行状态，运方人员可以使用它来校核调度计划的安全性和合理性，同时它还可以对历史运行方式的变化进行分析。调度员潮流模块也是其他高级网络分析软件的基本模块，维护一个收敛性良好的潮流数据，是其他高级网络分析软件正确计算的基本前提条件。

调度员潮流软件结合针对实际使用的需求，提供了众多实用功能，包括数据来源的多样性（实时、预测、历史），灵活变化与修改运行方式，良好的收敛性与辅助分析功能，方便直观的检查、监视、调整结果的功能等，这些都使使用人员在实时环境中得到最好的培训操作和模拟研究的体验。

调度员潮流软件的算法采用目前最成熟可靠的牛顿法和快速分解法，在收敛的可靠性和计算的快速性方面达到了和谐的统一。

调度员潮流软件的主要功能如下：

（1）方便地获取实时和历史方式，作为潮流计算的初始方式。

（2）多种灵活手段模拟预想的潮流运行方式。

（3）对潮流的计算结果进行分析，包括各种重载监视、限值检查、网损分析等。

（4）提供完善的实用化功能，包括误差统计，历史信息的保存、查询等。

（5）支持多用户功能，各用户可以同时进行计算而不互相影响。

（6）提供与其他模块的接口，为其他模块提供潮流方式，还可以调用母线负荷预测结果和发电计划，计算预想方式的潮流。

1. 初始方式准备

对任何潮流模拟操作计算，总是在某一个初始的运行方式上进行。这种初始方式可以是状态估计提供的实时运行方式，也可以是以往保存的历史运行方式。

（1）取实时方式。有两种方法获取状态估计的实时断面。在图 4-24 所示的调度员潮流的主画面上直接点击"取状态估计数据"按钮；或者在任意画面上切换到调度员潮流应用以后，在空白处点击右键，弹出图 4-24 所示的右键菜单，再单击"取状态估计数据"项。在完成状态估计的拷贝以后，调度员潮流的界面上有相应的提示信息，厂站图上调度员潮流应用显示的设备潮流和状态估计应用显示的值一致。

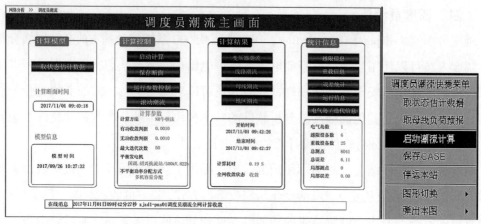

图 4-24　调度员潮流主画面及接线图操作菜单

（2）取历史方式。在图 4-24 所示的调度员潮流的主画面上直接点击"取历史 CASE"按钮，弹出如图 4-25 所示的历史断面管理界面。

点击选中的断面，按右键，在弹出的右键菜单中选择"取出断面"选项，实现将历史潮流断面读到当前潮流应用。

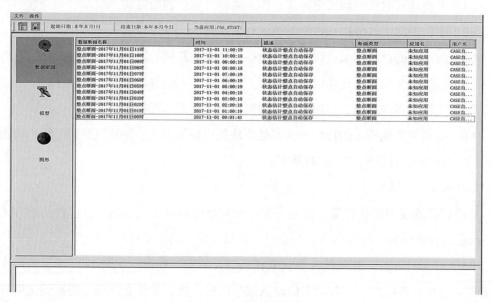

图 4-25　取历史断面

2. 调度操作模拟

在准备好的初始潮流断面上，可以继续修改方式，模拟预想的潮流运行方式，再进行详细的潮流分析。

（1）断路器、隔离开关变位模拟。在需要变位的断路器、隔离开关上点击鼠标右键，单击弹出菜单上的"变位"项就实现了断路器、隔离开关的变位模拟。图 4-26 反映了简单的操作过程。

(a) 操作图　　　　　(b) 效果图

图 4-26　断路器、隔离开关变位模拟

（2）线路停运。在线路图元上点击鼠标右键，弹出"停运"菜单，单击该项将自动断开线路两端的断路器，使线路处于停运状态，操作过程如图 4-27 所示。

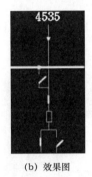

(a) 操作图　　　　　(b) 效果图

图 4-27　线路停运

（3）变压器停运。在变压器图元上点击鼠标右键，在弹出的菜单上点击"停运"项，将自动断开变压器各侧的断路器，使变压器处于停运状态，操作过程如图 4-28 所示。

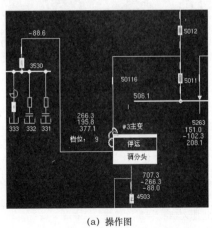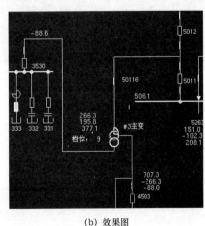

(a) 操作图　　　　　　　　　　　(b) 效果图

图 4-28　变压器停运

（4）母线停运。在母线图元上点击鼠标右键，弹出"停运"菜单，单击该项将自动断开与该母线相联的所有断路器，包括线路开关、变压器开关和母联开关等，使母线处于停运状态，操作过程如图 4-29 所示。

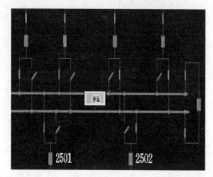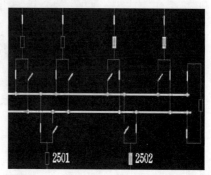

图 4-29　母线停运

（5）厂站停运。在厂站接线图空白处点击鼠标右键，在弹出的菜单上点击"停运本站"项，将自动断开该厂站的全部出线断路器，使该厂站处于停运状态，操作过程如图 4-30 所示。

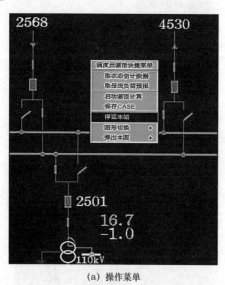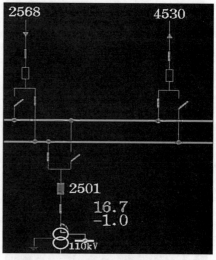

（a）操作菜单　　　　　　　　　　　　　（b）厂站停运状态

图 4-30　厂站停运

（五）关键应用 / 进程操作

1. 关键进程信息

PAS 关键进程见表 4-1。

表 4-1　　　　　　　　　　　　　　PAS 关键进程

进程名	描述	启动类型
rtnet_main	状态估计主进程	常驻关键进程
PasOp	状态估计、调度员潮流画面操作的处理	常驻关键进程

进程名	描述	启动类型
sync_rt_send	一三区同步进程	常驻可选进程
pas_data_srv	DTS 获取状态估计断面进程	常驻可选进程
e2dnzl_out_main	生成 qs 文件主进程	常驻可选进程
rtnet_index_stat	状态估计统计进程	常驻可选进程
spf_main	滚动潮流计算进程	常驻可选进程

2. 关键应用 / 进程重启

（1）状态估计应用重启：首先执行"manual_app_stop pas_rtnet"停止应用，然后执行"manual_app_start pas_rtnet –s down"起应用；

（2）调度员潮流应用重启：首先执行"manual_app_stop pas_dpf"停止应用，然后执行"manual_app_start pas_dpf –s down"起应用；

（3）状态估计主进程重启：执行"kp rtnet_main"。

（六）电网控制功能应急操作

（1）状态估计计算时间不刷新，运行次数和收敛次数在状态估计运算周期后也不更新。

1）观察状态估计周期计算是否被停止。观察状态估计主画面下面的运行信息，"是否周期运行"，如果是"否"表示只能手动去计算或实时序列触发计算，"是"表示自动周期计算，状态估计不计算有可能会是因为该状态被置为了"否"。查看数据库"RTN参数和信息表"，"暂停计算标志"是否被置为"是"，若为"是"，需要置为"否"。

2）观察是否由于服务器应用退出导致。在 PAS 服务器上输入"ss|grep‑i rtnet"，观察 PAS_RTNET 是否处于"主机"和"刷新"状态，如果处于"退出"状态，输入"manual_app_start rtnet‑s down"，启动状态估计应用；若为"故障"，在 PAS 服务器终端执行"kp rtnet_main;rtnet_main"，执行完毕后，重新输入"ss|grep‑i rtnet"，观察 rtnet 应用是否正常。若还不正常，重启该应用。

注意事项：不要随意在数据库中修改"RTN 参数和信息表"的暂停计算标志域，可能会造成告警窗频繁报出状态估计应用启动和退出。

（2）状态估计服务器状态显示故障。

1）观察哪台服务器为目前的主用服务器，假如 zjzd1‑pas02 为主服务器，则在任意一台一区工作站上打开终端，执行" ssh zjzd1‑pas02"，即可登录到 zjzd1‑pas02 上；

2）在该终端上继续执行" kp sys_info_monitor"；

3）在监视画面上查看当前服务器状态。

（3）状态估计计算不收敛。

1）在状态估计主画面上点击电气岛/迭代信息，在发散的电气岛上右键，查看迭代信息，排除掉最大有功功率偏差和最大无功功率偏差的厂站，再启动计算，观察是否还会出现发散的现象，然后再去排查刚被排除的厂站参数情况（线路电抗不应该过小、三绕组变中压侧电抗一般不为正）、线路的连接情况和 SCADA 量测情况。

2）查看在发散时刻 2min 前告警中是否存某个（某些）厂站工况退出和不合理遥信变位情况。

（4）调度员潮流取状态估计后或者取历史断面后计算不收敛。

1）若是取实时状态估计，查看实时状态估计计算是否收敛；若是取历史断面，查看历史断面时刻状态估计计算是否收敛。若不收敛，调度员潮流计算不收敛则是因此导致的。

2）若状态估计收敛，则在调度员潮流主画面上切换调度员潮流计算方法进行尝试（牛顿法或者 PQ 解耦法）。

3）若还是不收敛，则仿照状态估计的调试方法，在调度员潮流主画面上点击、查看电气岛迭代信息，排查发散的电气岛内有功功率偏差和无功功率偏差最大的厂站的参数情况。（由于状态估计和调度员潮流使用的算法不同，调度员潮流计算对参数更加敏感）

（5）使用调度员潮流进行合环计算时，环路上设备潮流计算不准确，但是环路外潮流计算正常，则排查环路上设备（线路、变压器）的参数情况。

（七）调度数据及文件交互应急操作

问题描述：qs 文件无法正常生成。解决方法如下：

（1）查看一区 qs 文件是否正常生成，观察状态估计主机的"data/pas/e2dnzl/data"目录下是否生成带有最新时戳的 qs 文件，如果没有，观察状态估计主画面上是否计算发散；

（2）如果一区正常生成了 qs 文件，则可能是因为一三区之间网络不通导致的，可输入"file_send"进行测试。

七、AGC

（一）概述

AGC 提供发电的监视、调度和控制，通过控制管辖区域内的发电机组的有功功率满足如下功能：维持电网频率在允许误差范围之内，频率累积误差在限制值之内，超过时自动或手动矫正；维持本区域对外区域的净交换功率计划值，偿还由偏差引起的随机电量；在满足电网安全约束、频率和净交换计划的情况下，按最优经济分配原则安排受控机组出力，使区域运行最经济。

建立在 D5000 系统统一支撑平台上的 AGC 应用子系统，是智能电网调度技术支持系统最为基础的应用之一，在吸收和借鉴传统 AGC 的技术特点的同时，充分考虑了智能电网的发展需求，在经典算法的基础上不断创新，引入了许多新技术，有效地改善了调节的动态品质和控制效果。其中包括提供丰富的机组控制模式及分组控制策略，可满足不同特性机组之间协调控制的要求；适应多种联络线功率控制标准的 AGC 控制策略，不同类型机组的在线协调控制策略、分组和多原则排序控制策略，利用超短期负荷预报实现 AGC 的超前调节，支路（或断面）有功功率安全校正控制，实现 AGC 的跨区域多目标控制等。AGC 导航界面如图 4-31 所示。

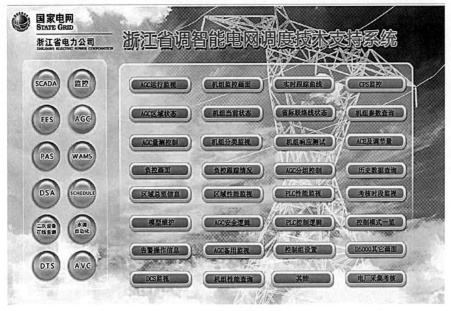

图 4-31 AGC 导航界面

（二）AGC 控制过程

AGC 是建立在以计算机为核心的数据采集与监控系统 SCADA、发电机组协调控制系统以及高可靠信息传输系统基础之上的高层控制技术手段，通过遥测输入环节、计算机处理环节和遥控输出环节构成电力生产过程的远程闭环控制系统。涉及调度中心计算机系统、通道、RTU、厂站计算机、调功装置和电力系统等。

首先，AGC 从 SCADA 获取电网实时量测数据，并进行必要的处理。

然后，根据实时量测数据和当时的各种计划值，在考虑机组各项约束的同时计算出对机组的控制命令。

最后，通过 SCADA 将控制命令送到各电厂的电厂控制器可编程逻辑控制器（programmable

logic controller，PLC），由 PLC 调节机组的有功功率。对于调度端来说，PLC 是 AGC 的控制对象；对于电厂端来说，PLC 是物理的控制装置。

（三）机组实时监控

"机组实时监控"界面主要用于调度员的实时监控及操作使用，是 AGC 最常用和最重要的监视画面；显示区域的控制模式和运行状态，机组当前的详细控制信息及系统的最新告警信息。机组实时监视如图 4-32 所示。

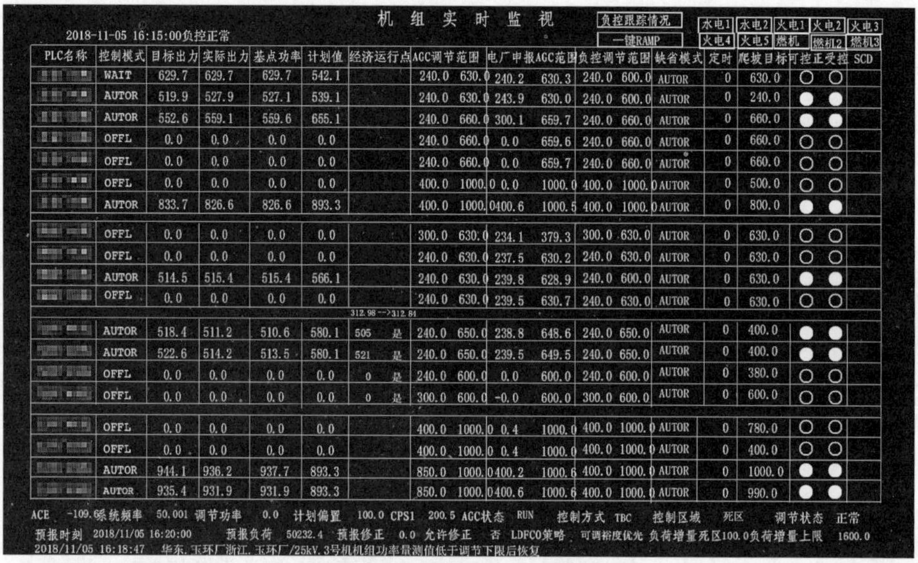

PLC名称	控制模式	目标出力	实际出力	基点功率	计划值	经济运行点	ACC调节范围		电厂申报AGC范围	负控调节范围		缺省模式	定时	爬坡目标	可控 正受控	SCD
	WAIT	629.7	629.7	629.7	542.1		240.0	630.0	240.2 630.3	240.0	600.0	AUTOR	0	630.0	○ ○	
	AUTOR	519.9	527.9	527.1	539.1		240.0	630.0	243.9 630.0	240.0	600.0	AUTOR	0	240.0	● ○	
	AUTOR	552.6	559.1	559.6	655.1		240.0	660.0	300.1 659.7	240.0	660.0	AUTOR	0	660.0	● ●	
	OFFL	0.0	0.0	0.0	0.0		240.0	660.0	659.6	240.0	660.0	AUTOR	0	660.0	● ○	
	OFFL	0.0	0.0	0.0	0.0		240.0	660.0	659.7	240.0	660.0	AUTOR	0	660.0	● ○	
	OFFL	0.0	0.0	0.0	0.0		400.0	1000.0	0 0	1000.0	400.0	1000.0	AUTOR	0	500.0	● ○	
	AUTOR	833.7	826.6	826.6	893.3		400.0	1000.0	400.6	1000.5	400.0	1000.0	AUTOR	0	800.0	● ●	
	OFFL	0.0	0.0	0.0	0.0		300.0	630.0	234.1 379.3	300.0	630.0	AUTOR	0	630.0	○ ○	
	OFFL	0.0	0.0	0.0	0.0		240.0	630.0	237.5 630.2	240.0	630.0	AUTOR	0	630.0	○ ○	
	AUTOR	514.5	515.4	515.4	566.1		240.0	630.0	239.8 628.9	240.0	630.0	AUTOR	0	630.0	● ●	
	OFFL	0.0	0.0	0.0	0.0		240.0	630.0	239.5 630.7	240.0	630.0	AUTOR	0	630.0	○ ○	
	AUTOR	518.4	511.2	510.6	580.1	312.96→312.84 是 505	240.0	650.0	238.8 648.6	240.0	650.0	AUTOR	0	400.0	● ●	
	AUTOR	522.6	514.2	513.5	580.1	521	240.0	650.0	239.5 649.5	240.0	650.0	AUTOR	0	400.0	● ●	
	OFFL	0.0	0.0	0.0	0.0		240.0	600.0	600.0	240.0	600.0	AUTOR	0	380.0	○ ○	
	OFFL	0.0	0.0	0.0	0.0	是	300.0	600.0	-0.0	600.0	300.0	600.0	AUTOR	0	600.0	○ ○	
	OFFL	0.0	0.0	0.0	0.0		400.0	1000.0	0 0.4	1000.0	400.0	1000.0	AUTOR	0	780.0	○ ○	
	OFFL	0.0	0.0	0.0	0.0		400.0	1000.0	0 0.4	1000.0	400.0	1000.0	AUTOR	0	600.0	○ ○	
	AUTOR	944.1	936.2	937.7	893.3		850.0	1000.0	0400.2	1000.0	400.0	1000.0	AUTOR	0	1000.0	● ●	
	AUTOR	935.4	931.9	931.9	893.3		850.0	1000.0	0400.6	1000.6	400.0	1000.0	AUTOR	0	990.0	● ●	

ACE   -109.6 系统频率   50.001 调节功率   0.0 计划偏置   100.0 CPS1   200.5 AGC状态   RUN   控制方式 TBC   控制区域   死区   调节状态   正常
预报时间   2018/11/05 16:20:00   预报负荷   50232.4   预报修正   0.0 允许修正   否 LDFCO策略   可调裕度优化   负荷增量死区100.0 负荷增量上限   1600.0
2018/11/05 16:18:47   华东、玉环厂/浙江、玉环厂/25kV、3号机组功率量测值低于调与下阀后恢复

图 4-32 机组实时监视

1. 区域信息

（1）区域名称：当前监视区域的区域名称；

（2）控制方式：控制区域的控制方式，调度员可以双击切换区域控制方式，包含以下三种方式，恒定频率控制（Flat frequency control，FFC）、恒定联络线交换功率控制（Flat tie - line control，FTC）以及联络线和频率偏差控制（Tie - line load frequency bias control，TBC），一般使用 TBC 模式；

（3）运行状态：当前区域的运行状态，调度员可以双击切换区域运行状态，包含STOP、RUN 和 PAUS 三种状态，可以手动在 STOP 和 RUN 之间进行切换，PAUS 为程序自动判断；

（4）系统频率：区域的实时量测频率；

（5）计划偏置：用于调整联络线交换计划功率；

（6）调节状态：显示当前区域的机组运行情况；

（7）控制区域：显示当前控制区的调节需求紧急程度。

2. 机组（PLC）信息

（1）PLC 名称：PLC 的显示名称，显示内容为 PLC 表的 PLC 名称。

（2）控制模式：人工输入量，一般在线运行时设置，详见控制模式一览。

（3）目标出力：最近一次 AGC 下发的 PLC 控制目标，不可输入。

（4）实际出力：PLC 的当前发电功率，为所控机组出力之和，不可输入。

（5）基点出力：PLC 的当前基本功率，仅在 BASE 模式下可输入。

（6）计划值：机组发电计划当前值。

（7）AGC 调节范围：由调度员根据情况人工输入，但上下限不可超过系统设定的最高、最低技术出力。

（8）电厂申报 AGC 范围：电厂通过发电能力申报系统上报。

（9）缺省模式：处于 WAIT 模式下的 PLC，当 AGC 可控时自动转换到该缺省模式。

（10）定时：AGC 下发控制命令后，根据调节量的大小和机组的响应速度，计算预计的响应命令时间，在此以 AGC 控制周期个数显示，不可输入。

（11）爬坡目标：仅对 RAMP 模式的 PLC 有效，当 PLC 的控制模式设置为 RAMP 模式时，给定的爬坡目标。不可控状态下直接下发爬坡目标，可控情况下根据最大命令逐次下发控制指令逼近爬坡目标。

（12）可控：标识 PLC 是否可受控。

（13）正受控：标识 PLC 是否正在接受控制。

（四）AGC 机组响应测试

电厂在新上一台机组或对原机组进行改造扩容等，都需要主站配合测试该机组的调节性能是否满足调节需求。因此主站需向电厂下发测试 AGC 遥调命令来测试机组的响应情况。

AGC 相关的数据库及模型由专职管理员完成，自动化专业的运维人员在专职管理员授权后协助完成后面的机组响应测试部分。以下是机组响应测试部分的操作步骤，如对数据库模型感兴趣的可参阅 AGC 相关的技术资料。

在做某台机组响应测试前，需要先根据电厂本次调节范围对相关参数进行调整。在数据库中找到 AGC 应用下的 AGC 机组表，如图 4-33 所示。

图 4-33　AGC 机组表

找到本次要调试的机组，按照要求修改机组的调节上限、调节下限、最高调节上限和最高调节下限，再打开 AGC 电厂控制器表，将要调试的机组的"转等待"标志改为"否"，如图 4-34 所示。这样能够避免机组在调试过程中自动切换到 AUTOR 模式，干扰测试过程。

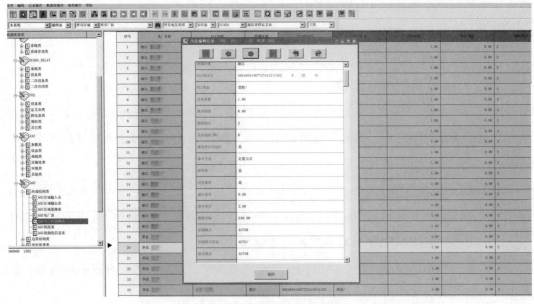

图 4-34　AGC 电厂控制器表

在修改完相关数据库后，需要重新验证复制 AGC 模型才能使变更的参数生效。进入AGC 的模型维护界面，点击"模型维护"，选"确定"，后面模型验证信息里会给出模型更新是否成功的提示。模型验证如图 4-35 所示。

图 4-35 模型验证

模型更新成功后,通过 AGC 的"机组响应测试"画面,如图 4-36 所示。

	PLC名称	测试模式	测试目标	测试步长	下发周期	响应门槛	倒计时		控制模式	目标出力	实际出力	测试开始/结束出力		速率	终止测试	定时
测试时间 30		模式B	180	0	30	2	0	0	SCHEO	120	120	118	178	4	否	0
		模式B	261	0	30	2	0	0	SCHEO	140	140	227	259	4	否	0
		模式B	210	0	30	2	0	0	SCHEO	275	263	199	200	3	否	0
		模式B	330	0	30	2	0	0	SCHEO	287	260	0	0	0	否	0
机组响应测试工具		模式B	205	0	30	2	0	0	SCHEO	270	268	201	203	14	否	0
		模式B	330	0	30	2	0	0	WAIT	133	132	263	328	3	否	0
		模式B	644	0	30	2	0	0	OFFL	0	0	0	0	0	否	0
		模式B	340	0	30	0	0	0	OFFL	0	0	297	338	11	否	0
机组响应测试结果		模式B	370	0	30	0	0	0	OFFL	0	0	280	369	12	否	0
		模式B	0	0	8	2	0	0	OFFL	0	0	0	0	0	否	0
		模式B	30	0	30	2	0	0	OFFL	0	0	126	125	0	否	0
		模式B	0	0	8	2	0	0	OFFL	0	0	0	0	0	否	0
		模式B	350	0	30	2	0	0	OFFL	0	0	232	348	12	否	0
		模式B	300	0	30	2	0	0	OFFL	0	0	0	0	0	否	0
		模式B	544	0	30	2	0	0	AUTOR	280	278	574	546	3	否	0
		模式B	660	0	30	2	0	0	AUTOR	280	278	0	0	0	否	0
		模式B	560	0	30	2	0	0	AUTOR	280	277	455	559	9	否	0
		模式B	300	0	30	2	0	0	WAIT	426	434	0	0	0	否	0

ACE:华东 313.43 计算 254.64 统计 254.64 控制 254.64 网调ACE? 浙江 AGC状态 RUN 控制方式 TBC 控制区域 紧急区域 机组受控 正常运行
系统频率 50.35 ARR -368.17 CPS1 -83.47 计划偏置 0 AGC备用: 升9733 降9247 升/降开关 否 闭环控制 是 AGC机组 72

图 4-36 机组相应测试界面

通过点击"机组响应测试工具"按钮,成功打开测试工具,如图 4-37 所示。

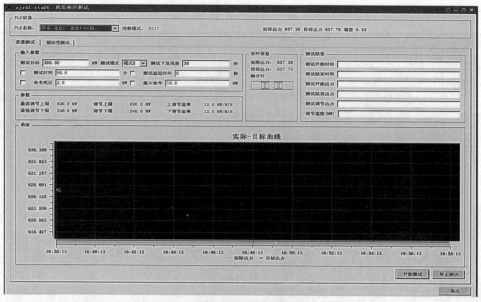

图 4-37　机组响应测试工具

　　在上面的 PLC 名称里找到要测试的机组，一般选普通测试，根据电厂要求填写测试目标出力，测试模式选"模式 B"，下发周期一般默认 30s，测试时间可根据实际情况设置，命令死区一般默认 2.0MW。这些设置没问题后，与电厂确认可以发指令后，点击"开始测试"按钮即可。在测试机组实际出力到达目标出力后，测试工具会计算并显示本次的测试结果信息。当然也可以点击 AGC"机组响应测试画面"中的"机组响应测试结果"来查看最近时间做过的所有机组试验的测试结果信息。机组响应测试结果如图 4-38 所示。

图 4-38　机组响应测试结果

最后，在测试结束后，将机组调节上下限恢复至调试前的参数，并将"转等待"标志设成"是"，然后重新验证更新 AGC 模型。最后核查机组监控画面各机组的状态是否正常，若没有异常则工作任务结束，并将结果汇报给专职管理员删掉。

八、自动电压控制——AVC

（一）概述

智能 AVC 系统，是智能电网的重要内容之一。智能电网 AVC 指的是电网的自动电压无功功率控制，对保障电能质量、提高输电效率、降低网损、实现稳定运行和经济运行有重要作用。智能 AVC 通过调度自动化系统采集各节点遥测、遥信等实时数据进行在线分析和计算，以各节点电压合格关口功率因数为约束条件，进行在线电压无功功率优化控制，实现主变压器分接开关调控次数最少、电容器投切最合理、发电机无功功率最优、电压合格率最高和输电网损率最小的综合优化目标，最终形成控制指令，通过调度自动化系统自动执行，实现电压无功功率优化自动闭环控制。可支持省、地、县三级 AVC 联调。AVC 导航界面如图 4-39 所示。

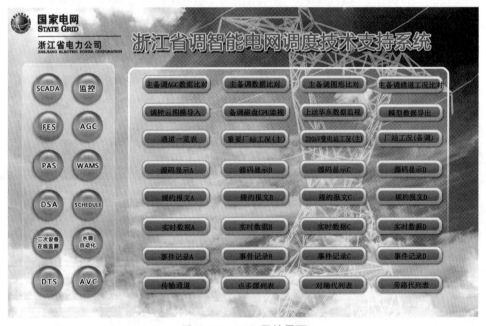

图 4-39　AVC 导航界面

（二）AVC 运维与测试

1. 变电站的日常运维与测试

（1）使用 D5000 系统的 dbi，选择"数字控制表"，如图 4-40 所示，找到相应变电站的"AVC 开关对应设备"，按实际选择电容或电抗。

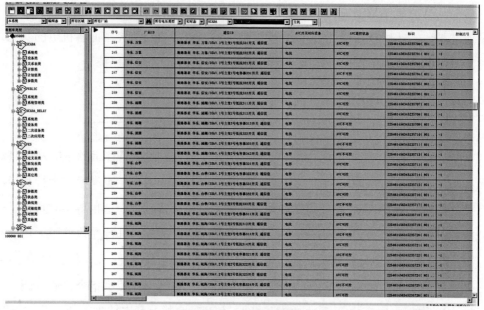

图 4-40　数字控制表

（2）将"超时时间"填入 30s，"相关遥信 1"填入保护信号表的间隔事故信号；"相关遥信 2"填入保护信号表的保护动作信号；"相关遥信 3"填入相应隔离开关的遥信值。数字控制表参数如图 4-41 所示。

（3）"控分时状态 3"与"控合时状态 3"均填入 1，其他均为 0。

（4）参数输入完毕并确认无误后，选择 AVC 主界面"人工测试"，登录界面如图 4-42 所示。

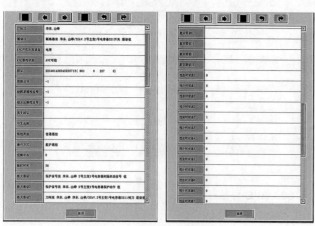

图 4-41　数字控制表参数

图 4-42　人工测试登录界面

（5）输入账号后选择补偿器控制，如图 4-43 所示。

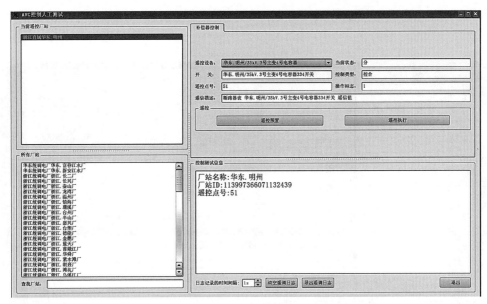

图 4-43 补偿器控制

（6）使用 D5000 系统 dbi，选择"数字控制表"，找到对应设备将"AVC 遥控状态"改为"AVC 遥控测试"。

（7）打开 AVC 主界面"控制点号校核"页面，如图 4-44 所示，设置白名单。

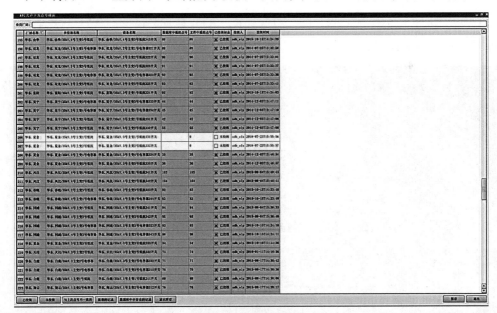

图 4-44 控制点号校核

（8）使用 D5000 系统 dbi，选择 FES 里的转发表类中的"下行遥控信息表"。

（9）使用终端连接至变电站值班通道所连前置机，输入"fes_netdisp"，跳出报文页面只勾选遥控，确认遥控点号是否一致，一切确认完毕后选择遥控预置，预置成功后将"下行控制信息表"、AVC 人工控制测试和报文命令截图。遥控点号核对如图 4-45 所示。

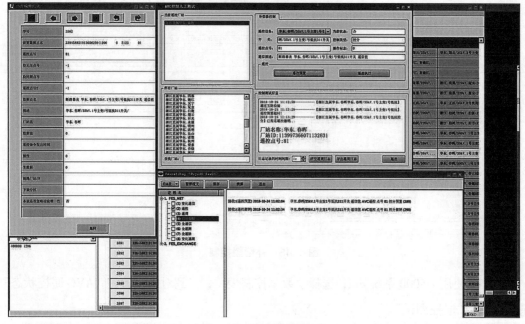

图 4-45　遥控点号核对

（10）最后将"数字控制表"的"对应设备"AVC 遥控测试变回 AVC 可控，打开变电站 AVC 监控画面找到对应的运维站。变电站 AVC 监视界面如图 4-46 所示。

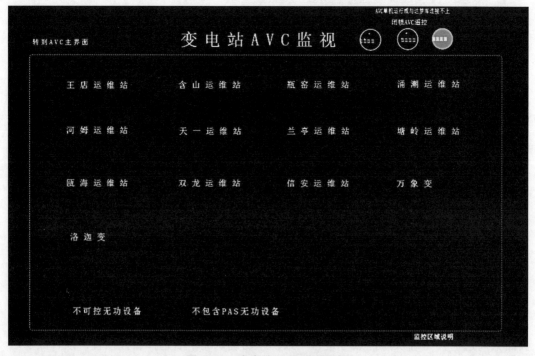

图 4-46　变电站 AVC 监视界面

（11）新建编辑图形，新增补偿器名称、投退控制、运行状态、平台闭锁标志、日允许动作次数。新增完成后右键检索器，找到"ZAVC 补偿器参数表"域值，选择"可控标志"拖入投退控制标志（投退控制标志有 2 个，需要拖 2 次）；找到"ZAVC 补偿器状态表"域值，选择"运行状态"拖入运行状态标识；找到"ZAVC 补偿器参数表"域值，选择"scada 闭锁标志"拖入平台闭锁标志；找到"ZAVC 补偿器状态表"域值，选择"当天已操作次数"拖入日允许动作次数第一个标志；找到"ZAVC 补偿器参数表"域值，选择一天可动作总次数拖入日允许动作次数第二个标志；找到 ZAVC 补偿器状态表域值，选择 AVC 状态拖入 AVC 状态标识。运维站 AVC 界面如图 4-47 所示。

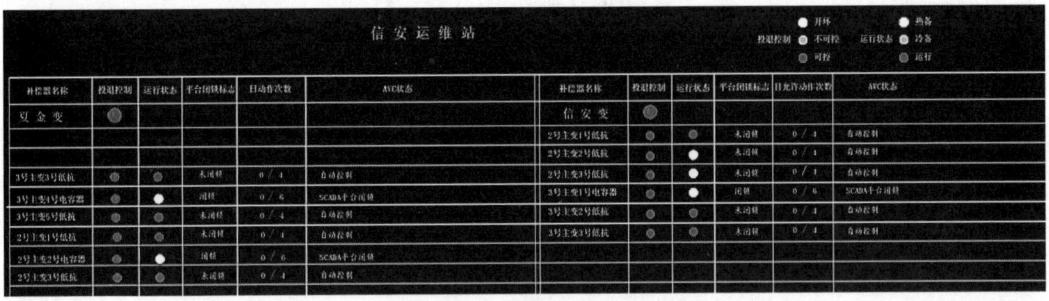

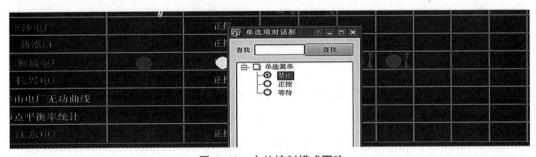

图 4-47　运维站 AVC 界面

2. 电厂测试步骤

（1）电厂测试前需在 AVC 主界面的"厂站监视"找到对应厂站并将对应厂站的主站控制按钮设置为禁止。主站控制模式更改如图 4-48 所示。

图 4-48　主站控制模式更改

（2）打开 AVC 主界面的"人工测试"找到测试的母线。电厂控制测试界面如图 4-49 所示。

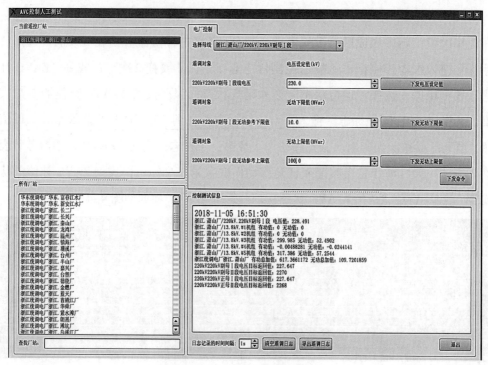

图 4-49　电厂控制测试界面

（3）设定测试电压、无功功率参考下限和无功功率参考上限，选择"下发命令"；

（4）与电厂人员核对下发上述命令是否一致，并检查控制测试信息，确认电压目标返回值与电厂上送一致；

（5）完成调试任务后，复原测试厂站的主站控制模式。

（三）关键设备应急操作

1. 主备机切换

（1）主备机切换前，检查主备机程序部署是否一致。执行"AVC 操作步骤组一"操作。

（2）检查主备机参数是否一致，执行"AVC 操作步骤组二"操作。

（3）在 11 楼自动化值班机位，用主备机程序切换工作站，执行主备机切换操作。

2. 数据库服务器主备切换

AVC 系统没有自己独立的数据库服务器，对数据库的运行环境完全通过 EMS 系统来实现，即 AVC 系统是内嵌 EMS 的一类服务。

数据库服务器主备机操作，就是 SCADA 平台数据库服务器的切换操作。AVC 系统不做单独的数据库服务器切换。

（四）关键应用 / 进程操作

1. 关键进程信息

AVC 关键进程见表 4-2。

表 4-2 **AVC 关键进程**

应用 / 进程名	描述	启动类型
AVC_sever	负责定期调用其他 AVC 进程	AVC_sever 崩溃后将自动重启，保证实时在线
AVC_snapshot	（从实时库中）导出 AVC 模型、量测及控制参数文件	由 AVC_seve 统一调度
AVC_interface	保存相关信息至数据库中（包括内存库、关系库、历史库）	由 AVC_seve 统一调度
AVC_command	AVC 遥控遥调命令解析和发送程序	由 AVC_seve 统一调度
AVC_ykyt	发送控制命令程序	由 AVC_seve 统一调度
AVC_upload1.sh	省地协调计算结果上传纵向传输平台脚本	由 AVC_seve 统一调度
AVC_vstatist	电压波动统计与省地协调离线文件生成	由 AVC_seve 统一调度
AVC_assess.sh	每日考核结果生成 SQL 调用脚本	由 AVC_seve 统一调度
AVC_yichuangdata	两个细则考核程序，备机上运行	—

2. 关键应用 / 进程重启

重启时间，选择在一个控制执行周期结束后停掉"AVC_server"进程，系统会自动重启"AVC_server"。

第二节　厂站接入维护指导

D5000 系统新加入一个厂站需要处理的所有事务，包括参数录入、图形绘制、生成电网模型，公式定义、采样周期定义等步骤。厂站生成过程中，并没有严格的操作步骤和流程，系统可以根据用户的使用习惯自由地生成厂站，用户可以先入库再画图，也可以先画图再入库，或者边画图边入库。

新建厂站接入的工作主要有以下内容：

（1）厂站建立，从调控云导入厂站模型、FES 前置增加通道、规约设置，先具备通道调试条件。

（2）通道调试，一般要在信息联调前一周准备好，配合通信调试通道，可以通过前置报文初步判断厂站 101、104 业务是否正常，可以在厂站工况图增加厂站的通信状态光字，更直观地判别通道。

（3）完善数据库，按一次接线图及信息表添加厂站设备类参数、测点参数，根据信息表是否添加相应测点。按信息表分配前置测点的点号及数据接收通道选择。图形绘制，一次接线图绘制，库图测点设备关联，通过焊点可以显示设备是否连接正常，然后进行节点入库，看网络模型生成是否正确。一次接线图绘制完成后还要进行相关画面更新。如电网厂站接线图相应的地区、类型需要增加厂站画面的链接，地区用电图厂站关口表画面定义，全省发用电的电厂机组出力画面定义，重要厂站工况、220kV 厂站工况图通道工况的光字定义。

（4）信息联调，打开厂站工况图，右键打开前置实时数据显示窗口，省调和地调104 通道同时核对。一般遥测、遥信核对采用模拟对点。信息联调结束后，在厂站启动投运之前要对省际、省地关口进行封锁，防止数据跳变，厂站启动前要解除封锁。

（5）公式的定义、采样定义、曲线定义，如厂站总有功总加定义。采样定义，1min主动周期采样，用于曲线调用分析数据有无跳变及查询历史文件。

需要注意的是，如果是改、扩建的厂站，只需要完善数据库，图形绘制，信息联调三步，若涉及机组及主变压器的改扩建，还需完善公式。

一、厂站模型信息维护

（一）厂站及设备导入

随着电网调控云的建设，电网一次模型均已在云中建模，为避免重复建模工作，D5000 系统采用从调控云导入的方式增加厂站及一次设备模型。

1.调控云图模发布

在云应用服务层（software as a service，SaaS）板块选择模型维护，打开其中的图模发布模块。

进入后首先可以在左侧的树形列表中根据地区以及电压等级选择所需要导出的厂站，选中该厂站后，在右侧列表中选择对应厂站需要导出的图形文件，点击模型发布按钮，完成后模型文件会自动保存在本地。图模发布如图 4-50 所示。

图 4-50　图模发布

2. D5000 系统模型导入

在首页点击 FES 下的"调控云图模导入"模块，首先将所需导入厂站的调控云模型与 D5000 系统模型之间的映射关系文件导入解析更新。选择映射关系文件如图 4-51 所示；映射关系更新如图 4-52 所示。

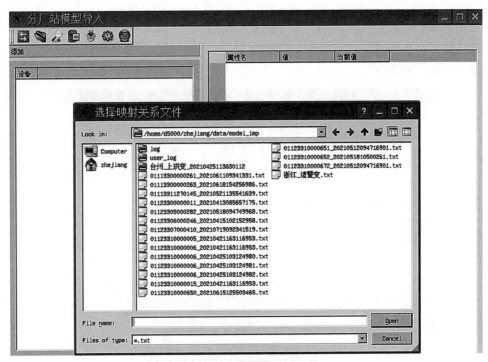

图 4-51 选择映射关系文件

图 4-52 映射关系更新

映射关系更新完成后将开始模型导入，先选择想要导入的厂站的模型文件。打开模型文件，如图 4-53 所示。

图 4-53 打开模型文件

导入后程序首先会解析该文件并校验文件内容是否有误，经过这些前期准备后根据设备种类可以自由选择所需导入的模型进行导入，点击上方导入按钮即可开始导入。厂站模型导入如图 4-54 所示。

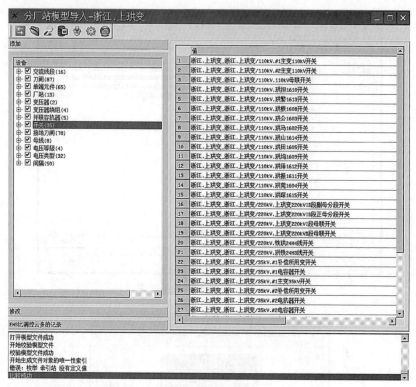

图 4-54　厂站模型导入

（二）厂站数据库信息维护

1. 厂站表核对及维护

在 D5000 系统主控台上打开数据库，在左侧界面上点击"+"的下拉菜单进入"/SCADA/ 系统类 / 厂站表"，如图 4-55 所示。

图 4-55　厂站表

找到新导入的厂站，核对其相关域：厂站名称、厂站编号、记录所属应用、区域 ID、简称、厂站类型。

（1）厂站名称为新加入厂站的中文描述，例如"登云变"。

（2）厂站编号，厂站导入时系统会自动分配。

（3）记录所属应用选上后会触发相应的应用，例如 FES、PAS_MODEL，一般使用缺省配置。

（4）区域 ID 是指该厂站归属哪个地区，例如"温州"。

（5）简称这个域可以不填，需要输入时一般为厂站全拼的首个字母的组合。

（6）厂站类型：单选菜单，其内容包括系统中所用到的所有的厂站类型。具体说明如下。

1）正常情况下，厂站按实际性质选择"火电厂""水电厂""变电站"等。

2）虚厂站指的是系统中并不存在的厂站，为建立电网模型需要而增加的虚拟站，比如线路连接站、T 接站、测试站等。

3）天文钟指的是把系统的卫星时钟作为一个厂站接入，其厂站类型选为天文钟。

4）系统厂一般用来放置整个系统的一些信息，比如系统安全运行天数等。

例如新增的"登云变"，双击其记录序号位置，弹出如图 4-56 所示的对话框。

图 4-56　厂站表信息维护

核对厂站名"浙江 登云变"，区域 ID"杭州"，厂站类型"变电站"，记录所属应用"默认"。如有更改，则点击"保存"按钮即可。

2. 设备类表核对及维护

厂站、通道、规约配好以后，检查该厂站的一次设备导入情况。

在 SCADA/ 设备类下有以下几类一次设备：断路器表、隔离开关表、接地开关表、母线表、变压器表、变压器绕组表、发电机表（发电厂需要配置）、容抗器表、交流线段表、交流线段端点表、终端设备表、保护信号表、其他遥测量表、其他遥信量表。

（1）断路器表。核查断路器的厂站 ID 号、断路器名称、电压类型 ID 号、断路器类型、电压等级 ID 号、记录所属应用。

（2）隔离开关表。核查隔离开关的厂站 ID 号、隔离开关名称、电压类型 ID 号、隔离开关类型、电压等级 ID 号、记录所属应用。

（3）接地开关表。核查厂站 ID 号、接地开关编号、电压类型 ID 号、接地开关类型、电压等级 ID 号、记录所属应用。

（4）母线表。核查厂站ID号、母线名称、电压类型ID号、母线类型、电压等级ID号、记录所属应用。

（5）变压器表。核查厂站ID号、变压器名称、绕组类型，记录所属应用。其中变压器绕组表是变压器表触发的，交流线段端点表是交流线段表触发的。

（6）变压器绕组表。厂站ID号、变压器绕组名称、变压器ID号、电压类型ID号、电压等级、变压器绕组类型、记录所属应用。

（7）交流线段表。核查一端厂站ID号、二端厂站ID号、中文名称、电压类型ID，记录所属应用，模型所属地区。

（8）发电机组表。厂站ID号、发电机名称、电压类型、发电机类型，记录所属应用等。

（9）单端元件表。核查所属厂站ID号、终端设备名称、电压类型ID号等。

（10）保护信号表。此类信号目前无法通过调控云导入，需人工添加，增加新记录后，填入厂站ID号、保护中文名称、电压类型ID、事故类型，其他默认，保存即可。

（11）其他遥信表和其他遥测表。厂站建库时需要用到，主要接入AGC、AVC等相关信号。其他有一些重要测点或信号需要接入都可以在这里配置完成。

3. 通信厂站表维护

厂站增加后会在"FES/设备类/通信厂站表"下自动触发该厂站的通信厂站记录，如图4-57所示。

图4-57 通信厂站表

（1）厂站编号必须与厂站表中的厂站编号保持一致，否则会导致无法通信；

（2）系统默认最大遥信数、遥测数、遥控数分别为512、256、64，决定了可接收的最大测点数，可按需进行修改；

（3）是否允许下发遥控、遥调等设置取决于厂站性质。

4. 通道表维护

新建厂站会在"FES/设备类/通道表"下自动触发一条通道记录，如图4-58所示。

图 4-58 通道表

（1）通道名称按"××变－××104通道"的规则来命名；

（2）通道类型一般选择"网络"；

（3）网络类型默认"TCP客户"；

（4）通道优先权决定了值班通道的优先级，1级为最高，依次递减，4级为最低；

（5）网络描述为厂站RTU的IP地址；

（6）端口号默认"2404"；

（7）主站、RTU地址默认0和1，无需更改，若这两个参数与厂站RTU中配置不一致，会导致公共单元地址错，无法进行正常的报文交互；

（8）通信规约类型选择IEC104，以上参数均基于IEC104规约，目前D5000系统采用的通信方式基本为基于IEC104规约的网络通信，因此不再对其他规约进行赘述。

5. 规约类表维护

在FES/规约类下修改IEC104规约表遥测、遥信、遥控、遥调起始地址及其他参数设置，如图4-59所示。

图 4-59　IEC104 规约表

IEC104 规约表参数设置如下：

遥信起始地址为 01H，遥测起始地址为 701H，遥控起始地址为 6001H，遥调起始地址为 6201H，SOE 起始地址为 01H，和遥信起始地址一致。公共地址字节数为 2 个字节，信息体地址字节数为 3 个字节。

6. 前置遥信 / 遥测定义表维护

前置遥测定义表的基本信息内容是由设备类中的相关设备触发而来，其遥测 ID 号为由设备类相关表自动触发生成，无需人工输入。前置遥测定义表是遥测前置通信、计算处理的参数，点号即为通信的顺序号，默认"-1"表示不接收数据，根据远动转发表分配的点号分配填入相应数值，需要人工更改。系数一般默认为 1，遥测类型定义为短浮点数时，即厂站转发遥测为一次实际值系数为 1，满码值默认为 1，记录所属应用 - 默认，可按要求更改。

前置遥信定义表与前置遥测定义表大致相同，在维护时只需填入对应点号和通道即可，其他参数无需维护。

7. 计算点表维护

厂站、通道、规约、设备配好以后，需要在"SCADA/ 计算类 / 计算值表"下增加厂站总有功功率、总无功功率计算量，计算点表中定义的内容为需要通过定义公式计算出的结果量（即计算量）描述。

厂站名称、计算值名称、记录所属应用，可按要求更改。

二、厂站图形信息维护

（一）厂站一次接线图

以"登云变"的一次接线图绘制为例。

在"主控台 / 画面显示 / 图形编辑"下打开图形编辑界面，打开类似厂站"罗家变"的图形文件，另存为"登云变"命名的图形文件。

点"是"取消原有的设备关联，数据库连接设置如图 4-60 所示。保存成功后可以更改名称关联设备。

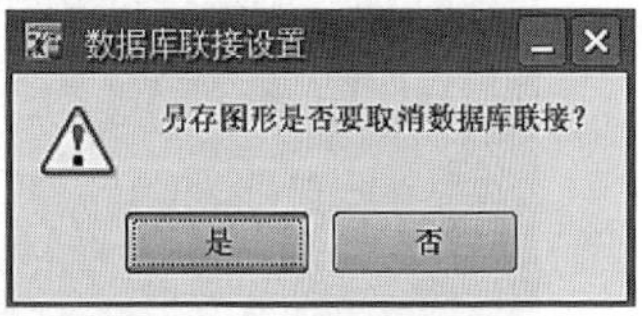

依据一次接线示意图调整画面图元布局，如断路器、隔离开关、接地开关、母线、变压器、容抗器、电压互感器，线路名称、母线名称、主变压器名称、动态测点、画面标题，并绘制图元间的连线。

通过检索器选中相应设备参数拖拽到相应的图元上，进行图库关联，如图 4-61 所示。

图 4-60　数据库连接设置

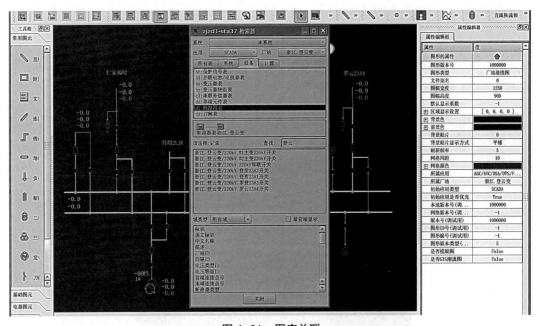

图 4-61　图库关联

可点击按钮"显示焊点"看设备首尾端是否连接正常，如图 4-62 所示。

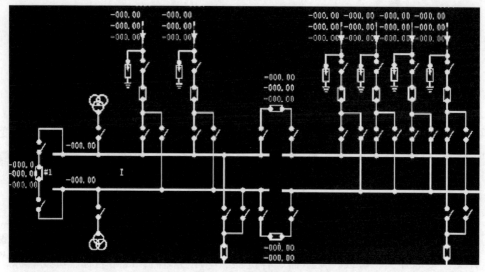

图 4-62　显示焊点

设备连接正常后要进行设备节点入库，形成系统的网络拓扑图，这对状态估计的模型分析有着重要的作用。如果有设备的焊点没连接好，在进行状态估计建模时，使用了错误的模型，会影响状态估计的分析。

（二）厂站通道工况图

除厂站主接线图外，还需进行其他图形的绘制。如 SCADA 中的调度厂站接线图、地区用电负荷、FES 中的厂站工况图等。

厂站工况图中需关联通道工况、通道是否值班等参数，可通过检索器拖入关联，蓝色圈关联通道工况，绿色圈关联通道是否值班，通道图库关联如图 4-63 所示。

图 4-63　通道图库关联

关联后点击圈可以查看属性。关联完成后需将图元重合，且绿色圈在上层，蓝色圈在下层，图形菜单可设置。

完成图形编辑并保存退出后，提示图形更新框，点击"确认"后可看到更新后的画面。

（三）厂站接线图

厂站接线图主要用于展示厂站所在的地区以及其所属的运维班或集控站，如图4-64所示。

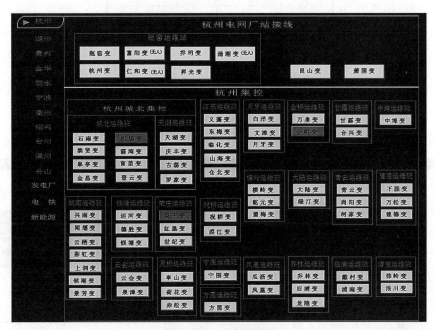

图4-64 厂站接线图

进入图形编辑，点击"图层选择"按钮选择相应图层，如图4-65所示。

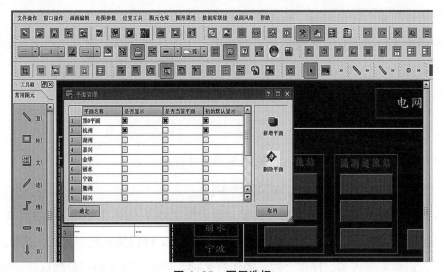

图4-65 图层选择

厂站的图形链接使用标志通过调用图元来实现，新建或复制一个图元，编辑其"图形文件"属性，填入新厂站图形完成命名，如图4-66所示。

图 4-66 图形链接编辑

更名为"登云变"，标志调用图形文件选择如图4-67所示。

图 4-67 标志调用图形文件选择

编辑完图形后，保存图形即可完成厂站接线图定义。

图形文件更新会弹出画面，确认即可。

地区用电关口需要定义主变压器有功功率、主变压器220kV侧有功功率总加测点，通过检索器拖入，关口名称上要定义调用厂站接线图的链接。关口数据在厂站启动前要进行封锁，厂站启动后解除，防止总加数据跳变。

三、公式定义

公式定义该厂站总有功功率、总无功功率等计算量。

登云变220kV侧总有功功率公式定义示例：

在数据库"计算值表"中增加计算量"登云变220kV总有功"后，通过公式定义工具增加"登云变220kV总有功"公式，要切换到编辑态，可以拷贝相似公式，进行公式名、分量修改，需输入公式名、操作个数、操作数名称。记录所属应用一般默认，计算周期5表示5s取一次操作数。参与多次计算的计算量要注意计算优先级设置，最低分量的优先级要高于最高计算量的优先级。

通过检索器将分量及计算值选项拖到相应的操作数名称位置，公式定义输入：@1=@2+@3；

注意公式结束的分号要在英文状态下输入。

公式定义好后，保存公式时会检测公式名和公式定义语法是否正确。

厂站有功功率、无功功率总加公式完成后，还需要完成地区有功无功功率总加公式，在原有公式基础上再添加一个操作数，如原来是 12，添加一个为 13，将"登云变总有功"这个计算量拖入新增的操作数上，完成公式添加和保存。添加公式操作数如图 4-68 所示。

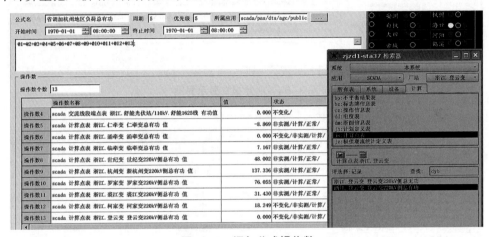

图 4-68　添加公式操作数

正常保存后可以切到浏览态，此时测点分量刷新较快。看分量按公式计算后是否和计算量的值显示一致，一致则定义正确。

四、厂站信息联调

1. 联调工作开始前

厂站信息联调需制定联调计划，厂站联调负责人提前提交"自动化设备检修申请单"，待审批通过后方可开始联调工作；

主站需根据规约类型核对通道参数，如网络描述、端口号、规约类型、工作方式等，核对规约参数，如规约起始地址等，若该厂站已投运，且通道运行正常，则该步骤可略去；

主站需进行一次接线图联库检查，待试验的遥测采取遥测封锁或替代数据源的方式以避免数据跳变。

2. 联调工作开始时

厂站人员汇报主站自动化值班人员联调工作开始，待许可后联系主站运维人员开始工作。

主站运维人员确认具备联调条件后，打开厂站一次接线图、前置报文显示界面和前置实时数据显示界面，并选中待试验厂站，如图4-69、图4-70和图4-71所示。

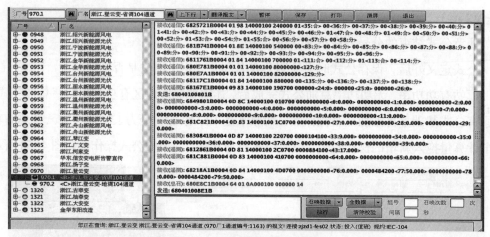

图 4-69　前置报文显示界面

	遥信名称	通道/点号	遥信值	通道/点号	遥信值
1	浙江.登云变_事故总信号_值	浙江.登云变-省调104通道/0	合	浙江.登云变-地调104通道/0	合
2	浙江.登云变_GPS故障信号_值	浙江.登云变-省调104通道/1	分	浙江.登云变-地调104通道/1	分
3	浙江.登云变_GPS天脉冲信号_值	浙江.登云变-省调104通道/2	分	浙江.登云变-地调104通道/2	分
4	浙江.登云变/220kV.罗登23A3开关_遥信值	浙江.登云变-省调104通道/3	分	浙江.登云变-地调104通道/3	分
5	浙江.登云变/220kV.罗登23A3开关_辅节点遥信值	浙江.登云变-省调104通道/4	分	浙江.登云变-地调104通道/4	分
6	浙江.登云变/220kV.罗云23A4开关_遥信值	浙江.登云变-省调104通道/5	分	浙江.登云变-地调104通道/5	分
7	浙江.登云变/220kV.罗云23A4开关_辅节点遥信值	浙江.登云变-省调104通道/6	合	浙江.登云变-地调104通道/6	合
8	浙江.登云变/220kV.登育23A1开关_遥信值	浙江.登云变-省调104通道/7	分	浙江.登云变-地调104通道/7	分
9	浙江.登云变/220kV.登育23A1开关_辅节点遥信值	浙江.登云变-省调104通道/8	合	浙江.登云变-地调104通道/8	合
10	浙江.登云变/220kV.登苗23A2开关_遥信值	浙江.登云变-省调104通道/9	分	浙江.登云变-地调104通道/9	分
11	浙江.登云变/220kV.登苗23A2开关_辅节点遥信值	浙江.登云变-省调104通道/10	合	浙江.登云变-地调104通道/10	合
12	浙江.登云变/220kV.#1主变220kV开关_遥信值	浙江.登云变-省调104通道/19	合	浙江.登云变-地调104通道/19	合
13	浙江.登云变/220kV.#1主变220kV开关_辅节点遥信值	浙江.登云变-省调104通道/20	分	浙江.登云变-地调104通道/20	分

图 4-70　前置实时数据显示界面（遥信）

	遥测名称	通道/点号	遥测值	通道/点号	遥测值
1	浙江.登云变/220kV.罗登23A3线_有功值	浙江.登云变-省调104通道/0	0.000	浙江.登云变-地调104通道/0	0.000
2	浙江.登云变/220kV.罗登23A3线_无功值	浙江.登云变-省调104通道/1	0.000	浙江.登云变-地调104通道/1	0.000
3	浙江.登云变/220kV.罗登23A3线_电流值	浙江.登云变-省调104通道/2	0.000	浙江.登云变-地调104通道/2	0.000
4	浙江.登云变/220kV.罗云23A4线_有功值	浙江.登云变-省调104通道/3	0.000	浙江.登云变-地调104通道/3	0.000
5	浙江.登云变/220kV.罗云23A4线_无功值	浙江.登云变-省调104通道/4	0.000	浙江.登云变-地调104通道/4	0.000
6	浙江.登云变/220kV.罗云23A4线_电流值	浙江.登云变-省调104通道/5	0.000	浙江.登云变-地调104通道/5	0.000
7	浙江.登云变/220kV.登育23A1线_有功值	浙江.登云变-省调104通道/6	0.000	浙江.登云变-地调104通道/6	0.000
8	浙江.登云变/220kV.登育23A1线_无功值	浙江.登云变-省调104通道/7	0.000	浙江.登云变-地调104通道/7	0.000
9	浙江.登云变/220kV.登育23A1线_电流值	浙江.登云变-省调104通道/8	0.000	浙江.登云变-地调104通道/8	0.000
10	浙江.登云变/220kV.登苗23A2线_有功值	浙江.登云变-省调104通道/9	0.000	浙江.登云变-地调104通道/9	0.000
11	浙江.登云变/220kV.登苗23A2线_无功值	浙江.登云变-省调104通道/10	0.000	浙江.登云变-地调104通道/10	0.000
12	浙江.登云变/220kV.登苗23A2线_电流值	浙江.登云变-省调104通道/11	0.000	浙江.登云变-地调104通道/11	0.000

图 4-71　前置实时数据显示界面（遥测）

厂站人员上送遥测模拟值后，在一次接线图或前置实时数据显示界面中与厂站人员核对主站侧的遥测值是否正确，并要求厂站人员更改模拟值后再次核对。

前置实时数据显示界面中的所有遥测都需核对，若遥测值不正确，应立即分析原因并处理；

多个通道需核对收到的数据是否一致。

遥信核对与遥测类似，要求厂站人员对所有遥信信号进行“分”到“合”“合”到“分”两次变位核对，其中断路器变位信息应与相应的 SOE 一致。

3. 联调工作结束

联调完成后，主站运维人员将联调情况详细记入厂站信息表中，并填写新改扩建厂站接入验收报告。

对因涉及关口总加而采取遥测封锁或替代数据源的遥测量进行恢复；

经主站基建负责人验收合格后，厂站人员汇报自动化值班人员工作完结，并结束“二次设备检修申请”。

主站运维人员做好 OMS 系统基建情况记录。

五、基建情况记录

画面及数据库维护好后或数据核对完成后需要进行基建情况记录，基建情况在 OMS 系统基建待投产模块中记录，基建待投产项目维护和验收报告分别如图 4–72 和图 4–73 所示。

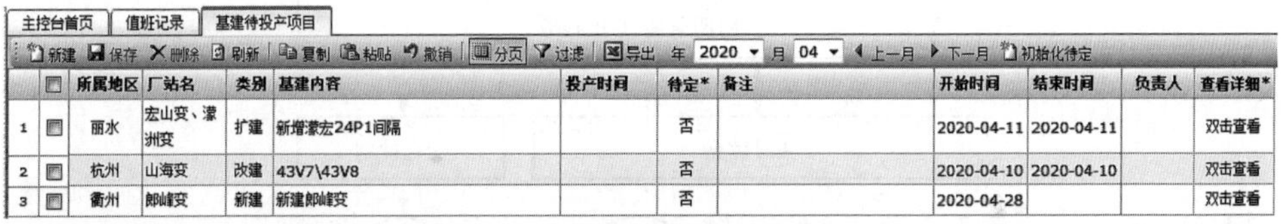
主控台首页
值班记录
基建待投产项目
新建 保存 删除 刷新 复制 粘贴 撤销 分页 过滤 导出 年 2020 月 04 上一月 下一月 初始化待定
所属地区 厂站名 类别 基建内容 投产时间 待定* 备注 开始时间 结束时间 负责人 查看详细*
1 丽水 宏山变、濛洲变 扩建 新增濛宏24P1间隔 否 2020-04-11 2020-04-11 双击查看
2 杭州 山海变 改建 43V7\43V8 否 2020-04-10 2020-04-10 双击查看
3 衢州 郎峰变 新建 新建郎峰变 否 2020-04-28 双击查看

图 4–72 基建待投产项目维护

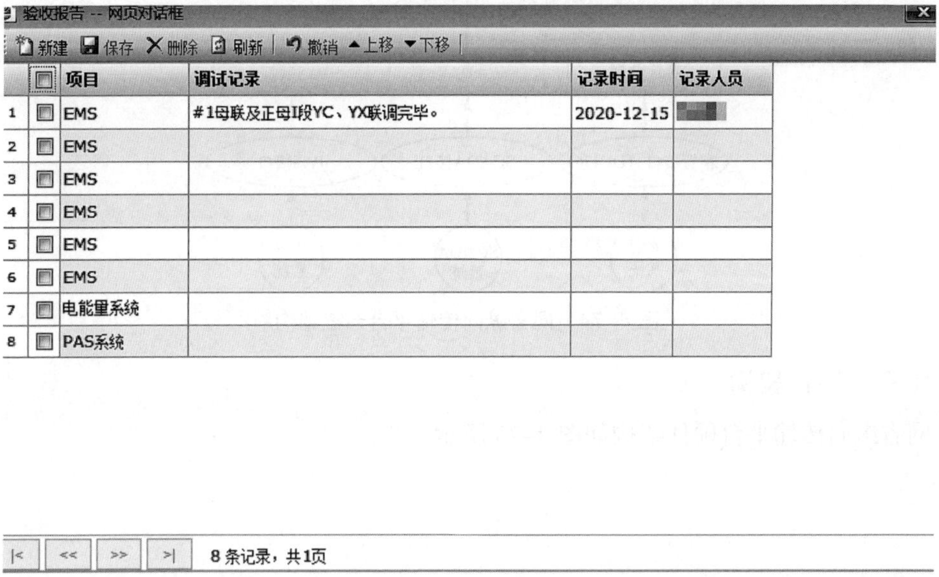
验收报告 -- 网页对话框
新建 保存 删除 刷新 撤销 上移 下移
项目 调试记录 记录时间 记录人员
1 EMS #1母联及正母I段YC、YX联调完毕。 2020-12-15
2 EMS
3 EMS
4 EMS
5 EMS
6 EMS
7 电能量系统
8 PAS系统
8 条记录，共1页

图 4–73 验收报告

第三节　纵向传输平台运行维护

一、网省纵向传输平台

（一）概述

浙江省调网省纵向传输平台，部署于浪潮服务器上，预装凝思操作系统。系统主要功能为接收 D5000 系统 SCADA、PAS 数据，直接（或优化后）发送华东网调同时接收网调下行的关口受电计划、实时数据等。

作为数据转发的通信网关性质的服务器，其功能类似前置服务器，不但要接入数据网收发数据，还需要接入 EMS 系统的内网用于采集和回写数据。并且为确保网络通道冗余性，数据网要同时接入一平面和二平面；EMS 内网则采用网口绑定（bond）方式，把两个物理网口（网线）映射到同一个 IP 地址，形成物理设备（网卡、网线、交换设备）冗余。

（二）系统架构

网省纵向传输平台系统架构如图 4–74 所示。

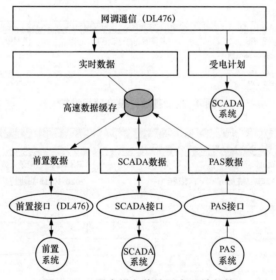

图 4-74　网省纵向传输平台系统架构

（三）硬件架构

网省纵向传输平台硬件架构如图 4–75 所示。

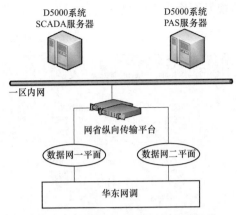

图 4-75　网省纵向传输平台硬件架构

（四）运行业务

1. 运行结构图

运行结构如图 4-76 所示。

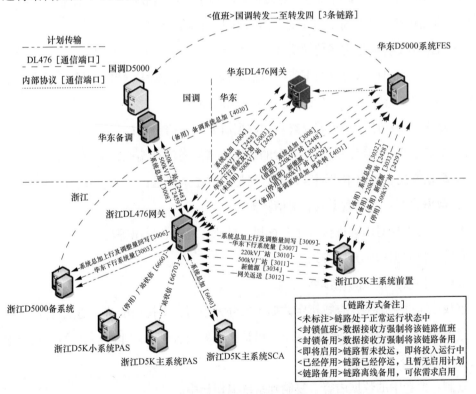

图 4-76　运行结构图

2. 人机界面

人机界面可以通过"监控界面"脚本启动。

1）通道监视。通道监视界面作为主监视画面，主要完成各链路通信状态情况的展示，收发流量统计等，并且可以通过工具栏调用其他工具软件。通道监视界面如图4-77所示。

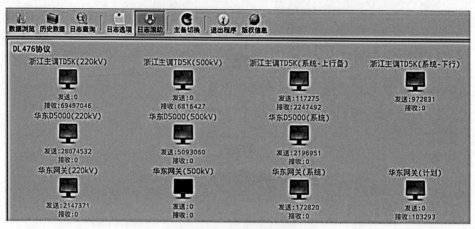

图4-77　通道监视界面

在DL476协议下，双击任意节点图标，将展示该通信节点（链路）相关参数：对端IP地址、通信端口、C/S标志、最近工况变化时间等信息。

2）数据浏览。通过选择协议类型、通信节点、数据方向（收、发）、数据类型（遥测、遥信），列举出该数据分组下所有通信数据的：通信点号（转发序号）、数据名称（省调侧）、数据值（浮点值）以及最近一次刷新时间等。

a. 协议选择：选择您所需要查看的数据所属的通信协议；

b. 节点选择：选择您所需要查看的数据所属的通信对端；

c. 数据方向：针对本机而言，该数据是接收还是发送；

d. 数据类型：遥测数据或者遥信数据。

界面同时支持对内容进行排序、查找、过滤、复制、导出等功能。

升序：将数据依照升序排列。

降序：将数据依照降序排列。

查找：通过关键字，查找指定数据（区分大小写，支持通配符，通配符为"*"）。

过滤：通过关键字，过滤指定数据。可选择保留或者剔除。（区分大小写，支持通配符，通配符为"*"）。

复制：把选中的数据内容，复制到系统剪切板中。

导出：将界面所列数据的断面值，导出到文本文件中。

（五）关键设备应急操作

1. 关键设备重启

设备重启后，业务自动后台运行，无需用户手动执行或者登录启动。

2. 主备机切换

登录 DL476 网关主机，进入"/home/D5000/Public/bin"目录，执行"HDMonitor_Ctrl"打开界面；

点击"切换 主备 DL476 通信网关机"，输入口令，点击"确定"。主备机切换如图 4–78 所示。

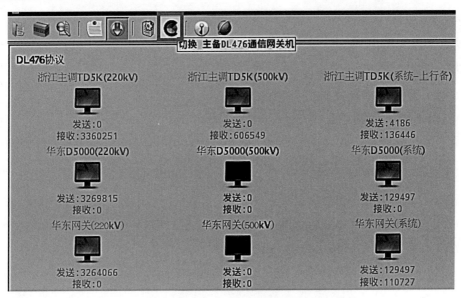

图 4-78 主备机切换

3. 主备数据库切换

主备机独立数据库，主机变更时自动同步到备机。

（六）关键应用 / 进程操作

1. 关键进程信息

网省纵向传输平台关键进程见表 4–3。

表 4–3　　　　　　　　　　　　网省纵向传输平台关键进程

应用 / 进程名	描述	启动类型
ProcManage	进程管理	开机后，自动启动
GecProxy	主备双机管理	ProcManage 守护，启动
fhfilter	关键数据滤波程序	ProcManage 守护，启动
ShmSyncCln	主备实时库同步客户端程序	ProcManage 守护，启动
ShmSyncSrv	主备实时库同步服务端程序	ProcManage 守护，启动
UdpProxy	界面代理程序	ProcManage 守护，启动
VolCalc	电压考核计算程序	ProcManage 守护，启动
DataSrcMove	数据源切换程序	ProcManage 守护，启动

应用 / 进程名	描述	启动类型
WTF_dbcnt_D5K	D5000_EMS 通信程序	ProcManage 守护，启动
WTF_dbcnt_PAS	D5000_PAS 通信程序	ProcManage 守护，启动
WTF_DL476	DL476 通信程序	ProcManage 守护，启动

2. 关键应用 / 进程重启

所有上述关键进程结束后，均会自动启动。

执行命令 "./KillProc {ProcName}" 或 "kill –9 {PID}"

（七）调度数据及文件交互应急操作

DL476 收发华东通信程序故障时，执行步骤如下。

1. 重启通信进程

（1）登录 DL476 网关主机，进入 "/home/D5000/Public/bin" 目录，终止 "WTF_DL476" 程序，等待程序重启恢复。

（2）执行命令 "cd /home/D5000/Public/bin"。

（3）执行命令 "./KillProc WTF_DL476"。

2. 主备切机

（1）登录 DL476 网关主机，进入 "/home/D5000/Public/bin" 目录，执行命令 "HDMonitor_Ctrl" 打开界面。

（2）执行命令 "cd /home/D5000/Public/bin"。

（3）执行命令 "./HDMonitor_Ctrl"。

（4）点击 "切换 主备 DL476 通信网关机"，输入口令，点击 "确定"。

二、省地纵向传输平台

（一）概述

省地纵向传输平台系统由一、二区各两台服务器构成，每台服务器均接入数据网一二平面及内网。一区负责省地调间的实时数据交互和一区 AVC、计划、电能质量等相关业务文件交互；二区负责省地间的二区相关电量、光伏等相关业务文件交互。

（二）系统架构

省地传输平台系统架构如图 4–79 所示。

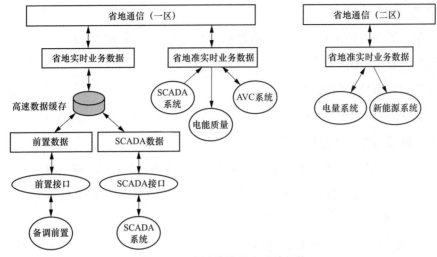

图 4-79　省地传输平台系统架构

（三）硬件架构

省地传输平台硬件架构如图 4-80 所示。

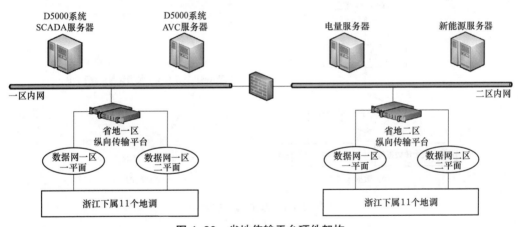

图 4-80　省地传输平台硬件架构

（四）一区业务架构

1. DL476 通信协议说明

各（遥信、遥测）数据索引表的构成，往往是静态的，由通信双方离线约定并配置；各方向数据索引表数据发送的全数据周期、变化数据周期等参数，往往是各方的静态配置参数；联系就绪之后，双方即按各自静态配置的参数发送遥信、遥测数据。数据接收方，没有总召唤、请求 ×× 数据等主动索取数据的协议格式，只能被动等待。

2. DL476 协议格式

DL476 协议数据量的指定，采用四级层次型方式。

（1）第一层，需指定传送方向，比如：

1）控制中心 A 向控制中心 B。

2）控制中心 B 向控制中心 A。

（2）第二层，需指定数据类型，由数据块类型（BID）确定，比如：

1）全状态量（BID：3）。

2）全测量实型量（BID：2）。

3）变化状态量（BID：9）。

4）变化测量实型量（BID：8）。

（3）第三层，需指定数据索引表号。由 1 个字节（八位）表示，取值范围为 0 ~ 255。

（4）第四层，指定数据量序号。由 2 个字节（八位）表示，取值范围为 0 ~ 65535。

3. 双主通信机制

双主通信机制示意图如图 4-81 所示。

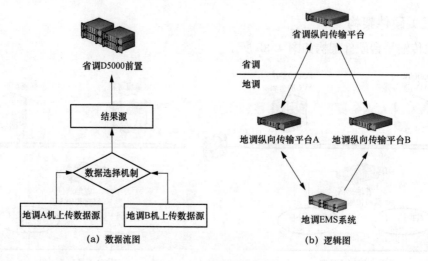

图 4-81　双主通信机制

（五）二区业务架构

二区业务文件传输有两种配置方式，见表 4-4。

表 4-4　　　　　　　省地纵向传输平台二区文件传输配置方式

条目	发送数据	接收数据	特点
方式一	业务系统自行上传纵传	纵传收到后分发业务系统	无需辨识主备机（纵传、业务系统）访问频度可控：按照业务系统实际频度
方式二	业务系统自行上传纵传	业务系统自行从纵传取	业务系统无法确定纵传主机访问频度未知，只能轮询。为了增强时效性，可能还需要降低间隔

目前电量业务采取方式二，新能业务采用方式一。

（六）使用和维护

1. 界面使用

（1）登录。在一区工作站，使用快捷方式打开纵向传输平台界面程序，程序路径为"/home/D5000/zhejiang/Desktop/xcloud/"，即桌面左下方"xcloud"文件夹，目录下分别有"纵向传输平台 A– 用户登录""纵向传输平台 B– 用户登录""纵向传输平台 A 机进程浏览""纵向传输平台 B 机进程浏览"四个脚本，用于启动 A 机用户界面程序、B 机用户程序、A 机进程浏览、B 机进程浏览。

启动操作台后点击下方红框内的图标，进行用户登录，如图 4-82 所示。

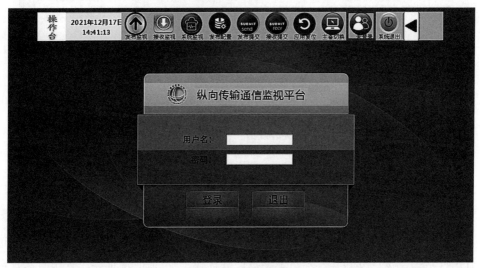

图 4-82　登录界面

（2）工具条。使用时，单击要使用的功能图标。

1）使用工具条需要进行用户登录。

2）日常数据查看使用界面"发布数据"和"接收数据"。

3）省调下发地调的数据通过"发布配置"界面进行配置，配置完成后点击"发布提交"。

4）地调上传省调数据配置通过点击"接收提交"进行同步 D5000 系统配置并下发配置点。

5）与各地区局的通道状态使用"系统监视"界面查看（包括实时数据通道状态、文件传输通道状态）。

6）"应用复位"一般是对通信进程进行重启。

7）"主备切换"用于主备机切换。

（3）发布数据监视功能。发布数据界面主要显示下发地调的遥测遥信数据，可查看数据名称、主站标识、DL476 点号、数据值、刷新时间等信息。

发布数据查询：点击节点下拉框，选择地区局，在过滤框中输入查找数据的关键字，点击"过滤"，即可匹配到查找的数据。遥信数据查找方式相同。点击"视图格式"，会弹出选择数据框图，根据需求选择需要显示的数据列。发布数据监视如图 4-83 所示。

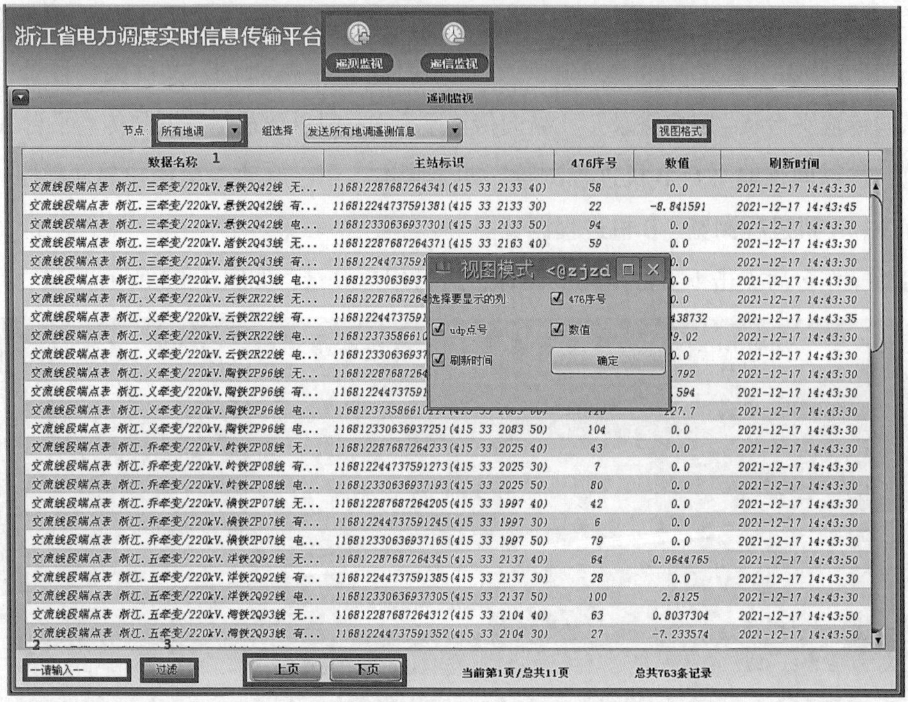

图 4-83　发布数据监视

（4）接收数据节点监视以及数据监视。节点状态监视：表示各地区局的厂站通道状态，其中红色表示该厂站断开，绿色表示该厂站连接，如图 4-84 所示，在工具条界面上点击接收数据。

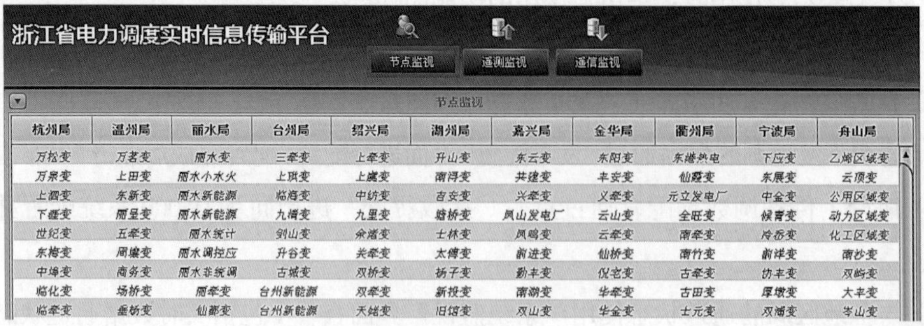

图 4-84　节点监视

接收数据监视：如图 4-85 所示，在接收数据界面点击"遥测监视"或"遥信监视"按钮，选择"地区局"，选择"厂站"，在过滤框中输入查找数据的关键字，点击"查询"，检索出要查找的数据。

为了便于观察，也可点击"视图格式"，弹出选择框，根据需要选择想要显示的列。

图 4-85 接收数据监视

（5）系统监视。实时数据通道状态显示：在工具条上点击"系统监视"按钮，启动数据监视界面，如图 4-86 所示，画面显示实时数据通道状态相关信息。"状态"表示与地区局实时数据的通道状态；"远端地址 A"表示一平面地址；"远端地址 B"表示二平面地址；"最近状态报告时间"表示上次通道状态变更时间；"接收流量"表示从地调接收数据字节，发送数据流量表示发送地区局数据字节。

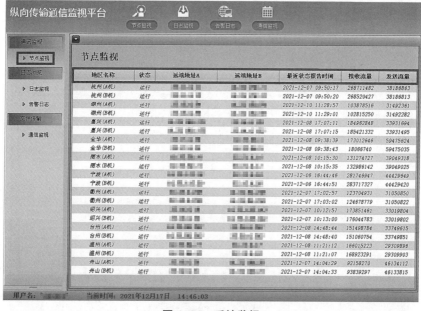

图 4-86 系统监视

文件通道状态显示：点击系统监视界面中的"通信监视"，如图 4-87 所示，画面显示文件传输业务通道状态相关信息。"状态"表示与地区局文件传输的通道状态；"本次运行时间"表示上次状态变更时间；"节点报告时间"表示运行刷新时间；"接收流量"表示从地调接收数据字节，发送数据流量表示发送地区局数据字节。

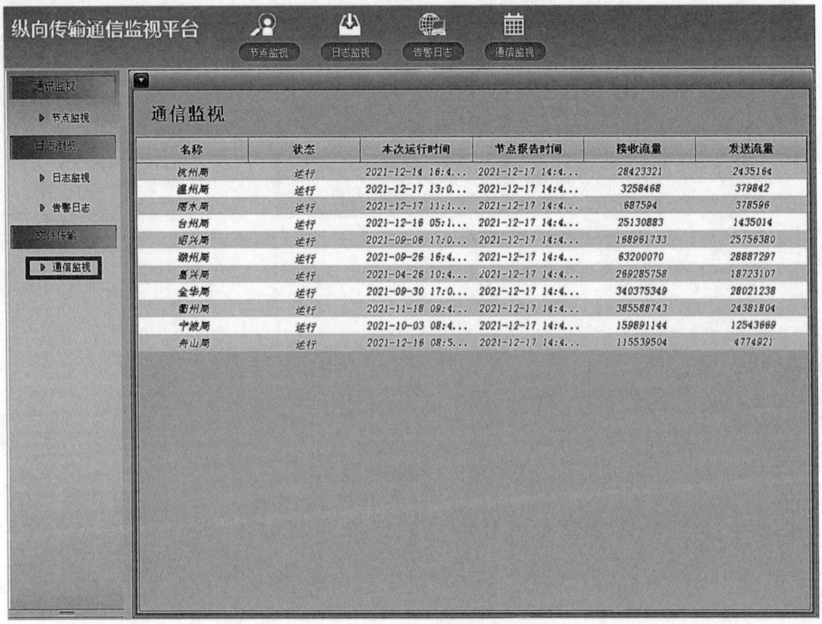

图 4-87 文件通道状态

告警日志查询功能：启动监视界面后，点击"告警日志"，选择"查询日志"的"起始时间"和"截止时间"，再选择需要查询的日志类型，点击"查询"查询日志，如图 4-88 所示。

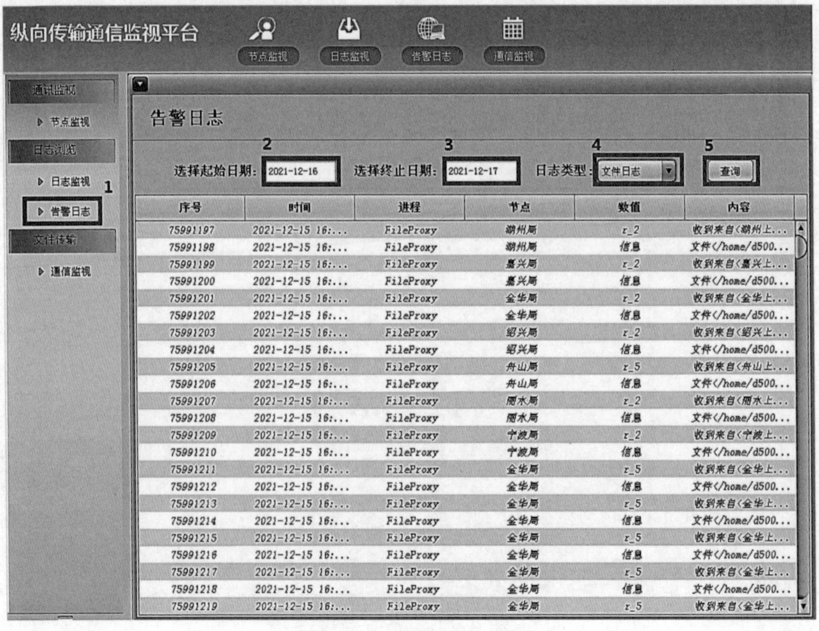

图 4-88 告警日志查询

日志类型说明如下：

SCADA 连接日志表示与 D5000 系统状态信息日志；系统日志表示 WT_IEC104_* 和 WTF_DL476 以及 WT_dbcnt_EMS 等通信程序运行状态；文件日志记录计划下发、电能质量、远方操作统计、AVC 业务文件传输信息；维护日志表示登录界面操作日志。

告警日志监视：对各个日志进行监视，如监视文件日志，从当前时间开始，文件传输过程实时显示界面上，监视文件传输过程有无异常。

日志监视步骤：启动监视界面后，点击"日志监视"，选择"日志类型"，点击"开始"，如图 4-89 所示。

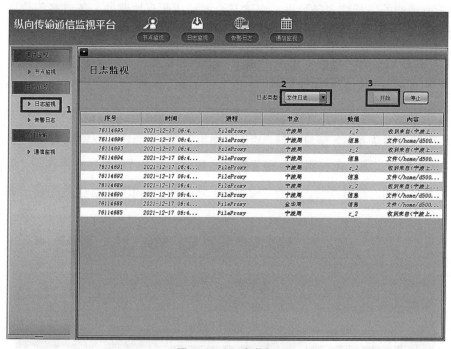

图 4-89　日志监视

（6）发布地调同步。接收地调上送数据配置，当主站系统（D5000 系统）新增、修改、删除时，需要将配置同步给地调，点击工具条的发布接收提交图标，跳出弹框，点击"确定"，等待数据配置更新完成（约 3～5min），如图 4-90 所示。

图 4-90　接收提交

同步成功后，如图 4-91 所示。

图 4-91　接收配置提交完成

（7）发布地调配置功能。主要是对发布给地调的数据进行配置，包括添加下发某个地调或所有地调的一条或多条数据，删除某个地调或所有地调的一条或多条数据，如图 4-92 所示。

1）添加数据步骤。首先点击工具条上的"发布配置"，再点击"数据同步"，待同步完成后选择添加的数据所属厂站，选择下发给哪个地区局，搜索添加的数据关键字，然后"过滤"，选取要添加的数据，点击"选取"后，所选的数据被添加到右侧，点击"保存"，弹出数据确认界面，核对数据，点击"确定"，最后点击"配置提交"，生效配置。

2）删除数据步骤。在右侧选取需要删除的数据，点击"删除"，再点击"保存"，弹出数据确认界面，核对数据，点击"确定"，最后点击发布提交，生效配置，如图 4-92 所示。

图 4-92　发布数据配置

2. 文件业务

一区纵向传输平台均采用双机结构。下发地区的业务，需要将文件同时以 SFTP 协议上传到两台一区纵向传输平台服务器；接收地调的业务，两台一区纵向传输平台服务器分别通过 SFTP 协议从地调纵向传输平台获取文件。

二区纵向传输平台同样采用双机结构，文件传输方式也与一区纵向传输平台一致。

省地纵向传输平台文件业务见表 4-5。

表 4-5　　　　　　　　　　　　省地纵向传输平台文件业务

区域	业务	上行	下行	频度
一区	AVC 业务	有	有	min
	远方操作统计	有	有	h
	电能质量业务	有	无	h
	计划文件	无	有	d
二区	电量业务	有	有	h
	新能源业务	有	无	min

3. 维护说明

（1）一区纵向传输平台主备切换。打开纵向传输平台界面，完成登录操作，点击"主备切换"，如图 4-93 所示。

（2）二区纵向传输平台主备切换。

图 4-93　一区纵向传输平台主备切换

1）登录工作站，使用 Xmanager 软件登录二区纵向传输平台服务器，两台服务器的桌面上分别有两个快捷工具：进程浏览和文件传输；

2）在纵向传输平台桌面点击文件传输快捷方式，打开文件传输界面，然后点击"主备切换"，如图 4-94 所示。

图 4-94　二区纵向传输平台主备切换

（3）接收和发送地调业务文件相关目录。

省地纵向传输平台业务文件目录见表4-6。

表4-6　　　　　　　　　　省地纵向传输平台业务文件目录

区域	业务	用户目录
一区	AVC业务	/home/D5000/zhejiang/data/AVC/shangchuan/ /home/D5000/zhejiang/data/AVC/xiafa/
	远方操作统计	/home/D5000/zhejiang/data/yfcztj/shangchuan/ /home/D5000/zhejiang/data/yfcztj/shangchuan_backup/
	电能质量业务	/home/D5000/zhejiang/data/dnzltj/shangchuan/ /home/D5000/zhejiang/data/dnzltj/shangchuan_backup/
	计划文件	/home/D5000/zhejiang/data/xf_jh/ /home/D5000/zhejiang/data/xf_jh_bak/
二区	电量业务	/sftpuser/dl/from_remote/ /sftpuser/dl/to_remote/ /sftpuser/dl/from_remote_bak/ /sftpuser/dl/to_remote_bak/
	新能源业务	/sftpuser/xny/from_remote/ /sftpuser/xny/to_remote/ /sftpuser/xny/from_remote_bak/ /sftpuser/xny/to_remote_bak/

1）AVC业务：业务文件不做备份。

2）电能质量业务：业务文件统一备份在"/home/D5000/zhejiang/data/dnzltj/shangchuan_backup/"目录下保留31天。

3）远方操作统计业务：业务文件统一备份在"/home/D5000/zhejiang/data/yfcztj/shangchuan_backup/"目录下，保留31天。

4）计划下发业务：备份文件各自备份，如杭州备份在"/home/D5000/zhejiang/data/xf_jh_bak/HZD0/"目录下。

5）电量业务：业务文件不做备份。

6）新能源业务：业务文件各自备份，如杭州备份在"/sftpuser/xny/from_remote_bak/"目录下。

（4）进程检查。分别启动一、二区纵向传输平台服务器"进程浏览界面"。

1）一区进程检查。正常情况下主机除ShmSyncCln进程外均为运行状态，如图4-95所示。备机仅运行GecProxy、ShmSyncCln和UdpProxy进程，其余均为停止状态，如图4-96所示。

运行名	显示名	检测模式	状态	启动时间	刷新时间
GecProxy	双机管理	刷新	运行	2019-12-03 16:19:08	2019-12-04 09:56:34
WTF_dbcnt_EMS	EMS通信	刷新	运行	2019-12-04 09:27:40	2019-12-04 09:56:35
WTF_DL476	实时通信	刷新	运行	2019-12-04 09:27:50	2019-12-04 09:56:34
FileProxy	准实时通信	刷新	运行	2019-12-04 09:28:00	2019-12-04 09:56:34
ShmSyncSrv	同步服务端	刷新	运行	2019-12-03 17:54:27	2019-12-04 09:56:26
ShmSyncCln	同步客户端	刷新	停止	2019-12-03 16:19:13	2019-12-03 17:54:02
UdpProxy	界面代理	刷新	运行	2019-12-03 16:19:18	2019-12-04 09:56:34
WT_IEC104_HZD0	I104杭州	刷新	运行	2019-12-04 09:28:05	2019-12-04 09:56:34
WT_IEC104_HZD4	I104湖州	刷新	运行	2019-12-04 09:28:07	2019-12-04 09:56:34
WT_IEC104_JHD6	I104金华	刷新	运行	2019-12-04 09:28:09	2019-12-04 09:56:34
WT_IEC104_JXD5	I104嘉兴	刷新	运行	2019-12-04 09:28:11	2019-12-04 09:56:34
WT_IEC104_LSD9	I104丽水	刷新	运行	2019-12-04 09:28:13	2019-12-04 09:56:34
WT_IEC104_NBD1	I104宁波	刷新	运行	2019-12-04 09:28:15	2019-12-04 09:56:34
WT_IEC104_QZD7	I104衢州	刷新	运行	2019-12-04 09:28:17	2019-12-04 09:56:34
WT_IEC104_SXD3	I104绍兴	刷新	运行	2019-12-04 09:28:19	2019-12-04 09:56:34
WT_IEC104_TZD8	I104台州	刷新	运行	2019-12-04 09:28:21	2019-12-04 09:56:34
WT_IEC104_WZD2	I104温州	刷新	运行	2019-12-04 09:28:23	2019-12-04 09:56:34
WT_IEC104_ZSDA	I104舟山	刷新	运行	2019-12-04 09:28:25	2019-12-04 09:56:34

图 4-95　一区主机进程

运行名	显示名	检测模式	状态	启动时间	刷新时间
GecProxy	双机管理	刷新	运行	2019-12-03 15:34:17	2019-12-04 09:55:34
WTF_dbcnt_EMS	EMS通信	刷新	停止	2019-12-03 15:34:26	2019-12-03 17:54:03
WTF_DL476	实时通信	刷新	停止	2019-12-03 15:34:36	2019-12-03 17:54:03
FileProxy	准实时通信	刷新	停止	2019-12-03 15:34:46	2019-12-03 17:54:03
ShmSyncSrv	同步服务端	刷新	停止	2019-12-03 15:34:51	2019-12-03 17:54:09
ShmSyncCln	同步客户端	刷新	运行	2019-12-03 17:54:03	2019-12-04 09:55:34
UdpProxy	界面代理	刷新	运行	2019-12-03 15:34:56	2019-12-04 09:55:34
WT_IEC104_HZD0	I104杭州	刷新	停止	2019-12-03 15:35:02	2019-12-03 17:54:03
WT_IEC104_HZD4	I104湖州	刷新	停止	2019-12-03 15:35:04	2019-12-03 17:54:03
WT_IEC104_JHD6	I104金华	刷新	停止	2019-12-03 15:35:06	2019-12-03 17:54:03
WT_IEC104_JXD5	I104嘉兴	刷新	停止	2019-12-03 15:35:08	2019-12-03 17:54:03
WT_IEC104_LSD9	I104丽水	刷新	停止	2019-12-03 15:35:10	2019-12-03 17:54:03
WT_IEC104_NBD1	I104宁波	刷新	停止	2019-12-03 15:35:12	2019-12-03 17:54:03
WT_IEC104_QZD7	I104衢州	刷新	停止	2019-12-03 15:35:14	2019-12-03 17:54:03
WT_IEC104_SXD3	I104绍兴	刷新	停止	2019-12-03 15:35:16	2019-12-03 17:54:03
WT_IEC104_TZD8	I104台州	刷新	停止	2019-12-03 15:35:18	2019-12-03 17:54:03
WT_IEC104_WZD2	I104温州	刷新	停止	2019-12-03 15:35:20	2019-12-03 17:54:03
WT_IEC104_ZSDA	I104舟山	刷新	停止	2019-12-03 15:35:22	2019-12-03 17:54:03

图 4-96　一区备机进程

2）二区进程检查。正常情况下主机所有进程外均为运行状态，如图 4-97 所示。备机运行 GecProxy 和 UdpProxy 进程，FileProxy 为停止状态，如图 4-98 所示。

运行进程监控

运行名	显示名	检测模式	状态	启动时间	刷新时间
GecProxy	双机管理	刷新	运行	2019-11-20 09:46:54	2019-12-05 14:12:42
FileProxy	准实时通信	刷新	运行	2019-12-04 12:51:59	2019-12-05 14:12:42
UdpProxy	界面代理	刷新	运行	2019-11-20 09:47:09	2019-12-05 14:12:42

图 4-97　二区主机进程

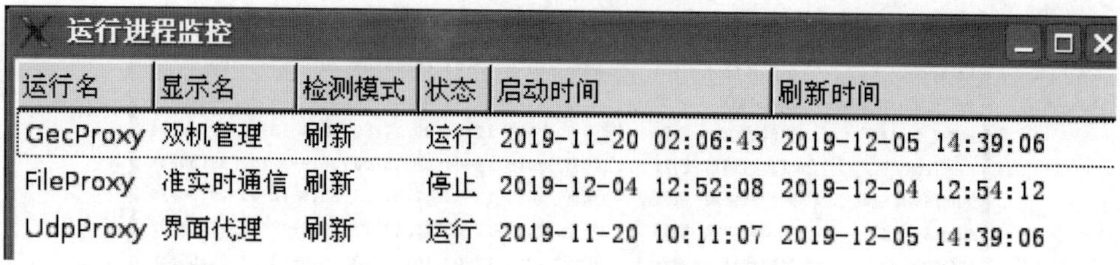

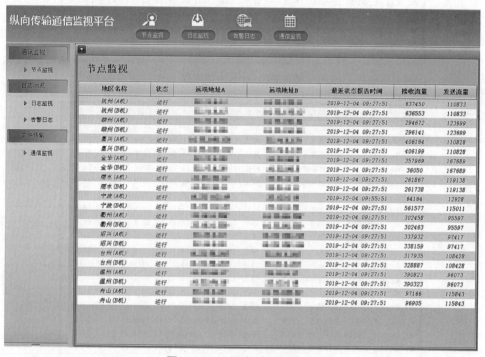

图 4-98　二区备机进程

（5）省地通信检查。

1）一区省地实时业务检查。

a．通过界面检查。一区实时业务界面如图 4-99 所示。

图 4-99　一区实时业务界面

b．通过命令行检查。在一区纵向传输平台服务器的命令行下，输入"netstat –nap|grep 3000"，如省地通信正常，将显示 11 个地调的双主 22 条通信状态为"ESTABLISHED"。

2）一区省地文件业务检查。

a．通过界面检查。一区文件业务界面如图 4-100 所示。

名称	状态	本次运行时间	节点报告时间	接收流量	发送流量
杭州局	运行	1970-01-01 08:00:00	2019-12-04 10:03:19	211918	14891
温州局	运行	1970-01-01 08:00:00	2019-12-04 10:03:19	1476366	103338
丽水局	运行	1970-01-01 08:00:00	2019-12-04 10:03:19	157502	63091
台州局	运行	1970-01-01 08:00:00	2019-12-04 10:03:19	125197	23483
绍兴局	运行	1970-01-01 08:00:00	2019-12-04 10:03:19	173395	51992
湖州局	运行	1970-01-01 08:00:00	2019-12-04 10:03:19	64922	60900
嘉兴局	运行	1970-01-01 08:00:00	2019-12-04 10:03:19	94319	34547
金华局	运行	1970-01-01 08:00:00	2019-12-04 10:03:19	61056	56721
衢州局	运行	1970-01-01 08:00:00	2019-12-04 10:03:19	1191785	48343
宁波局	运行	1970-01-01 08:00:00	2019-12-04 10:03:19	34504	27074
舟山局	运行	1970-01-01 08:00:00	2019-12-04 10:03:19	87951	87777

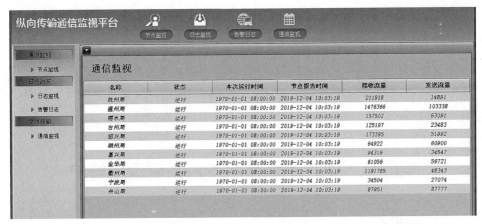

图 4–100　一区文件业务界面

b. 通过命令行检查。在一区纵向传输平台服务器的命令行下，输入“netstat –nap|grep 3005”，如省地通信正常，将显示 11 个地调的 11 条通信状态为“ESTABLISHED”。

（6）二区省地文件业务检查。

a. 通过界面检查。二区文件业务界面如图 4–101 所示。

名称	状态	本次运行时间	节点报告时间	接收流量	发送流量
杭州局	连通	2019-12-04 12:...	2019-12-05 14:...	9831996	2037510144
温州局	连通	2019-12-04 12:...	2019-12-05 14:...	31400127	941305856
丽水局	连通	2019-12-04 12:...	2019-12-05 14:...	5230559	1477492736
台州局	连通	2019-12-04 12:...	2019-12-05 14:...	1705304	1537069056
绍兴局	连通	2019-12-04 12:...	2019-12-05 14:...	5349196	-1482964992
湖州局	连通	2019-12-04 12:...	2019-12-05 14:...	11590719	1131950080
嘉兴局	连通	2019-12-04 12:...	2019-12-05 14:...	19020283	2097086464
金华局	连通	2019-12-04 12:...	2019-12-05 14:...	12888376	1441746944
衢州局	连通	2019-12-04 12:...	2019-12-05 14:...	7810319	-1614032896
宁波局	连通	2019-12-04 22:...	2019-12-05 14:...	11629610	370098176
舟山局	连通	2019-12-04 12:...	2019-12-05 14:...	1057263	-1983406080

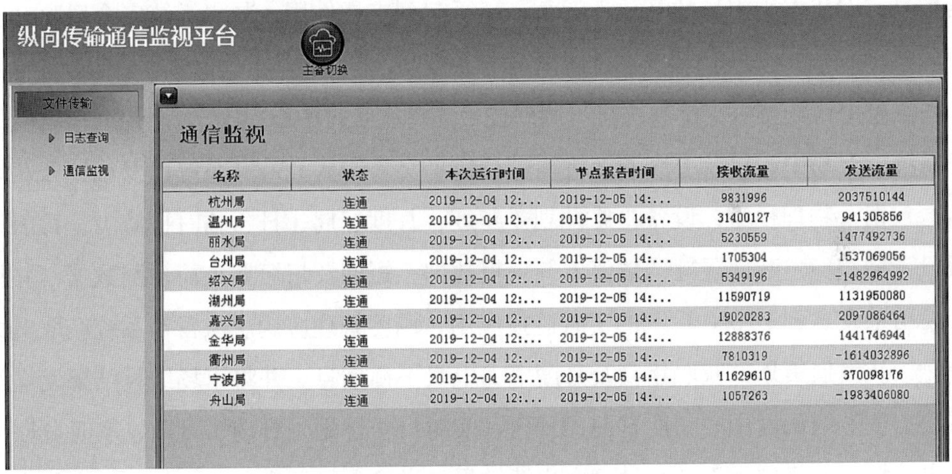

图 4–101　二区文件业务界面

b. 通过命令行检查。在命令行下，输入“netstat –nap|grep 3005”，如省地通信正常，将显示 11 个地调的 11 条通信状态为“ESTABLISHED”。

（7）省调内部通信检查。

1）一区实时通信检查。一区内部实时通信主要由两个部分组成。

a. 纵向传输平台和 D5000 系统的 SCADA 应用主机的通信，用于采集下发地调的数据；检查时，在一区纵向传输平台服务器主机的命令行下，输入“netstat –nap|grep 6660”，如果链路存在，则通信正常；否则检查 SCADA 应用主机上是否启动了 sjtu_zxcs02 程序。

b. 纵向传输平台和 D5000 系统的前置（含主调、备调）的通信，用于将地调采集数据发送给 D5000 系统。

用通信端口号检查链路状态，执行"netstat naplgrep ××××"。

2）一、二区文件通信检查。检查 sftp 所使用的 22 端口服务是否正常，是否受到操作系统防火墙限制。

第四节　电力市场技术支持系统运行维护

一、系统概述

现货电力市场是现代电力市场体系的重要组成部分，综合考虑电力商品特性和电力系统的物理特性，一般由日前市场、日内市场和实时市场三部分组成，实时调度运行和市场交易有机衔接。现货市场能够充分反映不同时段、不同节点的边际发电成本和供需情况，有利于引导资源优化、高效配置，并为市场主体投资、开展电力期货交易等提供价格信号，对于电力市场的开放、竞争、运行起到支撑作用，减少系统安全风险和交易金融风险。

浙江电力市场技术支持系统将与调度技术支持系统（D5000 系统）、调控云、营销系统、财务系统、交易中心以及上级调度机构进行信息交互。从 D5000 系统以及调控云获取电网运行数据，物理模型，设备检修计划（年度、月度、周、日、临时检修），日前设备停服役计划，稳定断面限额，数值天气预报数据，短期及超短期负荷预测数据。并将现货交易结果发送到 D5000 系统的实时监控应用、调度管理应用。从营销系统获取电力用户信息，从发展策划部获取年度及月度电力电量平衡信息。并将市场结算结果发送给财务系统。从上级调度中心获取日前、日内、实时口子计划，日前、日内、实时分联络线送受电计划；并将现货市场交易电力出清结果发送给上级调度中心。从上级交易中心获取中长期跨省电力电量平衡分析结果；并将合约交易结果发送给上级交易中心。

二、基本框架

基于市场建设方案，浙江电力市场技术支持系统包括现货市场子系统、合约市场子系统以及结算子系统。基本框架如图 4-102 所示。

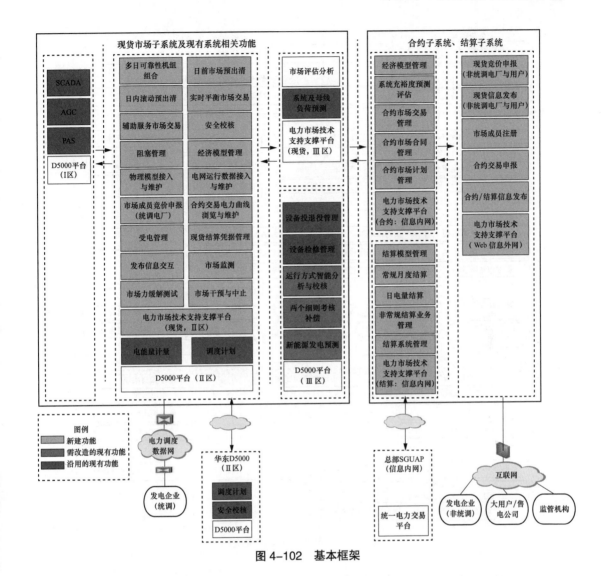

图 4-102 基本框架

三、现货市场功能架构

现货市场子系统用于支撑浙江日前市场预出清、实时平衡市场、辅助服务市场运营等业务。包括负荷预测、日前市场预出清管理、日内滚动预出清管理、实时平衡市场管理、辅助服务市场管理、市场监测、市场力缓解测试、市场干预与中止、市场运行评估分析等 11 大项核心功能。现货市场功能架构如图 4-103 所示。

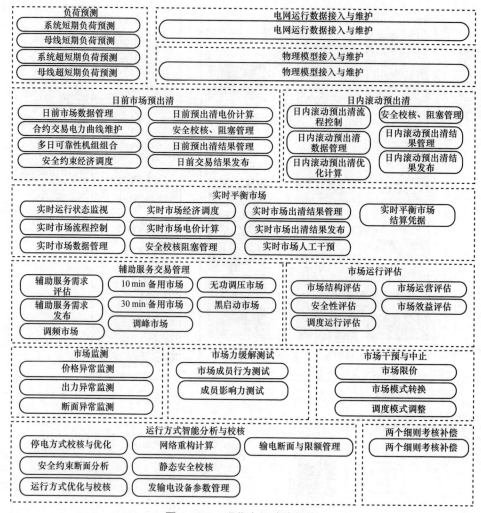

图 4-103　现货市场功能架构

四、电力现货实时平衡市场

（一）关键设备操作

1. 关键设备重启

登录 root 用户，使用终端输入"reboot"，或者"K 菜单→注销→重启计算机"（机器重启前要先把 D5000 系统应用停掉）。

2. 主备机切换

登录应用服务器，使用终端输入"app_switch 服务器名 schedule_rtm 3"切为主机、"schedule_rtm 2"切为备机。

3. 数据库服务器主备切换

在数据库服务器运行主机，使用终端输入"crm mode standby"，主机会自动切到另外一台数据库服务器。

（二）关键应用／进程操作

问题描述：现货市场 Web 页面连接不上。

处理方式：登录"zjsc2-ops03"服务器，进入"/home/D5000/zhejiang/osp/bin"目录，执行"sh sys_ctl_osp.sh stop"，然后执行"sh sys_ctl_osp.sh start"，等待应用启动，提示"启动成功，耗时 ××ms"，重新打开页面查看。

1. 关键进程信息

电力现货实时平衡市场关键进程见表 4-7。

表 4-7　　　　　　电力现货实时平衡市场关键进程

应用／进程名	描述	启动类型
mos_file_monitor_check	文件解析入库程序	自启动
mos_run_task	总控序列程序	自启动
mos_rpp_drv	驱动程序	自启动
scs_server	安全校核程序	自启动
opt_manager	优化计算程序	自启动
mos_case_manage_server	案例创建服务程序	自启动
mos_result_stat	结果统计程序	自启动
mos_ops_run_stat	数据运行监视统计程序	自启动
mos_ops_actual_update	SCADA 实测值刷新程序	自启动
sens_server	灵敏度服务	自启动
scan_cal	静态安全校核计算主程序	自启动
scs_suminfo	安全校核结果统计程序	自启动
mos_rpp_static_server	序列计算状态监视服务	自启动
mos_rpp_drv	计算驱动、主备机实时库同步服务	自启动

2. 关键应用／进程重启

登录相应服务器，打开终端，执行"kp"即可。

（三）调度数据及文件交互应急操作

1. 实时市场送出计划值文件异常

（1）登录至 zjsc2-ops01，进入"/home/D5000/zhejiang/var/data_out/SSSCZDJZFDJH"目录查看是否存在最新计划值文件，同时文件大小是否正常，如有问题到联系电力市场技术支持人员查看；如正常将文件拷贝至"zjsc2-agent01:/home/D5000/zhejiang/var/data_out/SSSCZDJZFDJH"目录下，等待 10s 左右，再次查看计划值文件是否成功入库。

（2）若还没入库，则登录至"zjzd2-ops01"，查看"/home/D5000/zhejiang/var/data_bak/SSSCZDJZFDJH"及"/home/D5000/zhejiang/var/data_out/SSSCZDJZFDJH"目录下查看是否存在文件，如"data_out"目录下存在，则进入"/home/D5000/zhejiang/bin/"下重新启动"mos_send_scada.sh"脚本程序；如"data_bak"目录下存在，则联系 AGC 人员查看；

如均不存在，则重新启动"mos_send_scada.sh"脚本程序。

2. 实时市场送出调频出清结果文件至 AGC 异常

（1）登录至"zjsc2-ops03"，进入"/home/D5000/zhejiang/var/data_out/TPSCCQHZ"目录查看是否存在最新出清结果文件，同时文件大小是否正常，如有问题到联系电力市场技术支持人员查看；如正常将文件拷贝至"zjsc2-agent01:/home/D5000/zhejiang/var/data_out/TPSCCQHZ"目录下，等待 10s 左右，再次查看出清结果文件是否成功送至 AGC。

（2）若未送至 AGC，则登录至"zjzd2-ops01"，查看"/home/D5000/zhejiang/var/data_bak/TPSCCQHZ"及"/home/D5000/zhejiang/var/data_out/TPSCCQHZ"目录下查看是否存在文件，如"data_out"目录下存在，则进入"/home/D5000/zhejiang/bin/"下重新启动"mos_send_scada.sh"脚本程序；如"data_bak"目录下存在，则联系 AGC 人员查看；如均不存在，则重新启动"mos_send_scada.sh"脚本程序。

3. 实时市场接入日前计划数据文件异常

（1）登录至 zjsc2-ops02，进入"/home/D5000/zhejiang/data/schedule/io/data_bak/"对应文件接入失败目录下查看是否存在最新计划数据文件，同时文件大小是否正常，如文件正常联系电力市场技术支持人员查看；

（2）如有问题则进入"zjsc2-agent01:/home/D5000/zhejiang/var/data_bak"对应目录下，查看文件是否正常，如正常，将文件拷贝至"/home/D5000/zhejiang/var/data_in"对应目录下，等待 15s 左右，再次查看计划数据文件是否正常；

（3）如文件不正常，则登录至 zjzd2-ops01，查看"/home/D5000/zhejiang/data/schedule/io/data_bak/"对应目录下查看文件是否正常，如正常，则将文件拷贝至"zjsc2-agent01:/home/D5000/zhejiang/var/data_in"对应目录下，等待 15s 左右，再次查看计划数据文件是否正常；如文件不正常则联系计划处重新发送计划数据文件。

五、电力现货日前市场

（一）关键设备应急操作

1. 关键设备重启

（1）数据库服务器重启。数据库服务器重启，直接执行系统重启命令即可；重启好之后，执行命令 crm_mon 可以查看数据库的服务是否正常。

（2）平台服务器重启。平台服务器重启，先停应用，再重启机器；执行命令顺序如下：

```
$: sa_node_ctl stop
$: killall redis-server redis-sentinel
```

$: /etc/init.d/keepalived stop

$: rabbitmqctl stop

然后进入 root 用户，执行命令 reboot，重启机器。

机器重启好之后，先查看基础应用是否启动好，可以用以下命令进行查看：

$: ps –eflgrep redis

$: ps –eflgrep keepalived

$: ps –eflgrep rabbitmq

如果没有启动好，可执行如下命令启动：

$: cd /home/qrtp/software;./startRedis.sh

$: /etc/init.d/keepalived start

$: rabbitmq–server start &

启动平台应用，命令如下：

sa_node_ctl start down

（3）OPS 和 PAS 应用服务器重启。OPS 和 PAS 应用服务器重启，先停应用，再重启机器；执行命令顺序如下：

$: sa_node_ctl stop

然后进入 root 用户，执行命令 reboot，重启机器。

机器重启好之后，启动应用，用以下命令：

$: sa_node_ctl start down

（4）接口服务器重启。接口服务器重启，先停应用，命令如下：

$: sa_node_ctl stop

再停文件传输服务，用以下命令查看：

$: ps –eflgrep Client.jar

找到该进程关闭即可；

然后进入 root 用户，执行命令 reboot，重启机器。

机器重启好之后，先启动文件服务，命令如下：

$: cd /home/qrtp/XFTP_FX

$: java –jar Client.jar

再启动应用，命令如下：

$: sa_node_ctl start down

2. 主备机切换

（1）当应用主机出现异常后，一般情况下，系统会自动将应用主机切换至应用备机上，当异常主机恢复后，该异常主机变为备机。

（2）当需要手动切换应用主机，可在任一台服务器上执行命令"qr_sa_app_switch [机器名][应用名][主备状态]"；可使用"qr_sa_app_switch－help"查看使用帮助。

3. 数据库服务器主备切换

进入数据库服务器的 root 用户，使用"crm_mon"命令查看数据库服务器的双机热备的状态。数据库服务器状态如图 4-104 所示。

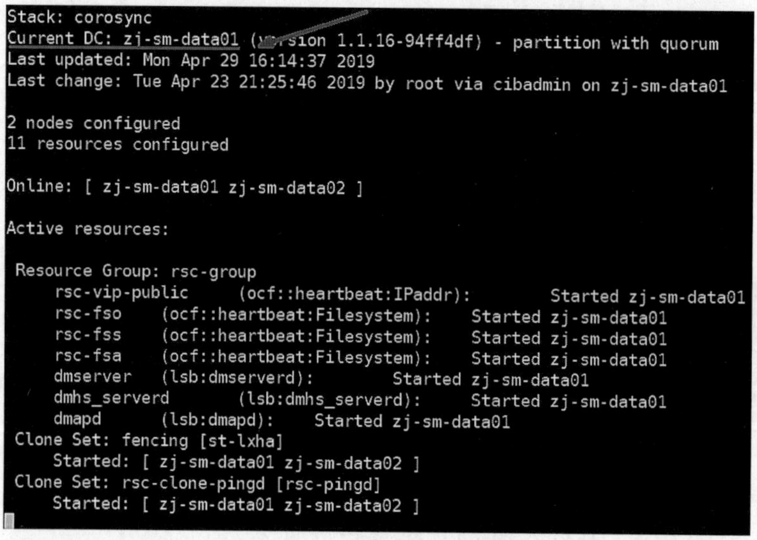

```
Stack: corosync
Current DC: zj-sm-data01 (version 1.1.16-94ff4df) - partition with quorum
Last updated: Mon Apr 29 16:14:37 2019
Last change: Tue Apr 23 21:25:46 2019 by root via cibadmin on zj-sm-data01

2 nodes configured
11 resources configured

Online: [ zj-sm-data01 zj-sm-data02 ]

Active resources:

 Resource Group: rsc-group
     rsc-vip-public      (ocf::heartbeat:IPaddr):          Started zj-sm-data01
     rsc-fso      (ocf::heartbeat:Filesystem):       Started zj-sm-data01
     rsc-fss      (ocf::heartbeat:Filesystem):       Started zj-sm-data01
     rsc-fsa      (ocf::heartbeat:Filesystem):       Started zj-sm-data01
     dmserver      (lsb:dmserverd):          Started zj-sm-data01
     dmhs_serverd      (lsb:dmhs_serverd):         Started zj-sm-data01
     dmapd      (lsb:dmapd):       Started zj-sm-data01
 Clone Set: fencing [st-lxha]
     Started: [ zj-sm-data01 zj-sm-data02 ]
 Clone Set: rsc-clone-pingd [rsc-pingd]
     Started: [ zj-sm-data01 zj-sm-data02 ]
```

图 4-104　数据库服务器状态

可以看到数据库服务当前运行在 zj-sm-data01 服务器上，说明 zj-sm-data01 服务器为数据库的主服务器；数据库的主备服务器 zj-sm-data01 和 zj-sm-data02 都在线。

在 zj-sm-data01 服务器上的 root 用户下执行命令"crm node stop"，停止当前节点，数据库服务就会切到 zj-sm-data02 上，同时节点 zj-sm-data01 将会离线，可以用"crm_mon"查看状态。

在 zj-sm-data01 上执行命令" crm node start"把该节点启动起来，使其上线，可以用"crm_mon"查看状态。

（二）关键应用 / 进程操作

1. 关键进程信息

电力现货日前市场关键进程见表 4-8。

表 4-8　　　　　　　　　　电力现货日前市场关键进程

应用 / 进程名	描述	启动类型
data_srv/qr_grh_app_server	人机组件开图服务	常驻一般进程
public/qr_grh_access_server	人机组件取数服务	常驻一般进程

应用/进程名	描述	启动类型
ops_day/ops_op_300300	日前市场总控进程	常驻关键进程
ops_day/opt_manager	日前市场优化出清进程	常驻关键进程
ops_sec/ops_op_300700	外部数据接入控制进程	常驻关键进程
ops_sec/ ssc_get_rt_mode	运行方式和稳定断面接入进程	常驻关键进程
pas_sc_day/ssc_ctl	安全校核计算主控进程	常驻关键进程
pas_sc_day/ ssc_calc	安全校核计算进程	常驻关键进程

2. 关键应用/进程重启

（1）当需要对关键应用下的进程进行重启，可使用命令"kp 进程名"停掉进程，进程停掉后，系统会自动重启该进程。

（2）或者通过"qr_sa_procshut [app_name] [proc_name] <context_name>"命令注销进程，注销完后，重新输入进程启动命令即可。

（3）当需要对应用进行重启，可使用命令"sa_manual_app_stop"先停止该应用，再使用"sa_manual_app_start"命令启动该应用，如果停止的是主机应用，则应用重启后，主备会发生切换。（相关命令可以通过参数"h"或"help"进行查看使用帮助）。

（三）文件交互应急操作

1. 发送财务的结算数据文件异常

（1）在"zj-sm-if01"或者"zj-sm-if03"的"/home/qrtp/gc/data/file_to_IV"目录下，查看文件是否存在，其中，"ZJ_YYYYMMDD_CLEARRESULT_DA.txt"为提供给财务的日前市场出清数据；"ZJ_YYYYMMDD_CLEARRESULT_RT.txt"转发实时市场提供给财务的实时市场出清数据，"YYYYMMDD"表示某日的出清结果，如"ZJ_20200512_CLEARRESULT_DA.txt"表示的是 2020 年 5 月 12 日的日前出清计算结果。

（2）若文件存在，则联系财务侧人员，查看是否收到文件，ftp 接收服务器是否正常。

（3）若日前的文件不存在，则在日前系统的"运行数据接入与验证"→"手动操作"→"发送财务"，进行补发。

（4）若实时的文件不存在，则在日前系统的"运行数据接入与验证"→"手动操作"→"发送财务"，进行补发，若补发不成功则实时市场人员核实实时结果文件是否生成。

（5）手动命令在"if01"的"bin"目录执行。

（6）实时结果："ops_data_exchange_manual –func 5 –table 0 –tradeId 300100 –start_time 2019–06–20 –end_time 2019–06–21"。

（7）日前结果："ops_data_exchange_manual –func 5 –table 0 –tradeId 300300 –start_ time 2019–06–20 –end_time 2019–06–21"。

2. 传给调度台以及华东的日前出清结果文件异常

（1）在 zj–sm–ops01 主机的"/home/qrtp/gc/data/file_to_II"目录下查看文件是否存在，其中"FD200514_E.RB"为调度台调度计划文件，每天出清计算后通过界面触发，"ZJ20200514NotBidUnitSchedule_E.RB"为发南瑞的华东的调度计划文件，每天出清计算后通过界面触发；

（2）若文件不存在，在日前市场调度计划界面进行补发；

（3）手动命令，在"if01"的"bin"目录执行"ops_data_exchange_manual –func 6 –table 0 –tradeId 300300 –start_time 2019–09–10 –end_time 2019–09–11"（end_time 比 start_time 多一天，结合实际修改时间）。

3. 发送监管的文件异常

（1）在应用服务器的"/home/qrtp/gc/data/file_to_IV"目录下查看文件是否存在，其中，"ZJ_20200514_SUPERVISION_DA.txt"为发监管系统的日前文件；

（2）若文件存在，则联系技术支持相关人员，查看是否收到文件、ftp 接收服务器是否正常；

（3）若文件不存在，则在日前系统的"运行数据接入与验证"→"手动操作"→"发送监管"进行补发；

（4）手动命令，在"ops01"的"bin"目录执行"Monitor_EFile –d 2020–01–04 –m 300300 –t 20200104001501"（"–d"为出清日，"–t"为交易序列）。

4. 发送实时的申报文件异常

（1）在应用服务器的"/home/qrtp/gc/data/file_to_II"目录下，查看文件是否存在，实时申报文件见表 4–9；

表 4–9 实时申报文件

文件名	文件内容	后台操作命令
ZJ_YYYYMMDD_GDJZDY.txt	固定出力机组定义	ops_data_exchange_manual –func 1 –table 26141 –tradeId 300300 –start_time 2019–09–10 –end_time 2019–09–11
ZJ_YYYYMMDD_JZCBJTZC.txt	机组注册成本	ops_data_exchange_manual –func 1 –table 18002 –tradeId 300300 –start_time 2019–09–10 –end_time 2019–09–11
ZJ_YYYYMMDD_JZYXJGSB.txt	实时市场微增电能价格报价	ops_data_exchange_manual –func 1 –table 18004 –tradeId 300100 –start_time 2019–09–10 –end_time 2019–09–11
ZJ_YYYYMMDD_RQBJXX.txt	实时市场调频报价	ops_data_exchange_manual –func 1 –table 18030 –tradeId 300100 –start_time 2019–09–10 –end_time 2019–09–11
ZJ_YYYYMMDD_RQJZYXJGSB.txt	日前市场微增电能价格报价	ops_data_exchange_manual –func 1 –table 18004 –tradeId 300300 –start_time 2019–09–10 –end_time 2019–09–11

文件名	文件内容	后台操作命令
ZJ_YYYYMMDD_ RQJGTD.txt	日前市场微增 电能替代	ops_data_exchange_manual −func 1 −table 18039 −tradeId 300300 −start_time 2019−09−10 −end_time 2019−09−11
ZJ_YYYYMMDD_ JZGDCL.txt	自计划机组 出力计划	ops_data_exchange_manual −func 1 −table 18038 −tradeId 300300 −start_time 2019−09−10 −end_time 2019−09−11
ZJ_YYYYMMDD_ CZQJZCQ.txt	日前市场出清 计算结果	ops_data_exchange_manual −func 1 −table 26041 −tradeId 300300 −start_time 2019−08−11 −end_time 2019−08−12
ZJ_YYYYMMDD_ XTDJ.txt	日前市场 15min 发 电侧、用户侧 平均价格	ops_data_exchange_manual −func 1 −table 24001 −tradeId 300300 −start_time 2019−08−11 −end_time 2019−08−12
ZJ_YYYYMMDD_ DQDJ.txt	日前市场 15min 分 地区平均出清价格	ops_data_exchange_manual −func 1 −table 24002 −tradeId 300300 −start_time 2019−08−11 −end_time 2019−08−12
ZJ_YYYYMMDD_ RQCQJDDJ.txt	日前市场 15min 节 点出清价格	ops_data_exchange_manual −func 1 −table 26040 −tradeId 300300 −start_time 2019−08−11 −end_time 2019−08−12
ZJ_YYYYMMDD_ BKBTJZ.txt	必开必停机组设置	ops_data_exchange_manual −func 1 −table 20058 −tradeId 300300 −start_time 2019−09−10 −end_time 2019−09−11

（2）若文件存在，则联系实时市场相关人员，查看是否收到文件、隔离装置是否正常；

（3）若文件不存在，则在日前系统的"运行数据接入与验证"→"手动操作"进行补发；

（4）手动命令见表 4-9。

5. 发送实时的经济模型文件异常

（1）在应用服务器的"/home/qrtp/gc/data/file_to_II"目录下，查看文件是否存在，实时经济模型文件见表 4-10；

表 4-10 实时经济模型文件

文件名	文件内容	后台操作命令
ZJ_20200509_ CCUMODE.txt	联合循环机组运行 模式定义	ops_data_exchange_manual −func 1 −table 16056 −tradeId 300300 −start_time 2019−09−10 −end_time 2019−09−11
ZJ_20200509_ CCUREG.txt	联合循环机组定义	ops_data_exchange_manual −func 1 −table 16057 −tradeId 300300 −start_time 2019−09−10 −end_time 2019−09−11
ZJ_20200509_ JZJTZC.txt	机组参数	ops_data_exchange_manual −func 1 −table 16005 −tradeId 300100 −start_time 2019−09−10 −end_time 2019−09−11

（2）若文件存在，则联系实时市场相关人员，查看是否收到文件、隔离装置是否正常；

（3）若文件不存在，则在日前系统的"模型接入与验证"→"经济模型管理"→"经济模型导出"进行补发。

第五节　电能量计量系统运行维护

一、系统概述

浙江电网已初步建成了覆盖省、地、县三级的调度技术支持系统。电能量计量系统依托调度技术支持系统建立，能够正确、及时地掌握各地区发电企业的发电、上网电量以及各级电力公司的用电情况，对浙江省 500kV 变电站、发电厂进行数据直采，500kV 以下变电站的相关电量数据由各地调电量系统上传，其他网调调管的变电站的相关电量数据由华东网调电量系统下发，网、省、地的模型信息和电量数据互通互联。电能量计量系统是一套稳定、实用，对于日常的发电、供电、用电具有指导意义，高效管理的系统。

二、系统总体架构

系统总体架构如图 4–105 所示。

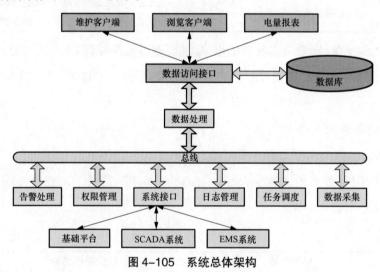

图 4–105　系统总体架构

三、硬件架构

硬件架构如图 4–106 所示。

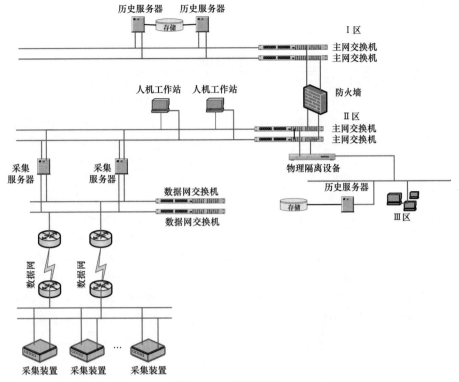

图 4-106　硬件架构

四、功能概述

1. 功能简介

"平衡分析"模块主要展示平衡公式（母线平衡、线损、变损）的数据合格占比。

"监视告警"模块主要展示工况告警、模型告警、公式告警、母线平衡告警等。

"数据采集"模块主要是表底数据的查询，包括工况监视、装置状态、采集时间管理等功能。

"电量查询"模块主要包括各种电量数据、表底底码查询功能。

"模型参数"模块主要包括新、改、扩建厂站模型设备，相关采集装置、电能表等模型参数的维护功能。

"公式计算"模块主要包括平衡公式（母线平衡、线损、变损），自定义公式的编辑定义和公式计算结果的查询功能。

"操作日志"查看各用户操作日志。

"重要指标"可以查看时间段内厂站的母线平衡、线损达标率、表底数据完整率等指标数据。

2. 功能列表

功能列表见表 4-11。

表 4-11 功能列表

功能名称		功能简介
平衡分析	分析总览	各电压等级的公式不平衡情况
	母线平衡分析	各电压等级的母线平衡公式不平衡情况
	变损分析	各电压等级的变损公式不平衡情况
	母线平衡工况	展示厂站的母线平衡情况
	线损分析	各电压等级的线损公式不平衡情况
监视告警	告警总览	各地区工况、母线平衡、数据、模型告警情况
	历史告警查询	历史告警情况查询
数据采集	表底数据查询	查看电能表表底值
	工况监视	查看各个地区数据上传和采集装置通道状态情况
	装置状态	各个采集装置的通道状态、运行节点等
	采集时间管理	修改采集时间断点和查看主站与子站的时间差
电量查询	明细电量查询	查询表计的表码电量、统计电量、积分电量
	表计电量查询	查询表计单位时间的电量
	二次表底查询	查询二次表底的底码值
	冻结表底查询	查询表计零点冻结值的底码值
	追补电量	追补电量
	表底数据分析	分析出现倒走的电能表
模型参数	模型维护	新增修改厂站，采集装置，电能表等信息
	数据替代	替代旁路、积分、对端、主备
	其他参数维护	配置数据库中的各个类型
	模型转换	把老系统里的模型，转换成新系统模型
	更换 ID	电能表信息与 D5000 系统设备名称、ID 号关联
公式计算	自定义公式定义	定义生成公式
	自定义公式查询	查询单位时间公式计算的结果
	平衡公式定义	定义生成平衡公式
	平衡公式查询	查询单位时间平衡计算的结果

五、平衡分析

1. 分析总览

点击"平衡分析"→"分析总览"，进入该页面后，可以看到各电压等级的公式不平衡情况，如图 4-107 所示。

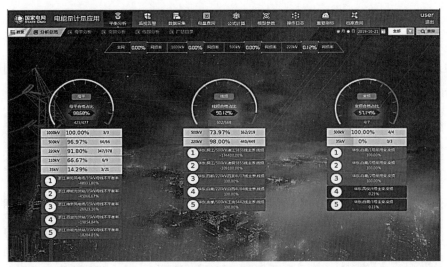

图 4-107 分析总览

2. 母线平衡分析

点击"平衡分析"→"母线平衡分析",进入该页面后,可以看到各电压等级的母线平衡公式不平衡情况。

3. 变损分析

点击"平衡分析"→"变损分析",进入该页面后,可以看到各电压等级的变损公式不平衡情况。

4. 线损分析

点击"平衡分析"→"线损分析",可以看到各电压等级的线损公式不平衡情况。

六、数据采集

1. 装置状态

点击"数据采集"→"装置状态",可以看到各个采集装置的通道状态、运行节点等,如图 4-108 所示。

图 4-108 装置状态

2. 采集时间管理

点击"数据采集"→"采集时间管理",可以修改采集时间断点和查看主站与子站的时间差。因为存在厂站卡在某一时间点数据采不上的情况,可以修改采集时间断点跳过该时间点继续采集数据。采集时间管理如图4-109所示。

图4-109 采集时间管理

3. 报文查看

在电量采集前置一或前置二上的"/home/D5000/zhejiang/var/log/tmr"路径下的以"编号.txt"命名的文件,就是各厂站采集装置的报文,其中,编号对应电量系统中的采集装置号。查看报文使用命令"vim"或者"tail –f 数字.txt"(可以实时刷新文档中的数据),补采报文的 txt 文件在相同路径下,以"100+采集装置号"来命名,与实采报文的文件加以区分。

七、电量查询

电量查询主要包括电量查询、二次表底查询、冻结表底查询、表底数据分析。

1. 明细电量查询

点击"电量查询",进入电量查询页面,如图4-110所示。

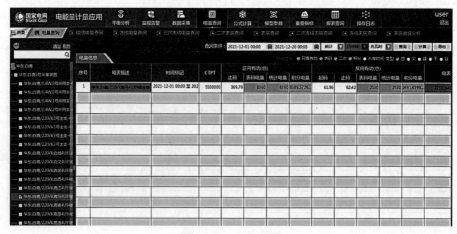

图4-110 电量查询

明细电量的查询结果为某块电能表在所选时间段内的参数信息和电量数据。

在左侧的厂站信息栏中选择需要查询的装置或电能表。

在右上角的查询条件栏中选择需要查询的时间段和单位，点击查询可以显示该电能表信息。

点击计算按钮可以对后台计算程序下发该电能表在该时间段的表计电量重新计算任务。

（1）表码电量：在某时间段内二次表底底码的差值乘倍率得出的电量，公式为：表码电量 =（正有 / 反有止码 – 正有 / 反有起码）×（TA1 / TA2）×（TV1 / TV2）。

（2）统计电量：在某时间段内系统以每 15min 一个点（最小时间间隔）计算表码电量，最后累加得出该段时间的统计电量。

（3）积分电量：电量系统取自 D5000 系统的积分电量，用作校核比对。

判断电能表的计算是否准确的标准如下：

1）表码电量与统计电量相等；

2）两者与积分电量大致相等。

2. 二次表底查询

点击"电量查询"→"二次表底查询"，进入二次表底查询界面，如图 4-111 所示。

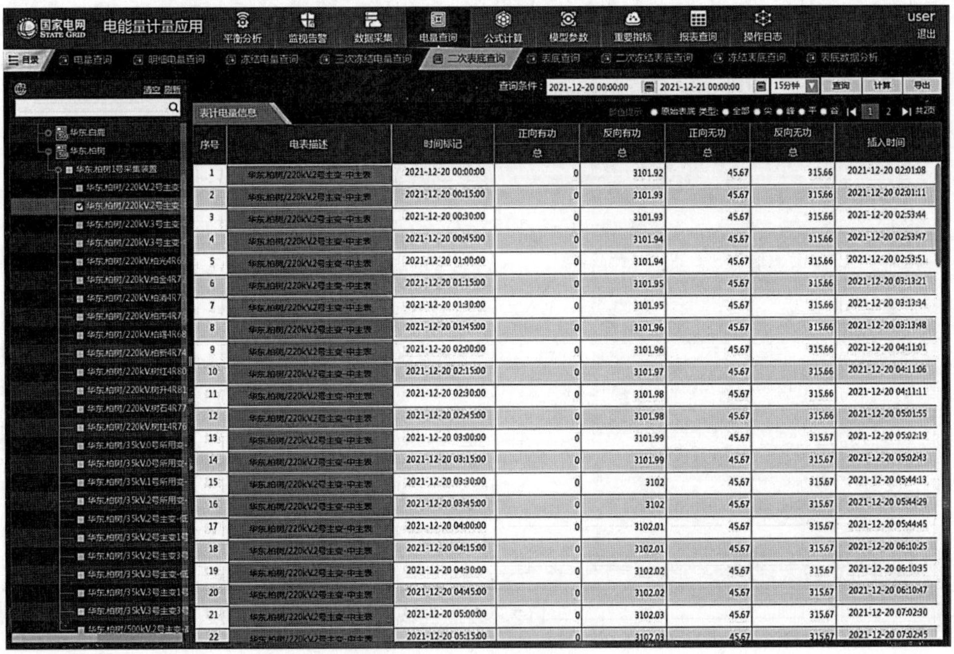

图 4-111　二次表底查询

二次表底底码是指系统对采集的原始表底底码乘以小数位数后的结果。

在左侧的厂站信息栏中选择需要查询的装置或电能表。

在右上角的查询条件栏中选择需要查询的时间段、时间间隔，点击查询可以显示该电能表信息。

点击计算按钮可以对后台计算程序下发该电能表在该时间段的二次表底重新计算任务。

表格内显示的数据为该电能表的采集数据乘以小数位数得到的表底电量。

当表格内数据变黄时表明该数据为修补数据，变红表明该数据存在质量位异常。

点击原始表底可以显示采集数据，方便进行数据比较。

3. 冻结表底查询

冻结表底是指每天的零点冻结表底，主要用于电量报表制作以及生成 E 文件（电力系统数据标记语言文件）上报给线损系统计算考核指标。二次冻结表底即采集原始冻结值乘以小数位数。查询方法和二次表底查询一样，点击"电量查询"→"二次冻结值查询"。

4. 表底数据分析

点击"电量查询"→"表底数据分析"，进入表底数据分析界面，如图 4-112 所示。

图 4-112 表底数据分析

表底数据分析的查询结果为所选条件下，经过对比后，出现倒走情况的所有电能表。选择时间，在下拉框选择"二次比二次"，日期的选择与下拉框中的对比条件成对应关系，选择比较关系进行二次表底数据比对，系统会对符合对比关系的表计进行标色。

如果在右列阈值内输入"10"，即可查询到左列数据值比右列数据值大于10的数据。

通过表底数据分析，可以快速查出表底缺失、表计倒走（通常是换表引起）、数据异常跳变等表计异常情况，及时通知厂站处理故障表计。若是换表导致的表计倒走，在模型维护中进行换表操作，即可恢复正常。

八、模型参数

1. 模型维护

（1）点击"模型参数"→"模型维护"，选中左侧目录树中的地区，然后点击平台导入，可以导入D5000系统已经建好的厂站模型。

（2）之后在"平台导入"窗口选中左侧目录树中相应厂站后，可在右侧显示相应厂站名称，厂站类型，所属地区，电压等级等信息，点击"导入"按钮。

（3）选中采集装置，再次点击"平台导入"可导入电能表，选中左侧目录树该厂站下相应电能表，可在右侧显示并修改该电能表相关属性，如TA、TV、电压等级等，同时勾选了"导备表"属性栏后将自动导入相关表计主备表，点击"导入"按钮。模型维护如图4-113所示。

图4-113　模型维护

（4）厂站添加完之后，可修改采集装置基本信息、采集信息、通道信息、表号维护、点号维护。

（5）选中表计后，可修改表计基本信息、档案信息。

（6）"批量修改"可对采集装置中所有表计信息进行修改，如图4-114所示。

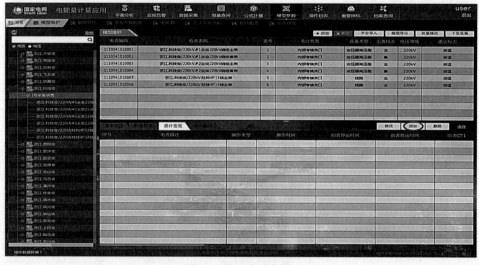

批量修改												
电表编码	电表名称	表号	所属装置	关口类型	设备类型	电压等级	退运标志	CT1	CT2	PT1	PT2	表底小
2210036010001	华东/柏树/500kV.墙树5859线主表	1	1号采集	内部考核关口	线路	500kV	投运	4000	1	5000	1	0.0
2210036010002	华东/柏树/500kV.墙树5860线主表	2	1号采集	内部考核关口	线路	500kV	投运	4000	1	5000	1	0.0
2210036010003	华东/柏树/500kV.2号主变-高备表	7	1号采集	内部考核关口	变压器高压侧	500kV	投运	4000	1	5000	1	0.0
2210036010004	华东/柏树/500kV.2号主变-高备表	8	1号采集	内部考核关口	变压器高压侧	500kV	投运	4000	1	5000	1	0.0
2210036010005	华东/柏树/500kV.3号主变-高备表	9	1号采集	内部考核关口	变压器高压侧	500kV	投运	4000	1	5000	1	0.0
2210036010006	华东/柏树/500kV.3号主变-高备表	10	1号采集	内部考核关口	变压器高压侧	500kV	投运	4000	1	5000	1	0.0
2210036010007	华东/柏树/220kV.柏4R 68线主表	13	1号采集	内部考核关口	线路	220kV	投运	1600	1	2200	1	0.0
2210036010008	华东/柏树/220kV.柏外4R 69线主表	14	1号采集	内部考核关口	线路	220kV	投运	1600	1	2200	1	0.0
2210036010029	华东/柏树/220kV.柏新4R 74线主表	15	1号采集	内部考核关口	线路	220kV	投运	1600	1	2200	1	0.0
2210036010030	华东/柏树/220kV.柏金4R 75线主表	16	1号采集	内部考核关口	线路	220kV	投运	1600	1	2200	1	0.0
2210036010009	华东/柏树/220kV.柏金4R 72线主表	17	1号采集	内部考核关口	线路	220kV	投运	1600	1	2200	1	0.0
2210036010010	华东/柏树/220kV.柏满4R 73线主表	18	1号采集	内部考核关口	线路	220kV	投运	1600	1	2200	1	0.0
2210036010011	华东/柏树/220kV.树柏4R 76线主表	21	1号采集	内部考核关口	线路	220kV	投运	1000	1	2200	1	0.0
2210036010012	华东/柏树/220kV.树石4R 77线主表	22	1号采集	内部考核关口	线路	220kV	投运	1000	1	2200	1	0.0
2210036010013	华东/柏树/220kV.树升4R 80线主表	25	1号采集	内部考核关口	线路	220kV	投运	1600	1	2200	1	0.0
2210036010014	华东/柏树/220kV.树升4R 81线主表	26	1号采集	内部考核关口	线路	220kV	投运	1600	1	2200	1	0.0
2210036010015	华东/柏树/220kV.2号主变-中表	31	1号采集	内部考核关口	变压器中压侧	220kV	投运	4000	1	2200	1	0.0
2210036010016	华东/柏树/220kV.2号主变-中表	32	1号采集	内部考核关口	变压器中压侧	220kV	投运	4000	1	2200	1	0.0
2210036010017	华东/柏树/220kV.3号主变-中表	33	1号采集	内部考核关口	变压器中压侧	220kV	投运	4000	1	2200	1	0.0
2210036010018	华东/柏树/220kV.3号主变-中表	34	1号采集	内部考核关口	变压器中压侧	220kV	投运	4000	1	2200	1	0.0
2210036010019	华东/柏树/35kV.2号主变3号主变低抗主表	40	1号采集	内部考核关口	电容器	35kV	投运	1600	1	350	1	0.0
2210036010020	华东/柏树/35kV.2号主变3号主变低抗主表	42	1号采集	内部考核关口	电容器	35kV	投运	1600	1	350	1	0.0
2210036010021	华东/柏树/35kV.3号主变1号低抗主表	43	1号采集	内部考核关口	电容器	35kV	投运	1600	1	350	1	0.0
2210036010022	华东/柏树/35kV.3号主变3号电容器主表	45	1号采集	内部考核关口	电容器	35kV	投运	1600	1	350	1	0.0
2210036010023	华东/柏树/35kV.0号所用变-高备表	49	1号采集	内部考核关口	变压器高压侧	35kV	投运	200	1	350	1	0.0
2210036010024	华东/柏树/35kV.0号所用变-高表	50	1号采集	内部考核关口	变压器高压侧	35kV	投运	200	1	350	1	0.0

确定　　　取消

图 4-114　批量修改

（7）系统具备换表、换 TA/TV 变比的处理功能，在更换电能表 TA/TV 变比时，系统能够自动将更换后的电量按新的电能表表底 TA/TV 变比处理，系统可以生成换表 TA/TV 变比日志，保留更换前的比值。数据重新计算时系统按更换前后不同的 TA/TV 进行计算。点击添加可添加一条换表记录，同时可对生成的换表记录进行修改或删除，对处理完的换表记录需进行保存。表计变更如图 4-115 所示。

图 4-115　表计变更

选择停运时间和投运时间后，点击数据装载可自动将对应时间点的表底数据导入换表记录窗口中，点击更换电能表或更换 TA/TV 完成换表记录录入或修改，如图 4-116

所示。

图 4-116　更换电表或更换 TA/TV

2. 数据替代

点击"模型参数"→"数据替代"，选中左侧目录树中的某块需要替代的表计，点击替代按钮，即可替代旁路、积分、对端、主备。数据替代如图 4-117 所示。

图 4-117　数据替代

3. 其他参数维护

点击"模型参数"→"其他参数维护"，参数都已配置好（配置数据库中的各个类型），可不用配置（请勿随意修改），如图 4-118 所示。

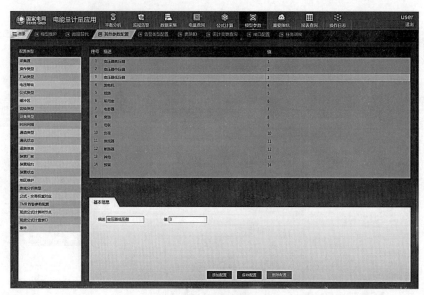

图 4-118　其他参数维护

4. 更换 ID

在模型维护中，若出现电表点号参数不变但需关联到新设备间隔的情况，可以在该模块下手动将电表与 D5000 系统设备 ID 进行匹配关联。操作如下：点击"模型参数"→"更换 ID"，选中左侧树节点下需要变更电表设备 ID 的厂站，右侧树节点会同步展现该厂站在 D5000 系统中所有的设备模型信息（灰底表示该设备已和采集装置的电表关联）。勾选采集装置下需要操作的电表，双击右侧树节点下与之匹配的设备，点击保存后，电表就和关联设备共用 D5000 系统设备 ID 号，同时电表名称也随设备名称更改。更换 ID 如图 4-119 所示。

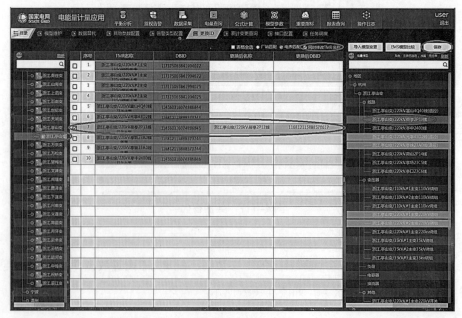

图 4-119　更换 ID

5. 表计变更查询

点击"模型参数"→"表计变更查询",选择时间段,可选择输入电能表名称中的关键字,点击"查询"按钮,可以查询该时间段的相关换表记录,如未输入电能表描述则查询该时间段的所有换表记录。

6. 任务调度

点击"模型参数"→"任务调度",可选择输入任务名称中的关键字,点击"查询"按钮,可以查询电量系统的相关任务进程,如未输入任务描述则查询所有的任务进程。

九、公式计算

1. 自定义公式定义

自定义公式定义即通过手动添加公式,如图 4-120 所示。

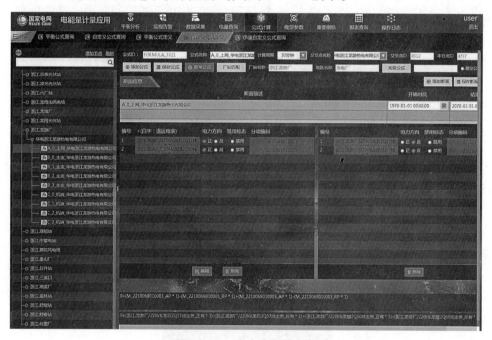

图 4-120　自定义公式定义

进入添加公式页面后,点击"编辑"按钮,选择添加公式的节点,如图 4-121 所示。

图 4-121　添加节点

添加公式的名称，选择计算周期，如图 4-122 所示。

图 4-122　选择计算周期

点击"公式添加"按钮，会生成一个 1970 年到 2070 年的时间断面，选中断面，如图 4-123 所示。

图 4-123　断面选择

选中新添加的断面，添加公式，公式分为供入项和供出项，编辑供入项点击供入项下方的按钮，弹出对话框，如图 4-124 所示。

图 4-124　添加计算项

选择对应的电能表添加公式项，选择正、反，正代表的正向有功，反代表的反向有功，输入项添加完成。输出项以同样的方法添加公式项。

添加完成后保存公式，公式添加完成。

之后可编辑公式，对公式进行添加修改，如果需要保留原来的公式和公式结果，可在当前时间添加公式断面，则此公式可调阅记录的公式断面，以此获得历史公式及结果。

2. 自定义公式查询

点击"公式计算"→"自定义公式查询"，进入自定义公式查询界面。

自定义公式查询界面可以查询不同地区下的不同电压等级的上下网电量、网损等统计数据。在左侧的厂站信息栏中选择需要查询的地区、厂站或指定公式，当点击"根节点"时默认查询整个地区；在右上角的查询条件栏中选择需要查询的时间段、时间间隔、单位，点击"查询"可以显示公式信息；点击"重新计算"按钮可以对后台计算程序下发该公式在该时间段的重新计算任务；双击一条公式时可弹出分项界面查看该公式的分项电能表信息，如图4-125所示。

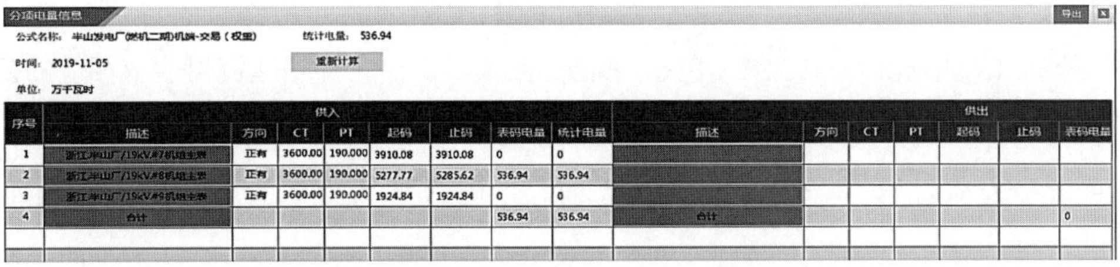

图4-125 自定义公式查询

3. 平衡公式定义

平衡公式的定义主要包括的母线平衡、线损、变损的计算，如图4-126所示。

图4-126 平衡公式定义

进入平衡公式定义界面选择公式的需要添加公式的厂站。

选择公式添加的名称，点击"平台生成"按钮弹出对话框，如图4-127所示。

图 4-127　平台公式生成

在下拉菜单中选择公式类型，包括"线损、变损、母平"三种类型，可生成相应的公式。

4. 平衡公式查询

点击"公式计算"→"平衡公式查询"，进入平衡公式查询界面，如图4-128所示。

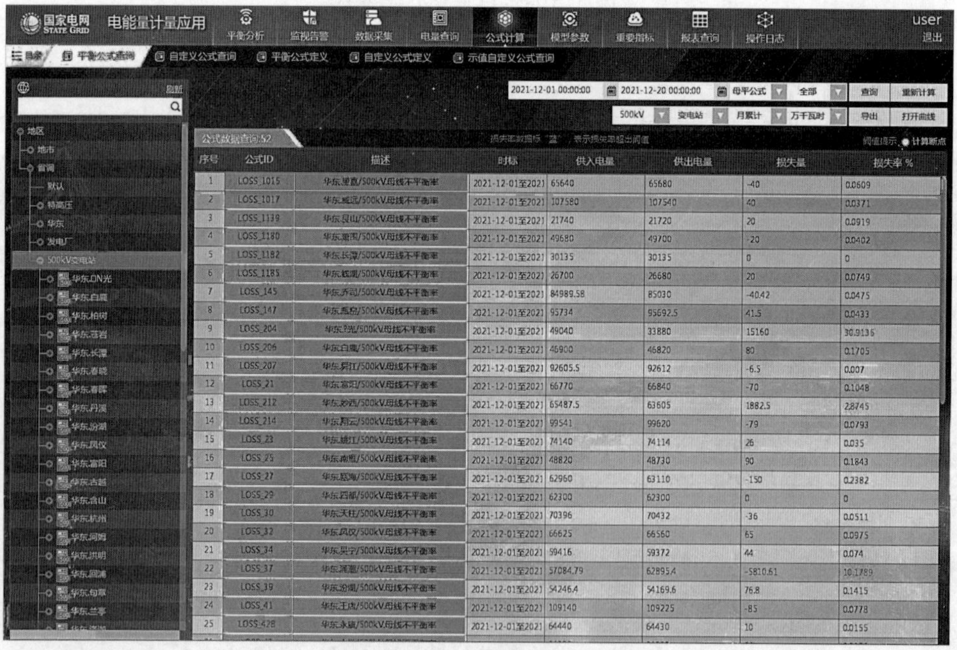

图 4-128　平衡公式查询

平衡公式查询界面可以查询不同地区下的不同电压等级的线损、变损、母线平衡公式。在左侧的厂站信息栏中选择需要查询的地区、厂站或指定公式，当点击根节点时默认查询整个地区；在右上角的查询条件栏中选择需要查询的时间段、公式类型（线损、变损、母线平衡）、电压等级、单位，点击查询可以显示公式信息；点击重新计算按钮可以对后台计算程序下发该公式在该时间段的重新计算任务。损失率公式为每天自动计算一次，计算公式为（供入－供出）÷ 供入 ×100%，得出损失率；双击一条公式时可弹出分项界面查看该公式的分项电量信息，如图 4–129 所示。

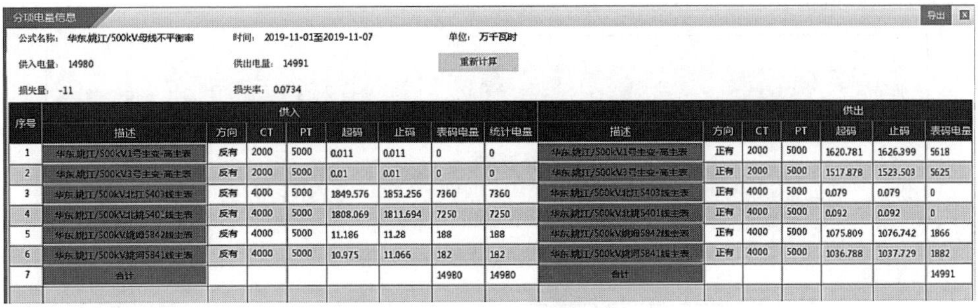
分项电量信息　导出

公式名称：华东.姚江/500kV.母线不平衡率　时间：2019-11-01至2019-11-07　单位：万千瓦时

供入电量：14980　供出电量：14991　重新计算

损失量：-11　损失率：0.0734

序号	供入								供出						
	描述	方向	CT	PT	起码	止码	表码电量	统计电量	描述	方向	CT	PT	起码	止码	表码电量
1	华东.姚江/500kV.1号主变-高主表	反有	2000	5000	0.011	0.011	0	0	华东.姚江/500kV.1号主变-高主表	正有	2000	5000	1620.781	1626.399	5618
2	华东.姚江/500kV.3号主变-高主表	反有	2000	5000	0.01	0.01	0	0	华东.姚江/500kV.3号主变-高主表	正有	2000	5000	1517.878	1523.503	5625
3	华东.姚江/500kV.北江5403线主表	反有	4000	5000	1849.576	1853.256	7360	7360	华东.姚江/500kV.北江5403线主表	正有	4000	5000	0.079	0.079	0
4	华东.姚江/500kV.北姚5401线主表	反有	4000	5000	1808.069	1811.694	7250	7250	华东.姚江/500kV.北姚5401线主表	正有	4000	5000	0.092	0.092	0
5	华东.姚江/500kV.姚姆5842线主表	反有	4000	5000	11.186	11.28	188	188	华东.姚江/500kV.姚姆5842线主表	正有	4000	5000	1075.809	1076.742	1866
6	华东.姚江/500kV.姚河5841线主表	反有	4000	5000	10.975	11.066	182	182	华东.姚江/500kV.姚河5841线主表	正有	4000	5000	1036.788	1037.729	1882
7	合计						14980	14980	合计						14991

图 4–129　分项电量信息

分项表格显示参与公式计算的电能表信息，供入电量由相关电能表的反向有功功率相加得到、供出电量由相关电能表的正向有功功率相加得到，通过表码电量和统计电量进行比对判断公式计算是否正确。

第六节　电力监控系统网络安全管理平台运行维护

一、概述

电力监控系统网络安全管理平台是一套针对电力监控系统安全情况及运行情况的监管平台及开发框架。

网络安全管理平台是一套分布式的网络信息安全审计平台，它支持对常见网络安全设备、电力二次安全设备在运行过程中产生的日志、消息、状态等信息的实时采集，在实时分析的基础上，监测各种软硬件系统的运行状态，发现各种异常事件并发出实时告警，提供对存储的历史日志数据进行数据挖掘和关联分析，通过可视化的界面和报表向管理人员提供准确、详尽的统计分析数据和异常分析报告，协助管理人员及时发现安全漏洞，采取有效措施，提高安全等级。

平台目标是要求能够及时、准确地反映电力监控系统的运行情况及安全情况，具体体现在以下两个方面：

（1）对于电力监控系统出现的问题能够进行警告、提示，并能够对出现的问题进行追踪和分析。

（2）通过本系统实现对电力监控系统的运行状态、安全情况的合法性、合规性检测。

平台主要实现针对不同监视对象的数据采集，根据监视规则对数据进行分析，根据分析结果产生不同的监视动作。

二、总体架构

总体架构如图 4–130 所示。

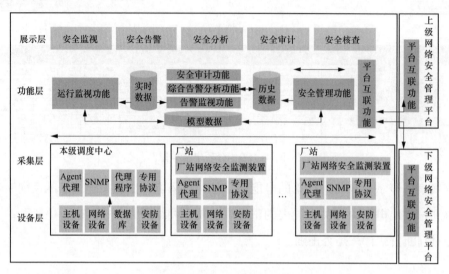

图 4–130　总体架构

三、安全审计

主要审计历史记录中的设备行为，硬件和网络的接入以及告警和人员的审计。

（一）设备操作

设备操作页面提供了不同设备类型操作信息的查询功能，可以查看设备名称、设备类型、设备所属安全区、设备所属区域、操作时间、操作人员以及操作内容等信息，其中点击设备名称将弹出对应资产的详情弹窗，也可以从设备类型、日志类型、日志子类型、开始时间和结束时间等维度筛选查看设备的操作信息。

进入设备操作页面的步骤：一级导航安全审计下点击"设备操作"即可进入，如图4–131 所示。

图 4–131　设备操作

设备操作页面左边资产选择树支持对设备操作信息从安全区、资产类型、区域三个维度进行筛选与查询。用户可以选择不同的设备类型、安全区、区域、日志类型、日志子类型、开始时间和结束时间，然后点击"查询"按钮，即可查看对应查询条件的设备操作信息，如果想再次按照不同的查询条件进行查询，可先点击"重置"按钮，将所有的查询条件重置到页面初始状态，然后选择查询条件进行查询即可。

（二）安全告警

安全告警模块分为两个部分组成，分别是本级告警列表和下级告警列表，如图 4-132 所示。告警列表默认按告警结束时间和告警状态排列。

图 4-132　安全告警

点击列表中某一告警设备，会弹出关于设备的详情信息弹窗，如图 4-133 所示。

图 4-133　安全告警设备详情

告警列表主要为了用户快速直接地看到告警情况，其中包括当天实时告警和历史告警。（包括本级和下级）

告警具备搜索功能。其中搜索条件中告警级别默认为紧急、重要、普通。告警状态默认为未确认、已确认、已解决。告警开始时间和结束时间默认为当天，查询时可以根据自己所需，填写告警查询条件，点击"查询"按钮，得到对应告警。点击"重置"按钮告警查询条件回到初始情况，还可以点击左上角，根据资产树进行查询。告警列表如图 4-134 所示。

图 4-134　告警列表

（三）设备离线

设备离线模块分两个部分组成，分别是离线事件查询和离线信息查询。

离线事件查询主要是针对设备离线所发生的这一事件进行统计。能查看到的信息有设备名称、设备IP、离线时间、恢复时间、持续时长。离线事件查询主要目的是让用户能够清晰看出设备离线发生的事件情况。设备离线如图4-135所示。

图4-135　设备离线

点击设备名称中的某一设备会弹出设备详情弹窗，如图4-136所示。

图4-136　离线设备详情

同时还可以根据开始时间和结束时间来查询历史设备离线的情况。

离线信息查询主要功能是可以查询已选择区域的离线设备信息。查询结果以厂站为主要条件进行展示，能看到厂站名称、设备名称、离线总时长、运行总时长、在线率。离线信息查询的主要目的是让用户看到厂站设备离线的信息，如图4-137所示。

图4-137　离线信息查询

点击设备名称中的某一设备会弹出设备详情弹窗。

同时还可以根据开始时间和结束时间来查询历史设备离线的情况。

四、平台管理

平台管理模块具有对管理平台自身各种参数的配置功能和对管理平台操作记录的查询功能等，包括人员管理、参数管理、日志管理、业务管理、运维审计、知识库、全部核查项七个部分。

（一）人员管理

人员管理模块可以管理平台所有的用户，为登录部分提供平台用户信息，登录成功后能确定用户的身份信息，并根据用户角色赋予相应的权限来监控和管理平台。该模块包括人员部门、人员角色和角色授权三个部分。

1. 人员部门

人员部门支持平台用户信息的管理功能，支持对用户名唯一性的校验，并对用户的密码强度进行了复杂度判断从而提高了用户身份信息的相对安全性，而且在添加一个新用户时可以选择不同的角色，确保该用户可以选择适合的角色来管理平台。

进入人员部门页面的步骤：点击"平台管理"，然后点击左边树状导航"人员管理"下的"人员部门"即可，如图4-138所示。

图 4-138　人员部门

新增人员操作步骤：点击"添加"按钮，会弹出新增人员弹窗，如图4-139所示。

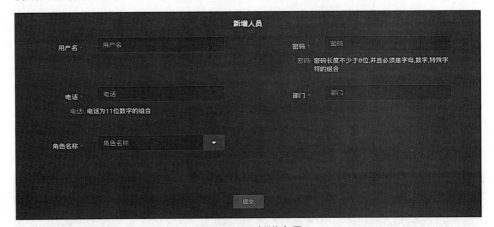

图 4-139　新增人员

编辑人员操作步骤：选中人员表格里某一条需要编辑的记录，然后点击"编辑"按钮，弹出编辑人员弹窗，如图4-140所示。

图 4-140　编辑人员

修改人员信息，点击"修改密码"按钮，出现原密码、新密码字段，如图 4-141 所示。

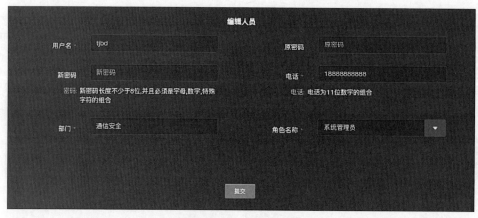

图 4-141　密码修改

输入原密码和新密码即可进行密码的修改，然后点击"提交"按钮，编辑人员弹窗将会消失，人员编辑成功，人员列表里对应的人员信息将会改变。

2. 人员角色

人员角色可以实现针对不同角色的用户，对同一个平台从不同方面、不同角度、不同关注点的管理和监控该平台的某几个功能模块或某一功能模块的某几个操作，从而实现了角色级的可视化自定义配置功能。人员角色如图 4-142 所示。

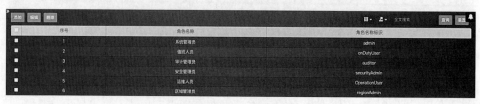

图 4-142　人员角色

进入人员角色页面的步骤：请参照人员部门进入页面的步骤。

新增角色操作步骤：点击"添加"按钮，会弹出新增角色弹窗。新增角色如图 4-143 所示。

图 4-143　新增角色

填写角色名称、角色名称标识必填字段，其中角色标识为不同角色的标识，必须为英文字母，然后点击"提交"按钮，新增角色弹窗消失，新增角色成功。

（二）运维审计

运维审计模块包括监视主机配置和告警规则管理两个部分。该模块提供了对平台所有主机的管理功能和主机告警命令的配置功能。

1. 监视主机配置

监视主机配置提供主机用户密码的查询、添加、编辑、删除功能，该功能实现了主机用户密码的界面化配置和管理功能，使对主机的操作更方便；还提供了主机告警规则的配置功能，该功能实现了主机对用户自定义配置的命令产生告警的效果，从而达到了主机告警命令的可配置化，进而可以规避一些危险操作的命令，提高了系统的安全性；还提供了将主机设为重点监视的功能，重点监视的主机将被平台实时监控，实现了对不同主机的不同关注，可以确保重点监视的主机一旦有异常发生便可以迅速地发现并解决问题，从而提高了平台对问题处理的敏捷性与安全性。监视主机配置如图 4-144 所示。

图 4-144　监视主机配置

进入监视主机页面的步骤：请参照人员部门进入页面的步骤。

主机告警规则配置操作步骤：选中需要编辑的主机，然后点击"告警规则配置"按钮，将会弹出告警规则管理弹窗，如图 4-145 所示。

图 4-145　告警规则管理

然后选中表格里需要配置的告警命令组，点击"提交"即可。

主机设为/取消重点监视操作步骤：选中需要设置的主机，点击"设为重点监视"或"取消重点监视"按钮即可。

2. 告警规则配置

告警规则配置提供了主机对危险命令的配置功能，包括命令管理和命令分组的配置。告警规则配置如图 4-146 所示。

图 4-146　告警规则配置

进入告警规则配置页面的步骤：请参照人员部门进入页面的步骤。

命令管理添加步骤：在命令管理模块里点击"添加"按钮，会弹出新增命令弹窗，如图 4-147 所示。

图 4-147　新增命令

编辑命令分组操作步骤：选中需要编辑的命令组，点击"编辑"按钮，会弹出编辑命令分组弹窗，可更改命令组名和所包含命令（打钩表示包含），如图 4-148 所示。

编辑命令操作步骤，选中需要编辑的命令，点击"编辑"按钮，会弹出编辑命令弹窗，可更改命令名称和命令描述，如图 4-149 所示。

图 4-148　编辑命令分组

图 4-149　编辑命令

然后进行修改，点击"提交"后即可。

命令删除操作步骤同理于人员删除操作步骤。

命令分组添加、编辑、删除操作同理于命令管理添加、编辑、删除操作。

（三）知识库

知识库是存放告警解决方案的列表。其主要存放知识名称，问题类型和解决方案，如图 4-150 所示。

图 4-150　知识库

在页面右侧上面显示的图标按钮中，点击第一个按钮可对表格列表刷新，点击第二个按钮可选择要显示的知识库项，点击第三个按钮可选择要导出知识库的格式，点击第四个按钮加号可弹出新增知识弹窗，如图 4-151 所示。

图 4-151　新增知识

填写知识库对应名称，选择问题类型，并且填写解决方式后，点击"提交"按钮，则在知识库中添加了一条新的告警解决方案。这样在解决告警，选择解决方案时，可以看到新增的告警解决方案。

选中知识库列表中的告警方案，在页面右侧上面显示的图标按钮中，点击最后一个删除按钮，则被选中的按钮就会被删除。

在知识库列表中操作项里，针对某条告警解决方案，点击"修改"，就会弹出修改弹窗，如图 4-152 所示。

图 4-152　编辑知识

修改知识名称、问题类型或者解决方式，再点击"提交"按钮。列表中对应的告警方案就会得到对应的修改。

（四）全部核查项

全部核查项提供了对所有核查项的查询与核查范围的定义功能，主要包括核查项的编辑、导出等功能，用户可以修改某一核查项的备注信息来明确核查的具体内容。全部核查项如图 4-153 所示。

图 4-153　全部核查项

进入全部核查项页面的步骤：请参照人员部门进入页面的步骤。

修改核查项备注操作步骤：点击"修改备注"按钮，会弹出修改备注弹窗，如图 4-154所示。

图 4-154　修改备注

修改备注字段信息，点击"提交"按钮即可。

五、模型管理

模型管理模块包括设备、区域和厂商三种模型。该模块从设备、区域和厂商三种维度展示和管理平台所有的模型。当配置某一设备时必须配置该设备所属的区域和厂商，配置区域时可通过设置区域节点的属性来决定该区域是否能关联设备，而配置生产厂商时需要关联到某一具体的设备类型，因此，三种模型密切相联。三种模型添加的顺序为：第一步添加区域，第二步添加设备，第三步添加厂商。

（一）设备管理

设备管理如图 4-155 所示，可展示平台的设备分布情况、部署情况、在线情况以及设备的详细信息，可对平台中的设备进行添加、编辑、删除等操作，支持资产信息的搜索、筛选等功能。资产详情表格右上方的菜单栏中分别为搜索、表格显示列设置、导出、添加以及删除功能按钮。如需筛选资产可在搜索框中输入想要搜索的信息，表格中的内容会自动根据搜索信息完成筛选操作，导出功能支持导出 Excel 等文件格式。

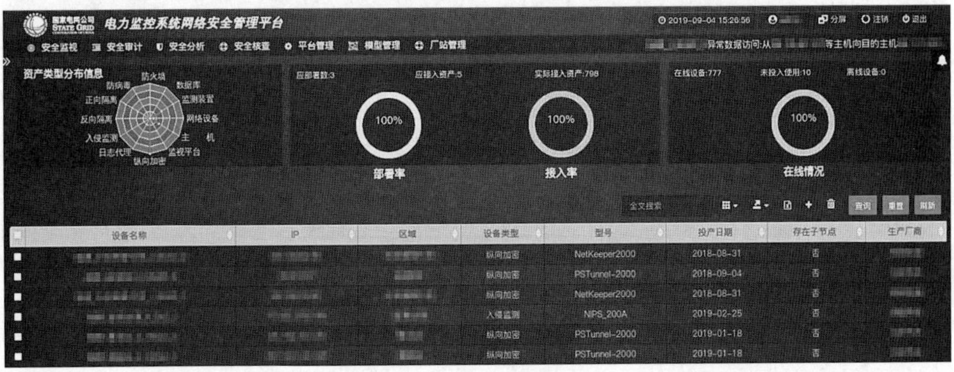

图 4-155　设备管理

如需要添加一个资产，可点击表格右上方的"设备添加"按钮，会弹出一个添加设备的窗口，如图 4-156 所示，填入设备信息，点击"提交"按钮，显示设备添加成功即可完成该设备的添加。

图 4-156　添加设备

如需要删除设备，可在表格左侧的勾选框中勾选想要删除的设备，点击右上方的"设备删除"按钮，确认删除后，即可完成设备的删除。也可在单个设备的编辑菜单中对该设备进行操作。

点击表格中单个设备，会弹出针对这个设备的编辑菜单，可对这个设备进行编辑、删除、复制以及挂牌操作。

在点击"编辑设备"按钮后，会弹出编辑设备窗口，如图 4-157 所示。修改完成后点击"提交"按钮，提示设备编辑成功，即完成设备编辑操作。

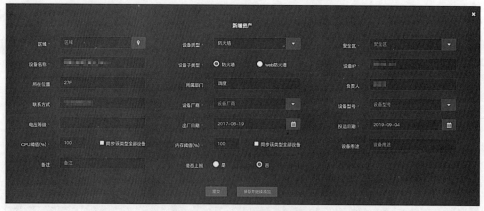

图 4-157　编辑设备

如点击"设备复制"按钮，则会弹出设备复制窗口，如图 4-158 所示。想要复制的设备信息已经全部填入表单中，需要根据提示修改新增的设备 IP，点击"提交"按钮，显示设备添加成功即可。如果想要继续添加，可点击"保存并继续添加"按钮，提示添加成功后，修改 IP 即可再次进行添加操作。

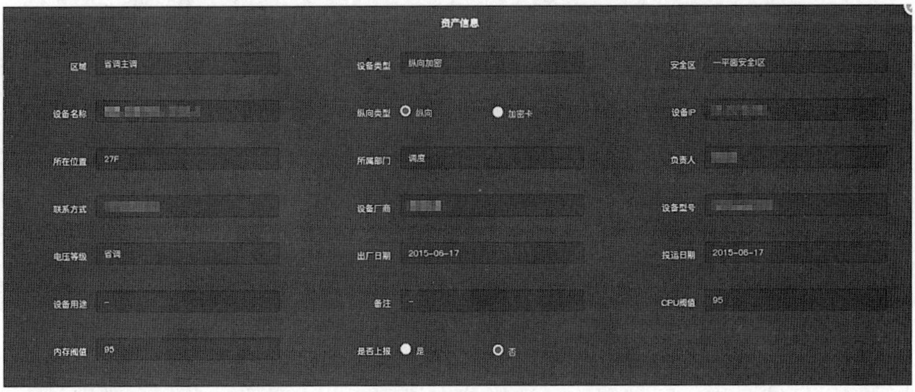

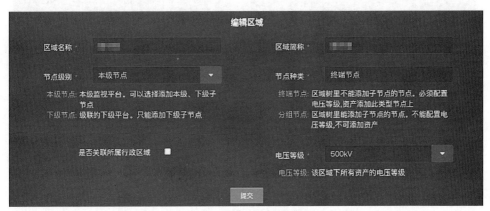

图 4-158　设备复制

（二）区域管理

区域管理定义了平台所属的地理区域或是所属电力公司，每个区域节点可以设置为分组节点或者是终端节点，分组节点下可以继续添加下级区域节点而终端节点不可以，终端节点下可以配置不同类型的设备，从而实现设备与区域的关联，每个区域还可以配置不同的电压等级，确保该区域下所有设备使用统一的电压等级，最终会构造一个以每个区域为基本节点的区域树，从而实现了对整个平台所有区域的管理。区域管理如图4-159 所示。

图 4-159　区域管理

进入区域管理页面的步骤：点击"模型管理"，然后点击左边树状导航区域管理即可。

区域添加操作步骤：首先选中左边区域树某一个节点为父节点，然后点击"添加"按钮，会弹出新增区域弹窗，如图 4-160 所示。

215

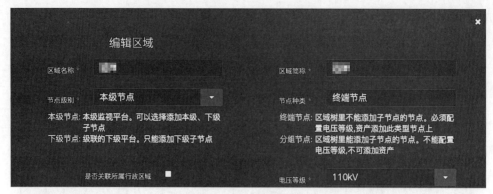

图 4-160　新增区域

然后输入区域名称、区域简称、选择节点级别、节点种类、所属行政区域、电压等级字段，其中节点级别分为本级节点和下级节点，节点种类分为分组节点与终端节点，然后点击"提交"按钮即可。

编辑区域操作步骤：选中表格里要编辑的区域，然后点击"编辑"按钮，会弹出编辑区域弹窗，然后修改对应信息，点击"提交"按钮即可。编辑区域如图 4-161 所示。

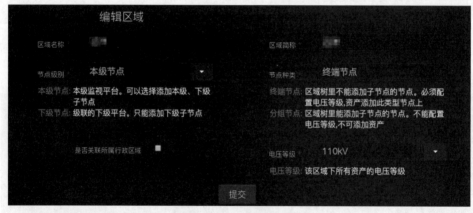

图 4-161　编辑区域

区域删除操作步骤同理于人员删除操作步骤。

（三）厂商管理

厂商管理提供给用户可以针对某一具体类型的设备来配置一个或多个生产厂商，还可以配置某一厂商具体的设备型号、程序版本和动态链接库名称，从而实现了设备与厂商的关联。厂商管理如图 4-162 所示。

序号	生产厂商名称	备注
1	IBM	-
2	东方京海	-
3	科东	-
4	迪普	-
5	东方电子	-
6	东软	-
7	红帽	-
8	鸿瑞	-
9	华三	-
10	华为	-
11	惠普	-
12	交大捷普	-
13	绿盟科技	-
14	南瑞	-
15	南瑞信通	-
16	启明星辰	-
17	瑞星	-

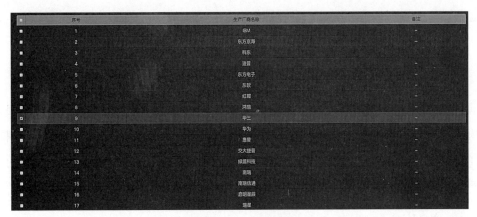

图 4–162　厂商管理

进入厂商管理页面的步骤：请参照区域管理进入页面的步骤。

添加厂商操作步骤：首先选中左边资产类型树里某一具体的资产类型，然后点击“添加”按钮，会出现新增厂商弹窗，如图 4–163 所示。

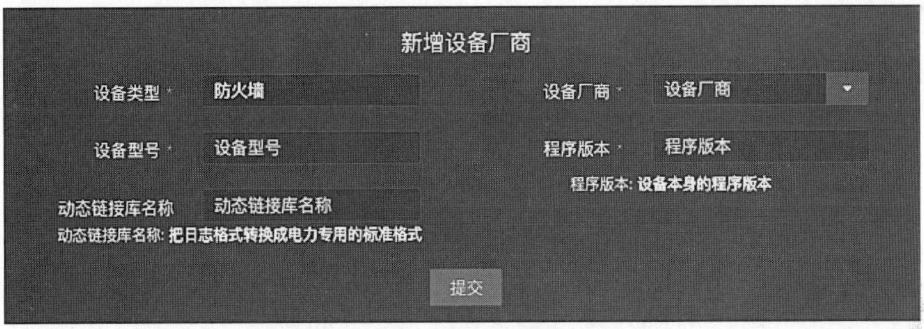

图 4–163　新增设备厂商

然后填写信息，点击“提交”即可。

编辑厂商操作步骤：选中表格里需要编辑的对应设备类型和厂商的一条记录，点击“编辑”按钮，会弹出编辑厂商弹窗，如图 4–164 所示。

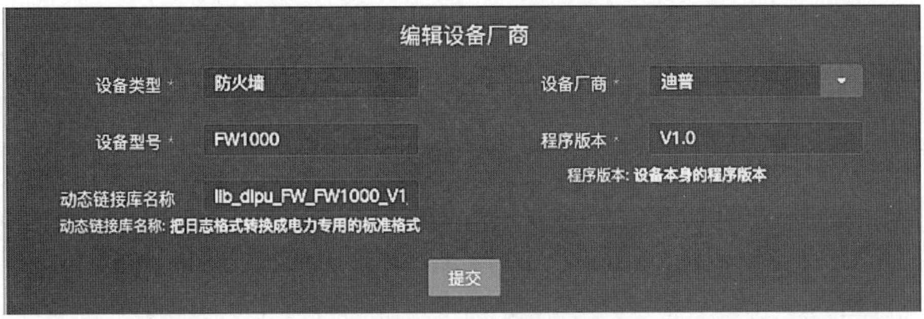

图 4–164　编辑设备厂商

修改厂商信息，点击“提交”按钮即可。

厂商删除操作步骤同理于人员删除操作步骤。

第七节　调度数据网运行维护

一、概述

调度数据网是为电力调度生产服务的专用数据网络，是实现各级调度中心之间及调度中心与厂站之间实时生产数据传输和交换的基础设施，是实现电力二次系统应用功能必需的支撑平台。为浙江电网生产控制大区各类业务系统提供安全、可靠、稳定的数据传输平台。是承载浙江电力调度实时业务、非实时业务和应急业务的数据网络。

二、总体架构

调度数据网由骨干网和各级接入网组成，只有在骨干网部分才区分第一平面和第二平面，两个平面在网络层面上相对独立，为调度业务提供两个 VPN，即实时 VPN 和非实时 VPN。各级接入网用于相应发电厂和变电站的接入国调接入网、网调接入网、省调接入网和地调接入网，其中县调纳入地调接入网，各接入网相对独立，各接入网通过对调度厂站双覆盖，通过接入网间的互备，达到高可靠性要求。总体架构如图 4-165 所示。

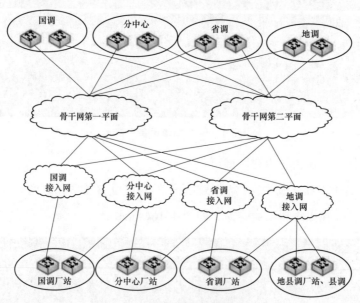

图 4-165　调度数据网总体架构

省调、备调、地调的应用系统应直接接入骨干网的 2 个平面，县调的应用系统应接入地调接入网，各接入网核心层都设置成双核心结构，县调的应用系统应接入地调接入网，所有厂站应两点分别接入两个不同的接入网，例如，500kV 厂站分别接入网调接入网和省调接入网；220kV 厂站分别接省调接入网和地调接入网。110kV 变电站的接入分两路接入地调接入网的两个不同节点。平面架构如图 4-166 所示。

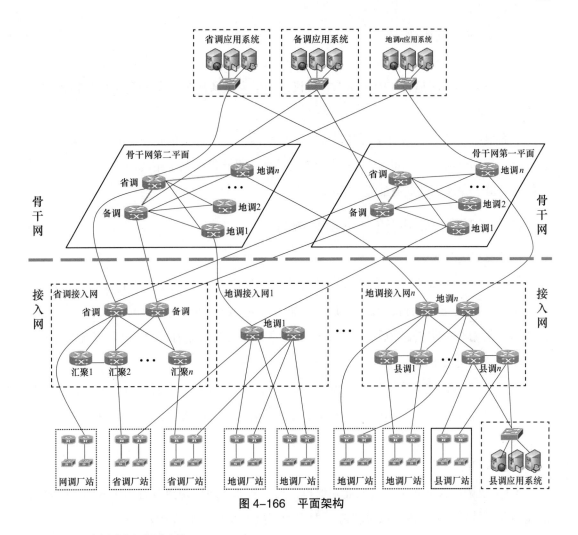

图 4-166 平面架构

三、关键设备操作

（一）关键设备重启

核心设备一般都下挂业务，不建议随便重启。重启命令为"reboot"。

如果一平面子区路由器重启，一平面主站业务将中断，重启之前需要值班人员将业务通道切换至二平面作为值班通道。

如果二平面子区路由器重启，二平面主站业务将中断，重启之前需要值班人员将业务通道切换至一平面作为值班通道。

如果省调电厂汇聚重启，省调接入网电厂业务将中断，重启之前需要值班人员将电厂业务通道切换至地调接入网或者网调接入网作为值班通道。

D5000 系统一区、二区及局域网三区网络都是双核心，下挂接入网交换机也是双上至双核心，因此，D5000 系统一区、二区和局域网三区任意一台核心重启，原则上除单上到某台核心的业务会受到影响，其他接入到接入交换机的业务不受影响。

（二）主备机切换

局域网核心都是双核心配置，每台核心配置 2 块引擎，单个引擎故障不影响设备的正常运行；核心之间运行 VRRP+RSTP 协议，如果主设备故障，备机会直接切换为主，行使主设备的功能。

平面核心设备也是双引擎配置，单个引擎故障不影响设备的正常运行，如果省调核心故障，只影响省调主站的业务，不影响该平面备调及各地调主站的业务。通过切换业务值班通道，保证主站业务的正常运行。

四、调度数据网网络异常应急操作

1. 平面网络异常

（1）单平面网络异常：首先通知值班人员，将业务值班通道切换至另外一个平面，保证主站业务的正常运行；然后，通知专职，说明故障情况、影响范围以及后续的排查计划。待故障查明并排除后，通知值班人员将业务切换为原有通道，并记录排查步骤，整理成册，汇报给专职人员。

（2）双平面网络异常：启用备调值班，然后，通知专职，说明故障情况、影响范围以及后续的排查计划。待故障查明并排除后，通知值班人员将业务切换为原有通道，并记录排查步骤，整理成册，汇报给专职人员。

2. 接入网络异常

（1）地调接入网异常：首先通知值班人员，将业务通道切换至省调接入网，同时通知地调专职排查故障原因，故障排除后要求说明故障原因及排除方法。

（2）省调接入网异常：首先通知值班人员，将业务通道切换至地调接入网，同时通知网络维护人员现场排查，故障排除后要求说明故障原因及排除方法。

3. 局域网异常

如果局域网由于线路故障导致出现临时环路现象，断开接入设备的一条上行链路，保证业务尽早恢复，然后排查具体故障点，直至故障排除，恢复网络的正常状态。

第八节　电力监控系统安全防护

一、概述

电力监控系统是对电网进行监测、控制、保护的装置与系统的总称，同时也包括支撑这些系统运行的通信及调度数据网络。二次系统的安全运行直接影响到电网的安全运行，一方面，随着网络化应用的增多，二次系统面临的黑客入侵及恶意代码攻击等威胁大增；另外一方面，电网对二次系统依赖性逐年增大，二次系统的故障对电网的危害也越来越大，严重的甚至会导致大面积电网事故。

二、电力监控系统安防总体方案

电力监控系统安全防护的总体策略是坚持"安全分区、网络专用、横向隔离、纵向认证"的原则，重点强化边界防护，提高内部安全防护能力，保证电力生产控制系统及重要数据的安全。电力监控系统安防总体方案如图 4-167 所示。

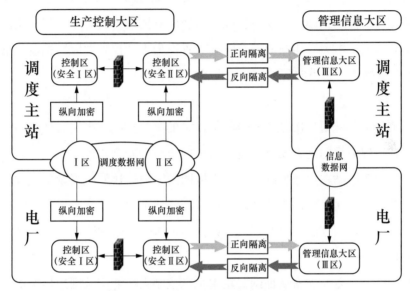

图 4-167　电力监控系统安防总体方案

（一）安全分区

安全分区是二次安防体系的基础，二次应用系统原则上划分为生产控制大区和信息管理大区，生产控制大区进一步划分为控制区（安全一区）和非控制区（安全二区）。其中控制区主要部署实时系统或应用模块，典型特征为：电力生产的重要环节，直接实现对电力一次系统的实时监控，是安全防护的重点和核心。非控制区一般部署非实时系统或应用模块，典型特征为：电力生产的必要环节，在线运行但不具备控制功能，数据实时性要求不高，与控制区中的系统或应用模块联系紧密。

（二）网络专用

调度数据网是专为电力生产控制系统服务的，只承载与电力调度、电网监控有关的业务系统。电力调度数据网在专业通道上使用独立的网络设备组网，在物理层面上实现与电力企业其他数据网及外部公共信息网的安全隔离。调度数据网采用 MPLS-VPN 技术[指采用多协议标记交换（multi-protocol label switching，MPLS）]在骨干的宽带 IP 网络上构建企业 IP 专网，采用安全隧道技术、永久虚电路（permanenl virtual circuit，PVC）技术、静态路由等构造子网，实现实时网（一区）、非实时网（二区）的逻辑隔离。调度数据网还采用路由防护、网络边界防护、分层分区、安全配置等技术措施，更好地实现网络逻辑隔离。

（三）横向隔离

横向隔离是电力二次安全防护体系的横向防线，在生产控制大区与管理信息大区之间必须设置经国家指定部门检测认证的电力专用横向单向安全隔离装置，隔离强度应接近或达到物理隔离。生产控制大区内部的安全区之间采用具有访问控制功能的网络设备、防火墙或者相当功能的设施，实现逻辑隔离。横向隔离装置分为正向型和反向型，只允许纯数据单向传输。电力专用横向安全隔离装置作为生产控制大区与管理信息大区之间的必备边界防护措施，是横向防护的关键设备。

（四）纵向认证

纵向加密认证是电力二次系统安全防护体系的纵向防线。采用认证、加密、访问控制等技术措施实现数据的远方安全传输以及纵向边界的安全防护。对于重点防护的调度中心、发电厂、变电站在生产控制大区与广域网的纵向连接处应当设置经过国家指定部门检测认证的电力专用纵向加密认证装置或者加密认证网关及相应设施，实现双向身份认证、数据加密和访问控制。暂时不具备条件的可以采用硬件防火墙或网络设备的访问控制技术临时代替。

纵向加密认证装置及加密认证网关用于生产控制大区的广域网边界防护。纵向加密认证装置为广域网通信提供认证与加密功能，实现数据传输的机密性、完整性保护，同时具有类似防火墙的安全过滤功能。加密认证网关除具有加密认证装置的全部功能外，还应实现对电力系统数据通信应用层协议及报文的处理功能。

对处于外部网络边界的其他通信网关，应进行操作系统的安全加固，对于新上的系统应支持加密认证的功能。

三、电力专用安全隔离技术作业原理及实现

（一）原理

内部服务器和外部服务器统一通过网络安全隔离装置进行信息交换。网络安全隔离装置对内部服务器或外部服务器发送数据的过程中的 TCP/IP 协议进行分离，然后将原始数据写入装置内独立的存储介质，当内部服务器或外部服务器的数据写入完毕，则断开与其的连接，在这之后网络安全隔离装置发起向目的服务器的连接，在完成原始数据引入到目的服务器的目标后，断开与目的服务器的连接，自始至终，内部网络与外部网络都处于不同时连接的状态。这种作业的方式被称为"摆渡"，通过网络安全隔离装置内

的存储介质，对原始数据进行储存及转发操作。在网络安全隔离装置的防护下，不管何种形态的数据包、信息传输命令均穿不透该装置。另外，在内网与外网不交换信息的情形下，网络隔离装置、内网、外网，任意两网之间均处于断开状态，也就是说，三者间并未进行物理连接和逻辑连接。

（二）实现步骤

（1）没有连接时内外网的应用状况如图 4-168 所示，从连接特征可以看出这样的结构从物理上完全分离。

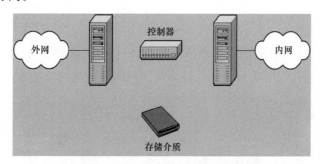

图 4-168 没有连接时内外网的应用状况

（2）当外网需要有数据到达内网的时候，以电子邮件为例，外部的服务器立即发起对隔离设备的非 TCP/IP 协议的数据连接，隔离设备将所有的协议剥离，将原始的数据写入存储介质。外网到存储介质如图 4-169 所示。

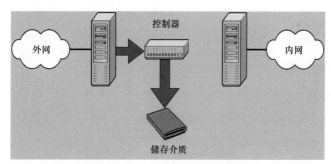

图 4-169 外网到存储介质

（3）一旦数据完全写入隔离设备的存储介质，隔离设备立即中断与外网的连接。转而发起对内网的非 TCP/IP 协议的数据连接。隔离设备将存储介质内的数据推向内网。内网收到数据后，立即进行 TCP/IP 的封装和应用协议的封装，并交给应用系统。

（4）在控制台收到完整的交换信号之后，隔离设备立即切断隔离设备与内网的直接连接。存储介质到内网如图 4-170 所示。

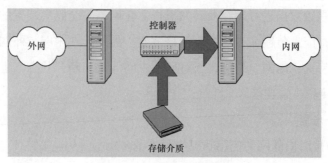

图 4-170　存储介质到内网

（5）内网有电子邮件要发出，隔离设备收到内网建立连接的请求之后，建立与内网之间的非 TCP/IP 协议的数据连接。隔离设备剥离所有的 TCP/IP 协议和应用协议，得到原始的数据，将数据写入隔离设备的存储介质。内网到存储介质如图 4-171 所示。

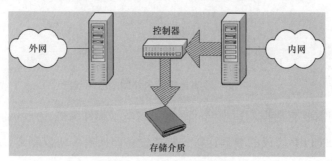

图 4-171　内网到存储介质

四、关键设备应急操作

（一）关键设备重启

纵向加密认证装置：若 D5000 系统出现大规模厂站 104 业务断流并且纵向加密认证装置前面板指示灯不停闪烁、登录后台使用"tunnel"命令查看隧道状态是否为会话密钥协商完成状态，可通过本地管理软件进行软重启或登录后台使用"reboot"命令、不推荐关闭装置后面板电源开关的硬重启方式，若本地管理软件无法登录再使用关闭电源开关方式进行硬重启。

"tunnel"命令查看隧道状态，如图 4-172 所示。

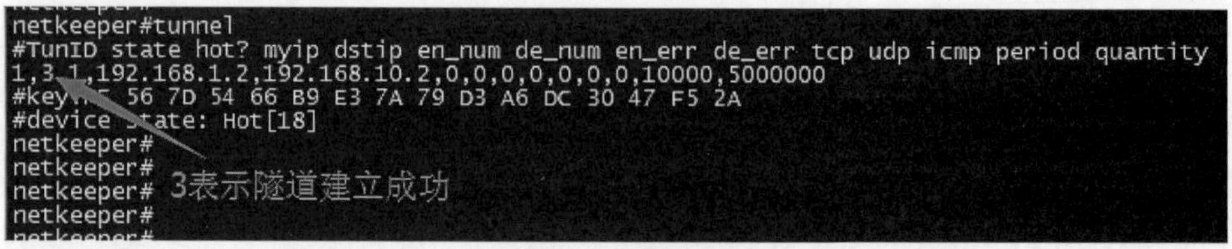

```
netkeeper#
netkeeper#tunnel
#TunID state hot? myip dstip en_num de_num en_err de_err tcp udp icmp period quantity
1,3,1,192.168.1.2,192.168.10.2,0,0,0,0,0,0,0,10000,5000000
#key: 56 7D 54 66 B9 E3 7A 79 D3 A6 DC 30 47 F5 2A
#device state: Hot[18]
netkeeper#
netkeeper#
netkeeper#     3表示隧道建立成功
netkeeper#
netkeeper#
```

图 4-172　隧道状态

软重启方法：使用系统管理员角色登录，选择系统工具里的重启网关。

安全隔离装置：隔离装置重启方式：关闭设备后方的所有电源开关，等待数秒后再全部开启，重启时间根据设备性能而定，大致 3 ～ 5min。

防火墙重启方式：关闭设备后方的所有电源开关，等待数秒后再全部开启，重启时间根据设备性能而定。

隔离服务器重启方式：和常见服务器重启方式类似，如果宕机状态下，长按电源键关机再启动。

（二）主备机切换

防火墙主备切换：在确认主防火墙故障，备防火墙正常的情况，将主防火墙断电，网络会自动将数据流量切换至备防火墙链路。

五、关键应用／进程操作

（一）关键进程信息

关键进程信息包括纵向加密认证装置和安全隔离装置，分别见表 4-12 和表 4-13。

表 4-12　　　　　　　　　　纵向加密认证装置表

应用／进程名	描述	启动类型
/netkeeper/sbin/secgate	隧道协商及远程管理内核	自启动
/sbin/syslogd	报警输出和日志发送程序	自启动
/sbin/klogd	报警输出和日志守护程序	自启动
/netkeeper/modules/secgate.ko	网络和加解密核心程序	自启动

安全隔离装置见表 4-13。

表 4-13　　　　　　　　　　安全隔离装置

应用／进程名	描述	启动类型
正向隔离接收端程序	正向隔离接收端程序	前台启动
正向隔离发送端程序	正向隔离发送端程序	前台启动
反向隔离接收端程序	反向隔离接收端程序	前台启动
反向隔离发送端程序	反向隔离发送端程序	前台启动

（二）关键应用／进程重启

纵向加密认证装置：在大规模隧道异常情况下，可重启"/netkeeper/sbin/secgate"进程使隧道重新进行协商以刷新状态。

重启命令如下：

（1）输入"cd /netkeeper/sbin/secgate"；

（2）输入"klillall secgate"；

（3）输入"./ secgate &"；

安全隔离装置：正向／反向隔离接收端／发送端程序重启：关闭程序界面，点击桌面程序快捷方式打开程序界面，并点击界面开始按钮启动程序。

第九节　调控云平台运行维护

一、系统概述

浙江公司调控云纵向与国分调控云有机协同，横向与公司阿里云进行交互。其总体构架分基础设施层（infrastructure as a service，IaaS）、云平台层（platform as a service，PaaS）、SaaS 层体系开展建设。

在浙江省调机房和杭州地调机房部署同城双活的调控云。通过云操作系统对物理资源进行集群部署、集群监控、任务调度、分布式存储等控制，实现集中管控的同城容灾及业务双活。采用虚拟化技术构建计算资源池、存储资源池、网络资源池组成 IaaS。

在 IaaS 之上搭建 PaaS 公共组件和大数据平台支撑符合国调标准的模型数据云平台、运行数据云平台、实时数据云平台，组成 PaaS，并为 SaaS 提供标准化服务接口。

SaaS 服务搭建可以直接使用 PaaS 公共组件、模型数据云、运行数据云、实时数据云等相关服务。同时，用户可使用云平台的大数据分析引擎方便构建全景展示中心、分析预警中心、运行管控中心、调度指挥中心、技术支持中心等业务。

二、系统架构

调控云系统架构如图 4-173 所示。

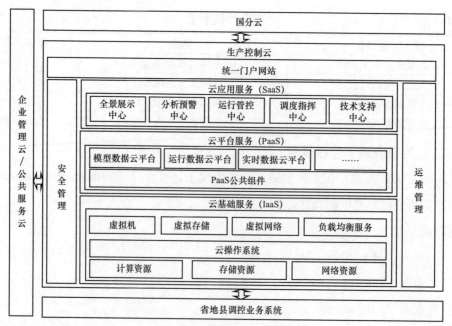

图 4-173　调控云系统架构

（一）IaaS 架构

在浙江省省调、杭州地调建设同城 AB 节点。两个节点之间采用专线互联、"双链路、双设备"冗余设计，虚拟化网络设备实现网络层双活；底层数据通过复制集群实现数据同步、故障自动/手动恢复，实现数据层两份数据；通过负载均衡实现应用高可用性，两个同城机房内的虚拟云主机资源同时提供无状态的业务服务，未来在湖州地调建设第三个机房，与省调建设同等规模，实现异地容灾。

通过云操作系统对底层分布式 x86 服务器集群管控，将计算机资源虚拟化、存储资源虚拟化、网络资源虚拟化，实现虚拟机生命周期管理、宿主机管理、集群管理、存储备份、虚拟网络等功能。IaaS 层与 PaaS 层紧密结合，在性能上、资源分配上进行合理优化，提供弹性的横向扩展能力，可以将一台高性能的服务器虚拟成多台服务器。为提高整体资源的利用率，分布式调度统一协调 PaaS 层所用资源，避免热点和瓶颈。其架构如图 4-174 所示。

图 4-174　IaaS 架构

（二）PaaS 架构

PaaS 层从技术角度分成 PaaS 公共组件、大数据平台、业务 PaaS 三个部分，每个部分都可以独立对外提供相应的服务。PaaS 公共组件主要为大数据平台、业务 PaaS 提供数据存储和公共服务组件；大数据平台，主要是对调控云的全量数据进行汇集、整理、标准化和质量保障，并提供数据服务；业务 PaaS 主要由实时数据云、运行数据云和模型数据云等部分组成，对各个专业的领域的业务进行抽象并提供相应服务。其架构如图 4-175所示。

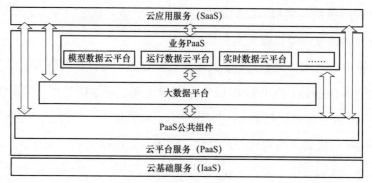

图 4-175　PaaS 架构

（三）SaaS 架构

在 IaaS 和 PaaS 服务之上运行自己的企业应用来提供各种应用服务。根据应用特色可分为全景展示中心、分析预警中心、运行管控中心、调度指挥中心、技术支持中心等。SaaS 层架构如图 4-176 所示。

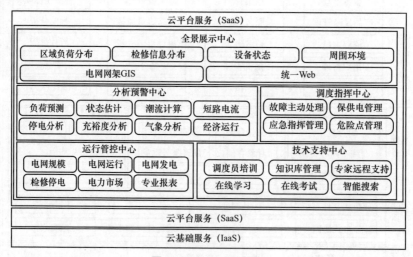

图 4-176　SaaS 架构

三、硬件架构

硬件架构如图 4-177 所示。

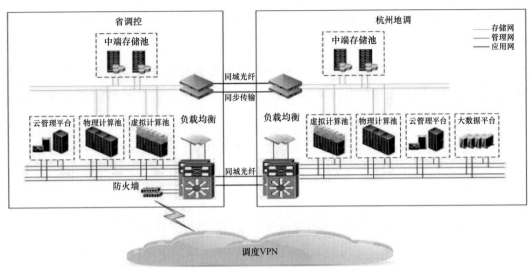

图 4-177　硬件架构

四、数据集市

（一）概述

调控云数据集市以调控云平台为基础，充分挖掘数据之间的逻辑关系，优化数据归集模式，形成可供各专业直接应用的数据资源与应用功能，为各单位业务创新和生产管理提供简单化、亲民化的大数据技术支撑，为生产运行赋能。

（1）资源管控，规范清晰梳理数据资源。调控数据集市资源管理服务包含一系列支持调控云数据库治理的资源管理应用集合，主要包括资源目录、资源组、标签、数据拓扑、逻辑关系列表、数据质量监视等。通过功能完善的数据资源管理服务和清晰的拓扑逻辑关系，开发者和用户均可按照业务需求获取适合的数据资源，或预处理数据库表数据关系、数据质量信息，对数据资源进行进一步加工处理等。

（2）智能报送，简单高效完成数据收集。传统的数据收集方式多依赖于数据报送方的层层报送，数据收集者往往需花费大量的时间与精力进行筛选、汇总与分析。调控数据集市智能报送业务可满足专业管理的多级数据填报需求，数据需求用户可通过自定义报送模板，并下发指定的数据报送用户，实现对业务流程和数据收集的智能化汇总与分析，以增强现有组织架构下的数据收集能力，在提高数据报送的及时性和准确性的同时，真正做到为基层减负，进一步提升专业管理水平。

（3）数据挖掘，轻松快速挖掘数据价值。调控云中汇集了大量具有潜在价值的数据资源，非常适合用数据挖掘的形式提炼有效的信息用于辅助业务决策。而传统的数据挖掘方式需要用户具备一定的专业知识和编程基础。为了解决这一问题，调控数据集市提供强大的可视化工具，通过 0 代码拖拽式的简单交互操作，使用户可以根据个性需求，快速搭建可多维度展示的数据内容，轻松实现海量数据的可视化分析展示，唤醒沉睡的数据价值，服务工作决策。

（4）一键报表，全面灵活实现数据探索。调控数据集市智能报表工具，整合数据资源，连接内部数据和报表文档，为报表统计与分析提供完整的数据支持。在线报表设计功能，让不具备软件开发知识的用户也能够自主完成嵌入式智能报表的编制。编制完成的报表可即时更新关键数据，为内部共享、数据监控和业务交流提供了完整的数据呈现方式，任意的数据交互和自由探索，让数据分析和决策制定更加地便捷。

（5）自助大屏，智慧丰富展示数据内容。调控数据集市自助大屏编辑展示工具，依托调控云数据资源，根据业务需求和展示需要，可个性化制定展示内容，集中展示分散的数据类型，支持多业务模块的对比分析，进行实时的数据大屏展示。多屏自适应能力的仪表板，内置丰富的数据可视化类型，开放的数据可视化插件功能，充分满足各类数据可视化大屏展示场景和实时可视化监控系统的需要。

（二）数据资源

1. 数据目录

数据目录可以查看调控云所有的模型数据和表的详细信息。

数据拓扑结构主要展现各模型表之间的关联关系，如图 4-178 所示。

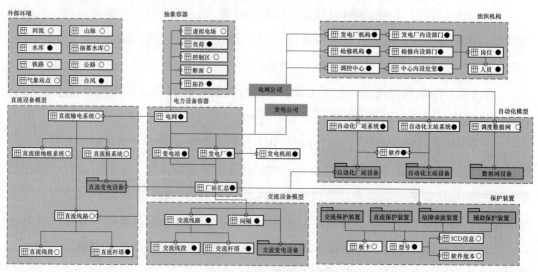

图 4-178 数据拓扑结构

数据表主要可用来查询具体模型下有哪些相关的表和表的属性信息等，如图 4-179 所示。

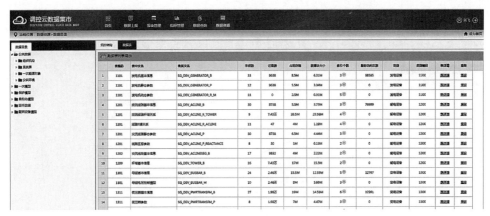

图 4-179　数据表

点击"表详情"，可查看具体的表资源的使用信息，包括字段维护率、修改时间、外键关联表等。表详情如图 4-180 所示。

图 4-180　表详情

2. 数据服务

查询调控云数据接口服务被其他应用系统调用的详细日志信息，包括接口调用次数、成功次数、失败次数、成功率、返回数据量等详细信息。数据服务如图 4-181 所示。

	日期	调用次数	成功次数	失败次数	成功率	返回数据量	逐小时详错
1	2020-08-03	4410	4384	26	99.41%	15174969	查看详情
2	2020-08-04	4423	4396	27	99.39%	14845835	查看详情
3	2020-08-05	3751	3728	23	99.39%	12315012	查看详情

图 4-181　数据服务

（三）报表管理

报表管理模块包括报表查询和自主分析两部分。报表查询内容包括公共数据、一次设备、自动化设备、运行数据四个目录内容。其中公共数据、一次设备、自动化设备是通用报表，运行数据中部分报表属于各地区通用报表，也可在此定制地区个性化需求报表（需二次开发）。报表管理首面如图 4-182 所示。

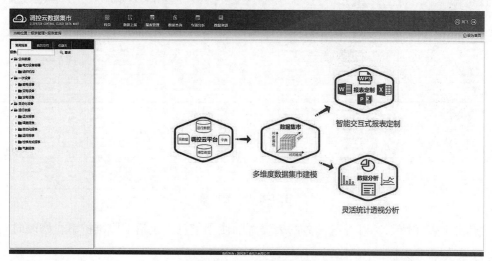

图 4-182　报表管理首面

1. 报表查询

报表查询入口：点击"报表管理"，再点击"报表查询"，如图 4-183 所示。

图 4-183　报表查询

2. 自主分析

自主分析入口：点击"报表管理"，再点击"自主分析"，如图 4-184 所示。

自主分析可以根据自己需求设定表格中的数据，如图 4-184 所示，表格中的数据由行区、列区、度量三部分组成，可以根据需要自行设定行区、列区及度量。可以从待选列中选中需要的域添加到这三块地方，选中打钩即可添加到行区、列区或度量。不想在表格中显示的域可以将其删除，点击此域的下拉箭头，再点击"删除"即可。

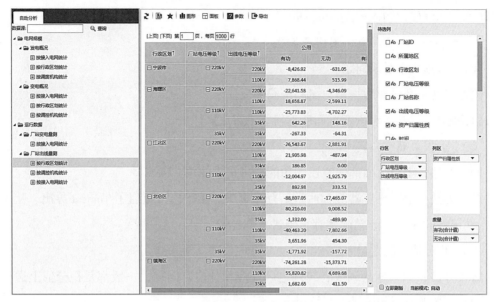

图 4-184　自主分析

（四）系统常见问题汇总

1. 网页打不开

（1）重启 Tomcat。

问题确认：多台电脑打不开数据集市程序。

解决办法：重新启动 Tomcat。

1）Xshell 工具连接 Web 服务器，应用账户登录；

2）输入"ps -eflgrep java"，查询进程；

3）输入"kill -9（进程号）"，结束进程；

4）输入"ps -eflgrep java"，进程消失；

5）进入目录，输入"cd /home/dky/apache-tomcat-7.0.75/bin"；

6）启动程序，输入"./startup.sh &"，出现"tomcat started"后，查看网页打开是否正常。

（2）重启 SmartBI。用户使用查看上报页面报表加载不出来，重启报表 SmartBI，步骤如下：

1）Xshell 工具连接报表服务器；

2）ROOT 用户登录；

3）输入"ps -eflgrep java"，查询进程；

4）输入"kill -9（进程号）"，结束进程；

5）进入目录，输入"cd /home/dky/smartbi/apache-tomcat-7.0.94/bin/"；

6）启动程序，输入"./startup.sh &"。

2. 地县调、电厂用户使用问题汇总

（1）数据集市登录问题。

问题描述：登录时数据用户名和密码无反应。

解决办法：按 F5 键刷新页面后重新登录解决。

（2）上报页面空白。

问题描述：上报页面部分空白，功能栏可正常使用。

解决办法：清除浏览器缓存后重新登录解决。由于白天重启了 Tomcat 导出，让用户输入"Ctrl+Shift+Del"，清除缓存重新进入调控云。

（3）积分值有问题。

解决办法：如果地县调或者统调电厂反应积分值有问题，一般都是积分值上送或者断点倒置，按照实际的电量进行填报。

（4）无法输入小数点。

解决办法：按照新版本的谷歌浏览器，可以在数据集市中下载，选择"谷歌浏览器及 FLASH 更新方法 .rar"安装新版浏览器。

五、全社会电力电量

（一）概述

全社会电力电量系统以调控云模型为基础，梳理全社会电力电量测点与计算公式，补全 0.4kV 分布式光伏电力电量，优化抽水蓄能电力电量计算算法，进行全社会口径电力电量计算与快报发布，实现全社会口径、调度口径、统调口径、非统调口径、可再生能源等装机、电力、电量的组成分析和展示；通过对全社会口径发用电原始数据的深度挖掘和分析，实现数据汇集、数据处理、数据加工，全口径电力电量分析、全口径装机分析、全口径用电分析、全口径负荷预测及全口径电量快报发布等功能的全口径数据汇集、统计分析、综合展示和辅助决策系统。

1. 全面的数据采集

汇集营销业务系统 0.4kV 发电数据、非统调电厂发电数据；D5000 系统各电厂、抽蓄、自供区及全省受电汇总数据；电能量系统统调电厂、非统调电厂、变电站及机组数据。

2. 统一的数据模型

全社会电力电量是基于调控云搭建全社会口径数据汇集系统，对主网设备、配网设备、分布式电源、终端用户信息建立统一的数据模型；提供统一的数据处理和数据服务。

全社会电力电量系统架构如图 4–185 所示。

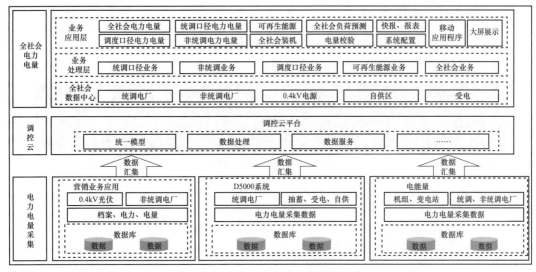

图 4-185 全社会电力电量系统架构

3. 多维度数据展示

以传统的 Web 方式展示各口径电力电量、装机信息，进行全社会负荷预测、提供各种高级分析和应用报表。以移动应用程序的方式展示各口径电力电量、装机信息，进行重要指标信息。在调度大屏上对重要的负荷、电量曲线等重要信息进行实时监视。

（二）关键应用 / 进程重启

1. 重启全社会电量系统 Tomcat

（1）连接上应用服务器；

（2）运行命令 ps - eflgrep java 查看 Tomcat 进程是否存在（如图 4-186 所示），如果存在，将其关闭 [运行命令"kill -9（进程号）"]；

图 4-186 查看 Tomcat 进程

（3）下载 "/home/weblogic/apache-tomcat-7.0.94/logs" 目录下 catalina.out 日志文件，便于查找问题根源；

（4）执行 "cd /home/weblogic/apache-tomcat-7.0.94/bin"，进入 Tomcat 应用服务所在目录；

（5）执行 "./startup.sh"，启动 Tomcat 应用服务。

2. 重启大屏传输程序

（1）运行命令"ps – eflgrep java"查看 sftp 进程是否存在（如图 4–187 所示），如果存在，将其关闭 [运行命令 kill –9（进程号）];

图 4–187　查看 sftp 进程

（2）执行"cd /home/weblogic/sftp"；

（3）执行"nohup ./runD5000.sh>nohupD.out &"，启动上送大屏文件应用服务。

（三）常见问题及解决办法

1. 页面 500 错误

打开 IE 浏览器，访问运行监测系统时出现 500 错误时，一般是某种原因造成 Tomcat 服务停止运行，重启 Tomcat 服务即可。

2. 监测系统页面无响应

验证主调三区 Tomcat 应用是否正常，如果异常，重启 Tomcat 服务即可。

3. 系统配置界面操作

（1）低压光伏用户日电量缺失。低压光伏用户日电量补招如图 4–188 所示，选择需要抽取数据的日期，再按步骤一、二、三、四完成。

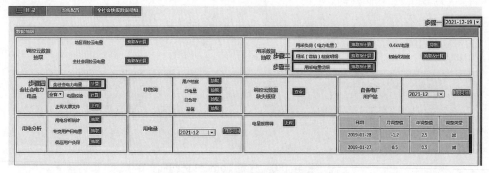

图 4–188　低压光伏用户日电量补招

（2）调控云日电量数据缺失。首先参照"全社会电力电量系统数据补招手册"文档完成补招，调控云日电量补招如图 4–189 所示，选择需要抽取数据的日期，再按步骤一、二、三、四完成。

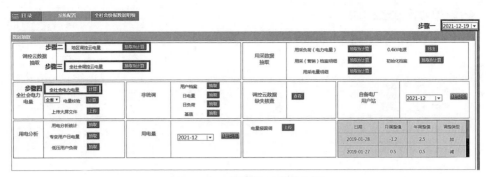

图 4-189 调控云日电量补招

（3）非统调电厂日电量缺失。非统调电厂日电量补招如图 4-190 所示，选择需要抽取数据的日期，再按步骤一、二完成。

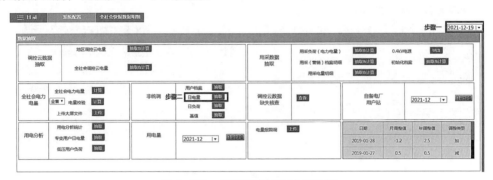

图 4-190 非统调电厂日电量补招

（4）电量校验。电量校验如图 4-191 所示，选择需要抽取数据的日期，再按步骤一、二完成。

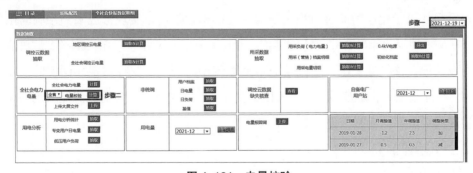

图 4-191 电量校验

（5）上传大屏文件。上传大屏文件抽取如图 4-192 所示，选择需要抽取数据的日期，再按步骤一、二完成。

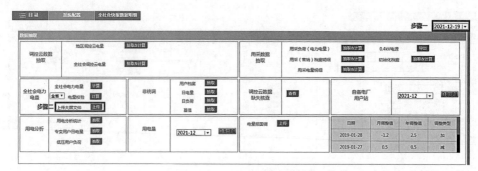

图 4-192　上传大屏文件抽取

（6）专用变压器用户日电量缺失。专用变压器用户数据补招如图 4-193 所示，选择需要抽取数据的日期，再按步骤一、二完成。

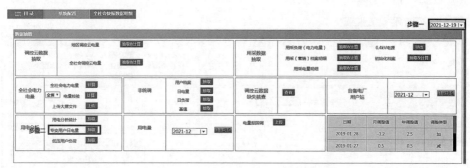

图 4-193　专用变压器用户数据补招

六、稳定限额

（一）概述

稳定限额电子化应用通过对稳定限额进行结构化描述，实现常规限额和临时限额计算、监视、管理等功能融合和一体化管控。流程上系统专业维护、中心审核、调度启用，实现专业协同，并贯通一区、三区与 D5000 系统即时同步，支撑稳定断面实时监视和控制应用。在此基础上，动态感知气象等因素变化，触发线路主变压器载流能力动态调整，进而实现稳定断面的动态优化和限额动态调整。

（二）功能简介

1. 专业协同管理

限额由系统运行专业编制维护，各专业会签、中心审批，最终调度台启用。检修限额与检修计划同步流转。通过流程管控，明确各专业的职责，实现专业协同。调控云稳定限额首页如图 4-194 所示。

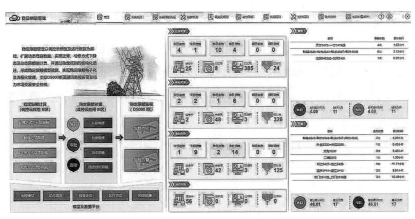

图 4-194　调控云稳定限额首页

2. 限额监视告警

实现三区限额数据源端维护，限额启用一、三区实时同步共享，支撑 D5000 系统稳定断面实时监视与告警。

3. 扩展动态限额

根据线路、变压器在线监测信息，结合大数据分析历史气象信息等数据，动态评估线路载流能力、主变压器起始倍数，滚动计算断面动态限额，挖掘现有设备的极限输送能力，实现设备动态增容。动态限额如图 4-195 所示。

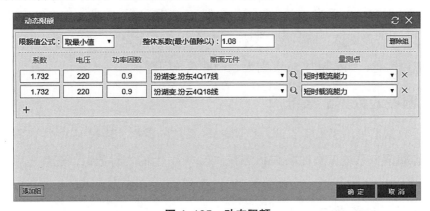

图 4-195　动态限额

4. 稳定限额大数据挖掘

基于稳定限额及断面重载越限数据，计算断面越限时长，与电网运行方式进行大数据关联分析，便于发现电网运行的薄弱环节，对为保障电力市场交易、新能源消纳的重要断面限额制定提供决策依据。

（三）异常处置

1. 异常判定

文件传输异常为调控云稳定限额与 D5000 系统稳定断面监视交互出错的主要原因，

现象有以下几种：

（1）调控云在待启用，D5000 系统也没有接收到文件；

（2）调控云在待启用，D5000 系统接收到文件并显示在监视列表；

（3）调控云在已启用，D5000 系统接收到文件但没有显示在监视列表（断面相同、优先级、条件不满足）；

（4）从同步开始到接收反馈文件整体超时。

2. 故障排查

（1）登录三区隔离服务器，查看目录" /data/D5000_wdxe/send"下文件是否有文件且带有后缀名 ".txt.narigl"，有文件但未带有指定后缀名，为传输软件问题；没文件，为稳定限额应用问题；有文件且带有指定后缀名，文件传输成功，执行下一步。

（2）登录一区隔离服务器，查看目录"/sftp/s3t1/s3t1_user007/wdxe/data/D5000_wdxe/send"及"BAK"下是否有文件，没有文件，为传输软件问题；文件存在"bak"下，为D5000 系统问题，执行下一步。

（3）登录 SCADA 应用服务器，查看目录：/home/D5000/zhejiang/data/section，文件解析完会移动至 Log 下，并 SCADA 主机生成反馈文件，Log 下没文件或者生成的反馈文件内容显示失败，为 D5000 系统问题。

（4）登录 D5000 系统三区应用服务器，查看目录" /home/D5000/zhejiang/data/section/recv"，若没文件，而一区有文件，为 D5000 系统问题。有文件（未超时），为稳定限额应用问题；如果超时 5min 则为 D5000 系统问题。

七、调控云数据汇集维护

调控云数据汇集用于采集省调、地调 EMS 系统的数据，通过 Kafka（高吞吐量的分布式发布订阅消息系统）来抽取 EMS 系统三区 Web 上的实时数据，汇集之后提供给调控云各应用使用。

（一）关键设备操作

1. 关键设备重启

数据汇集服务器均为虚拟机，如果需要物理重启服务器，请联系虚拟机管理员。

2. 主备机切换

两台数据汇集服务器起到负载均衡的作用，每一台服务器负责处理6个地区的数据。如果其中一台服务器宕机，另一台服务器仍可以承担 12 个地区汇集功能，但为了防止一台服务器负载过高，建议尽快重启故障服务器。

（二）关键应用 / 进程应急操作

1. 关键进程信息

调控云数据汇集关键进程见表 4–14。

表 4–14　　　　　　　　　　　调控云数据汇集关键进程

应用 / 进程名	描述
OSP	准实时平台
com.nari.osp.sg.his.collect_service_1.0.0	数据汇集程序
com.nari.osp.sg.his.collect_hbase_service_1.0.0	Hbase 汇集程序

2. 关键应用 / 进程重启

（1）运行数据汇集异常的时候，可以先检查 Kafka 汇集主题的堆积情况。Kafka 汇集情况如图 4–196 所示。

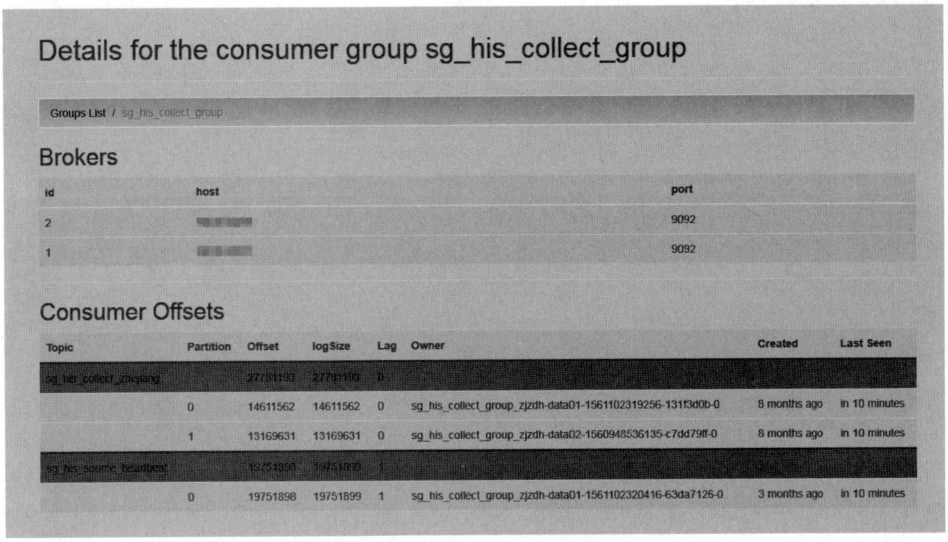

图 4–196　Kafka 汇集情况

一般分为以下三种情况：

1）Lag（消息滞后）数值为 0（正常情况）。正常情况下，Offset 值（数据消费端记录的偏移量）会一直增大，Lag 数为 0。

如果 Lag 值很小（低于 500），多刷新几次，或者等待几分钟后刷新，Lag 数量能减少至 0，也属于正常情况，可以进行补招。

正常情况下使用工具补招一个量测 1h 数据大概需要 5 ~ 10min。

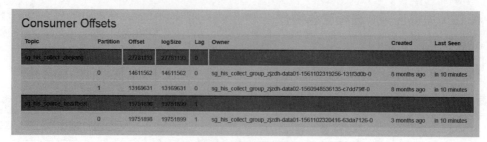

图 4-197　Lag 数值

2）Lag 数值过大（大于 1000 可视为异常）。Lag 值过大，多刷新几次，如果发现 Lag 有减少，但是增长速度明显大于减少速度，可以初步判断是数据库写入速度过慢。请联系达梦数据库厂家进行排查。

等待 Lag 数量减少至 0 后再进行补招。

3）Offset 值不变化。如果 Offset 值长时间不变化，说明源端上送数据异常，请联系技术支持人员进行排查。

（2）检查调控云端汇集服务器状态，登录到汇集服务器上，输入 "cd /osp/bin"，进入 "bin" 目录下后，输入 "sh showservice.sh"，观察刷新状态是否正常。汇集服务器状态如图 4-198 所示。

图 4-198　汇集服务器状态

执行 "Free-h"，看机器内存情况，再执行 "top"，观察 CPU 负载情况。

（3）当服务器状态异常时，可以紧急重启平台，在 "bin" 目录下先执行 "sh sys_ctl_osp.sh stop" 停止平台，平台停止后，执行 "sh sys_ctl_osp.sh start"，启动平台。平台启动过程中，数据汇集程序会自动重启，重启完成后程序会自动消费 Kafka 上堆积的消息。

（三）调度数据及文件交互应急操作

当 Kafka 消息总线出现异常且暂时无法恢复时，可使用紧急补招手段。

1. 导出数据文件

（1）使用三区工作站打开 Xshell 工具，登录 D5000 系统 Web 服务器；

（2）在 D5000 系统 Web 的 "/home/D5000/zhejiang/bin" 目录下，执行 "exp_sample_tocloud 20200115 20200115 min"；

（3）生成的数据文件保存在 D5000 系统 Web 服务器上的 "/home/D5000/zhejiang/var/Cloud_his" 目录下，文件名为 "HISDB_HISDB_MANALOG_DATA_SCADA_20200115.txt"

（历史数据文件按天生成，可以根据文件后缀时间判断）。

2. 拷贝数据文件

（1）使用 FTP 工具拷贝：从 D5000 系统 Web 服务器的 "/home/D5000/zhejiang/var/Cloud_his" 目录下把历史数据文件拷贝到调控云端汇集服务器的 "/home/dky/D5000/zhejiang/sg_his_import/var/0021330000/tmp_data/" 目录下；

（2）使用拷贝命令 "scp"：目录同上。

3. 导入数据文件

（1）使用三区工作站打开 Xshell 工具，登录调控云端汇集服务器；

（2）输入 "cd sg_his_import" 进入 "/home/dky/D5000/zhejiang/sg_his_import" 目录；

（3）执行 "sh sg_his_import.sh"；

（4）等待日志打印结束，数据导入成功。

八、调控云资源管控平台维护

该平台通过对调控云平台基础架构和数据中心进行研究分析，构建调控云平台双活高可用架构，建立双活运行机制，实现双活自动切换、一键切换等功能，夯实调控云基础，优化调控云资源环境，完善调控云双活体系，提升调控云服务能力。

调控云资源管控平台应急一般是重启 Tomcat 进程，Tomcat 应用服务器运行着Tomcat 进程。系统运行在 8989 端口，发布目录为 "/home/tomcat/apache-tomcat-7.0.94/webapps"。

（1）SSH 连接上应用服务器。

（2）运行命令 "ps - ef|grep java" 查看 Tomcat 进程号，使用 "kill -9（进程号）"命令终结进程。

资源管理平台 Tomcat 进程如图 4-199 所示。

图 4-199　资源管理平台 Tomcat 进程

（3）下载 "/home/tomcat/apache-tomcat-7.0.94/logs" 目录下 "catalina.out" 日志文件，便于查找问题根源。

（4）执行 "cd /home/tomcat/apache-tomcat-7.0.94/bin"，进入 Tomcat 应用服务所在目录。

（5）执行 "./startup.sh"，启动 Tomcat 应用服务。

第十节　调度自动化运行监测系统运行维护

一、系统概述

调度自动化运行监测系统是对调度自动化系统及其相关辅助设施进行实时在线监测，提供辅助工具以提高运维效率的系统。该系统具备系统配置、数据采集、数据处理、故障告警、系统展示、监测任务管理、图形展示、系统维护、权限管理等功能。其告警信息包括主站设备告警、关键应用故障告警、重要数据故障告警、机房环境告警等。

浙江调度自动化运行监测系统实现了自动化设备台账、运行环境设备台账与运行状态的图形化管理，有机整合厂站工况与关键应用实时信息，并且充分利用成熟的 IT 技术手段实现对自动化设备、动力环境设备、厂站工况、关键应用等监测对象的一体化运行监测；在运行监测的基础上，对原始运行数据进行精加工，实现对监测对象的主动式监测管理，提升值班管理的自动化能力和智能化水平。

二、系统架构

系统采用 B/S 架构，纵向分为以下四层：

（1）视图展现层：用户与之交互的界面；

（2）业务分析层：根据业务需求对数据进行组织、加工、分析、归纳；

（3）数据存储层：对采集的数据按照系统定义的结构进行存储，并提供查询、添加、修改、删除等操作的接口；

（4）数据采集层：根据采集任务对监测对象实施数据采集。

运行监测系统结构如图 4-200 所示。

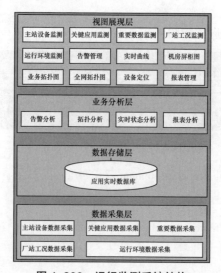

图 4-200　运行监测系统结构

三、硬件架构

监测系统由 Web 应用服务器、监测采集服务器、数据库服务器、交换机、电力专用正向隔离装置、监测客户端及相关辅助设备共同构成，建议采用 B/S 双机单网模式。监测系统的设备分别部署在安全一 / 二区和安全三区和机房环境。

（1）安全一 / 二区配置数据库服务器和监测采集服务器。数据库服务器和监测采集服务器应支持互为备用的功能。

（2）安全三区配置 Web 应用服务器、数据库服务器、监测采集服务器。

（3）系统采用 100 Mbps 或更高速度的以太网组网。

（4）安全一 / 二区设备和安全三区设备间通信，应配置电力专用单向横向隔离装置。

（5）安全一 / 二区可单独组网，分别配置数据库服务器和监测采集服务器。

运行监测系统硬件架构如图 4-201 所示。

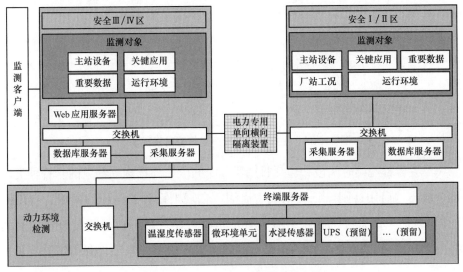

图 4-201　运行监测系统硬件架构

四、监测首页管理

（一）主站设备管理

1. 声光告警时间段设置

（1）将鼠标移至"zjzd3-web01"的右侧提示图标上，右击，在弹出的菜单中选择"声光告警时间段设置"。弹出声光告警时间段设置对话框，如图 4-202 所示。

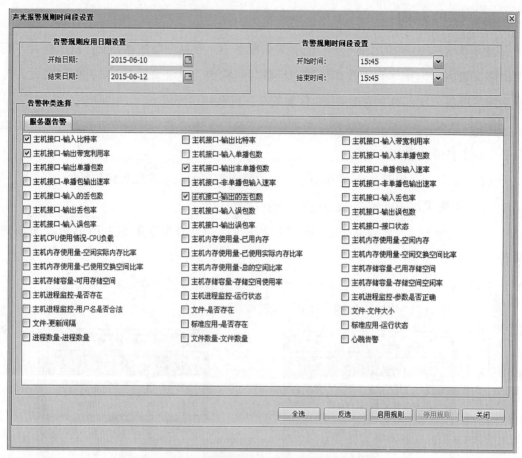

图4-202 主站设备管理声光告警时间段设置

（2）设置告警规则时间段，包括日期段和时间段，勾选规则约束的告警种类。

（3）点击"启用规则"，规则成功启用。在规则设置的这段时间内，有规则设定的这几类告警产生，系统都将不会有告警提示框弹出。等超过了规则设定的时间段，规则将自动失效，有规则中规定的这几类的新告警产生时，系统将弹出告警提示框予以提示。

2. 告警越限值调整

（1）修改越限值。操作如下：

1）将鼠标移至"zjzd3-web01"的右侧提示图标上，右击，在弹出的菜单中选择"告警越限值调整"，弹出告警越限值调整对话框，如图4-203所示。

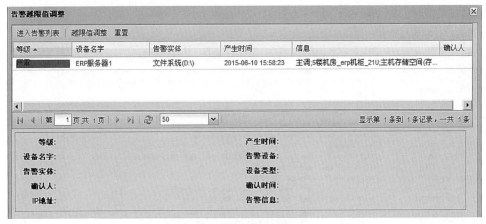

图 4-203　告警越限窗口

2）选中一条告警，点击"越限值调整"，弹出越限值调整对话框，如图 4-204 所示。

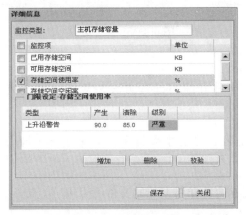

图 4-204　越限值调整

3）可修改告警产生值，告警清除值以及告警级别。将告警级别由严重修改为主要，然后点击"保存"，该对话框自动关闭，系统也自动清除该条严重告警。

4）等一个监测周期的时间，系统重新推送一条告警级别为"主要"的告警。

（2）重置。选中列表调整过告警值的告警，点击"重置"，系统自动清除这条告警，系统重新推送上来重置为原越限条件的告警。

3. 操作历史

对设备进行任何操作，都将记录入操作历史中，如设备封锁等。

（1）将鼠标移至"zjzd3-web01"的右侧提示图标上，右击，在弹出的菜单中选择"实时监测"。

（2）弹出操作历史对话框，显示操作人员们对设备做过的历史操作，如图 4-205 所示。

图 4-205　操作历史

4. 应急处理

应急处理可以上传文件和编写处理方案，便于值班人员在突发情况下进行应急处理。

（1）鼠标移至设备名右侧的小方框上，右击选择"应急处理"，弹出应急处理窗口。

（2）点击浏览，在本地选择要上传的文件，点击"上传"；上传完成后，系统提示"文件上传成功"，点击"确定"。

（3）在应急方案框中，输入应急处理方案，点击"保存"。

（4）关闭对话框后再次打开应急处理对话框，就展示出图 4-206 所示的内容。当出现突然情况时，值班人员可以参照应急处理方案等进行处理。

图 4-206　主站设备管理应急处置

（二）关键应用管理

1. 声光告警时间段设置

对于应用的声光告警时间段设置与设备的告警设置有些不同，在应用中只需要对时间段进行设置，而不用设置告警类型。操作步骤如下：

（1）将鼠标移至应用名后面的小圆圈图标上，右击；在弹出的右键菜单中选择"声光告警时间段设置"，弹出图 4-207 所示的设置框。

图 4-207 关键应用管理时间段设置

（2）选择设置声光告警规则的开始日期及结束日期，开始时间及结束时间。

（3）点击"启用规则"，弹出"规则设置成功"提示框。这时规则已经设置成功，那么在设置的这段时间内，该应用产生的任何告警都将不进行告警弹出框提示；直至超过这段时间，系统将自动解除规则。

（4）如果需要提早结束告警规则，那么只需在回馈中点击"停用规则"，这样规则就不再执行了。

2. 操作历史

操作步骤：

（1）将鼠标移至应用名（如 SCADA 传 Web 应用）后面的小圆圈图标上，右击；在弹出的右键菜单中选择"历史"。

（2）弹出"SCADA 传 Web 应用"的操作历史对话框，显示该应用的历史操作。历史操作一般包括设备封锁解锁、单条告警的封锁解锁、告警规则设置及停用等。

3. 应急处理

操作步骤：

（1）将鼠标移至关键应用"exchange 进程组"右侧圆标上，右击选择"应急处理"，弹出应急处理对话框，如图 4-208 所示。

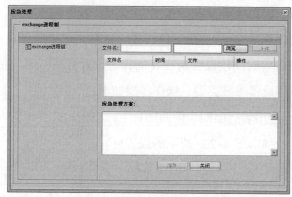

图 4-208　应急处理对话框

（2）录入文件：点击浏览，在本地选择要上传的文件，点击"上传"；上传完成后，系统提示"文件上传成功"，点击"确定"。

（3）录入文本：在应急方案文本框中，输入应急处理方案，点击"保存"。

（4）展示：关闭对话框后再次打开应急处理对话框，展示所录入的应急处理方案。当出现突然情况时，值班人员可以参照应急处理方案等进行处理。

4. 应用说明

操作步骤：

（1）将鼠标移至关键应用"exchange 进程组"右侧圆标上，右击选择"应用说明"，弹出应用说明对话框，如图 4-209 所示。

图 4-209　应用说明

（2）录入：在文本框中输入应用说明文字，点击"保存"；弹出"保存成功"提示框，点击"确定"。

（3）展示：再次进入"应用说明"可以展示刚才输入的应用说明文字。

（三）重要数据管理

1. 声光告警时间段设置

对于重要数据的声光告警时间段设置与应用的告警设置相同，只需要对时间段进行设置，而不用设置告警类型。

操作步骤：

（1）将鼠标移至重要数据名后面的小圆圈图标上，右击；在弹出的右键菜单中选择

"声光告警时间段设置"，弹出设置框。

（2）选择设置声光告警规则的开始日期及结束日期，开始时间及结束时间。

（3）点击"启用规则"，弹出"规则设置成功"提示框。这时规则已经设置成功，那么在设置的这段时间内，该重要数据产生的任何告警都将不进行告警弹出框提示；直至超过这段时间，系统将自动解除规则。

（4）如果需要提早结束告警规则，那么只需在回馈中点击"停用规则"，这样规则就不再执行了。

2. 操作历史

操作步骤：

（1）将鼠标移至应用名（如：半山煤机总有功）后面的小圆圈图标上，右击；在弹出的右键菜单中选择"操作历史"。

（2）弹出"半山煤机总有功"的操作历史对话框，显示该应用的历史操作。历史操作一般包括设备封锁解锁、单条告警的封锁解锁、告警规则设置及停用等。

（四）厂站工况管理

1. 声光告警时间段设置

对于厂站工况的声光告警时间段设置与应用的告警设置相同，只需要对时间段进行设置，而不用设置告警类型。

操作步骤：

（1）将鼠标移至厂站名后面的小圆圈图标上，右击；在弹出的右键菜单中选择"声光告警时间段设置"，弹出设置框。

（2）选择设置声光告警规则的开始日期及结束日期，开始时间及结束时间。

（3）点击"启用规则"，弹出"规则设置成功"提示框。这时规则已经设置成功，那么在设置的这段时间内，该重要数据产生的任何告警都将不进行告警弹出框提示；直至超过这段时间，系统将自动解除规则。

（4）如果需要提早结束告警规则，那么只需在回馈中点击"停用规则"，这样规则就不再执行了。

2. 操作历史

操作步骤：

（1）将鼠标移至厂站名（如涌潮变电所）后面的小圆圈图标上，右击；在弹出的右键菜单中选择"操作历史"。

（2）弹出"涌潮变电所"的操作历史对话框，显示该应用的历史操作。历史操作一般包括设备封锁解锁、单条告警的封锁解锁、告警规则设置及停用等。

第五章 / 电力监控系统重特大保电运行方式

为了电力监控系统安全防护的需要，在特殊保电期间，集中人力、物力确保省调电网核心调控业务的安全生产和正常管理秩序，浙江电力调度控制中心执行电力监控系统重特大保电运行方式。

第一节 原则

电力监控系统重特大保电运行方式按照"核心功能既保安全又保功能，辅助功能保安全为主"的原则，以确保调控实时业务为核心，以保障调控基本安全生产和指挥管理业务为重点，尽可能降低电力监控系统的安全风险，进而提升系统运行的安全性、稳定性和可靠性。

第二节 安全管控风险

浙江省调建立了完善的安全防护体系，但仍然存在以下几方面的风险。

（1）部分电厂存在网络专业技术人员配置不足、安全防护水平不高等情况，尤其是网络方式接入实时控制系统的新能源电厂，给电力监控系统安全防护带来较大风险。

（2）部分系统经加固后仍存在安全漏洞，是安全防护体系的薄弱环节；部分系统管理权限不在自动化专业，存在不可控因素，有可能存在安全隐患。

（3）部分用户变电站安防设备部署不到位，且部分老旧系统加固困难，安全防护存在薄弱环节。

（4）部分应用系统厂家技术支持人员现场或驻厂维护会带来不可控的安全风险，尤其在保电期间严格控制外来人员出入，相关技术支持工作难以及时响应。

第三节 电力监控系统重特大保电运行方式设定

特殊保电期间，为尽可能降低电力监控系统安全防护风险，对电力监控系统（分为保持运行、关停）和调度数据网通道（分为全时段退出、分时段退出）两大方面设定电力监控系统重特大保电运行方式。

一、生产控制大区系统

（1）一区保持运行的业务系统包括：

1）主调智能电网调度技术支持系统；

2）备调智能电网调度技术支持系统；

3）网省地纵向实时数据传输平台。

（2）二区保持运行的业务系统包括：

1）智能电网调度技术支持系统；

2）电力市场技术支持系统；

3）电能量计量系统；

4）水调系统；

5）保护信息系统；

6）视频联动系统。

（3）二区关停的业务系统和设备包括：

1）调度员培训仿真系统；

2）开发室和调试室二区工作站；

3）其他办公室场所内相关应用工作站；

4）外部单位远程维护端口；

5）省调到各地调远程维护端口。

二、管理信息大区系统

（1）三区保持运行的业务系统包括：

1）省地县一体化 OMS 系统、主调 D5000Web 系统、调度大屏 / 侧屏系统、调度大屏 / 侧屏综合展示系统；

2）调度监控操作票系统、日前计划系统、智能计算平台系统；

3）自动化运行监测系统、综合数据平台系统、两个细则考核系统。

（2）三区关停的业务系统和设备包括：

1）门户网站；

2）开发室和调试室三区工作站；

3）外部单位远程维护端口；

4）省调到各地调远程维护端口。

三、调度数据网和安全防护系统

确保调度数据网系统、入侵检测系统、纵向加密网管系统、防火墙网管系统、调度数字证书管理系统和内网安全监视平台等系统稳定运行,同时要求做好以下安全措施:

(1)省地县三级调度主站一区纵向加密装置的加密策略细化至 IP 和端口;

(2)省地两级调度主站二区纵向加密装置的访问控制策略细化至 IP 和端口;

(3)重特大保电期间,断开未部署二区纵向加密装置的县调调度主站与电力数据网二区的数据网络;

(4)重特大保电期间,断开省调与外单位网络延伸连接。

四、自动化系统信息采集通道

自动化系统一区主要实现对电网的监视和控制功能,系统信息采集以网络方式为主,以专线通道为辅:

1. 220kV 及以上变电站

(1)特高压变电站和 500kV 变电站,站端一区、二区均配置纵向加密装置,D5000 系统保持网络双通道全采集;

(2)220kV 变电站(包含舟山 110kV 柔性直流变电站),站端一区、二区均配置纵向加密装置,D5000 系统保持网络双通道全采集;

(3)由地调通过调度数据网转发省调 D5000 系统的用户变电站,站端一区、二区均配置纵向加密装置,要求地调保持网络双通道全采集。

2. 统调电厂

(1)500kV 发电厂和 220kV 发电厂一区、二区均配置纵向加密装置,D5000 系统保持网络双通道全采集;

(2)所有新能源电厂站,一区、二区均配置纵向加密装置,重特大保电期间,统调的光伏电站采用分时段停网措施。

3. 110kV 及以下变电站

对于 110kV 及以下变电站一区、二区未部署纵向加密装置的调度数据网通道,要求各地调在重特大保电期间采取断网措施,保持专线通道采集。

4. 非统调电厂

对于省内非统调电厂,电力调度数据网尚未部署纵向加密装置的,要求各地调在重特大保电期间采取断网措施,保持专线通道采集。

第四节　电力监控系统重特大保电运行方式实施

一、组织机构

为确保统一指挥、统一调度，并把电力监控系统重特大保电运行方式的影响降低至最低，需要成立电力监控系统重特大保电运行方式组织机构，主要包括领导小组、工作小组、技术支持小组。

领导小组：由调控中心分管主任（组长）和各相关专业处长组成；

工作小组：由自动化处处长（组长）、各专责及相关专业应用系统专责组成；

技术支持小组：由自动化系统和相关专业应用系统的技术支持人员组成。

二、运行方式实施

（1）自动化运行值班人员经领导小组同意启用电力监控系统重特大保电运行方式后，迅速组织相关专业应用系统责任人按照统一指挥有序启用电力监控系统重特大保电运行方式。

（2）启用前，相关专业系统责任人与业务应用部门、上下级调控机构做好沟通工作，同时加强业务系统功能模块的监视，针对启用过程中的异常状况，及时通知自动化运行值班人员并要求技术支持。

（3）自动化处相关专业系统责任人按计划有序执行相应系统关停操作，系统关停前后核实系统运行状态。

（4）电力监控系统重特大保电运行方式期间，自动化运行值班人员通过自动化运行监测系统和内网安全监视平台实时监视各相关系统，一旦发现异常，立即采取紧急措施。

（5）电力监控系统重特大保电运行方式结束后，在领导小组的统一指挥下有序恢复。

（6）自动化处和相关专业系统责任人按计划有序启动相应系统，系统启动前后核实系统运行状态，告知上下级调控机构和应用部门进行功能验证。

（7）自动化运行值班人员汇报领导小组，电力监控系统重特大保电运行方式结束，各系统恢复正常运行。

（8）各地调应开展电力监控系统重特大保电运行方式的编制、演练、验证，并上报省调备案，在特殊保供电方式下启用电力监控系统重特大保电运行方式。启用和恢复均需向上级调控机构汇报。

第三部分
统计分析工作

基于运行值班和运行维护，定期对自动化网安运行数据、电量数据等进行统计、校核及通报发布，从而提升数据质量和运行水平。

第六章 / 自动化及网络安全运行情况通报

本章主要介绍全省调度自动化及网络安全的运行情况，主要包括调度自动化主站系统、电力监控系统网络安全、自动化及网络安全检修情况和考核情况。

第一节　调度自动化系统运行情况

每个月需对省调及各地调自动化系统接入的各电压等级厂站进行统计汇总。

一、主站系统运行情况

（1）每周以调阅各地调调控一体化三区 Web 系统形式检查全省各地调主站系统是否运行稳定。每月汇总异常情况。

（2）每周统计自动化运维值班员在 OMS 系统值班记录中记录的各地调转发数据异常情况。每月汇总异常情况。

（3）每月对 D5000 系统综合智能告警推送情况与 OMS 调度日志以及调控云综合智能告警进行比对，对各个地调产生的事故告警以正确、误报及漏报分类统计。

省地协同综合智能告警推送情况见表 6-1。

表 6-1　　　　　　　　　　省地协同综合智能告警推送情况

地区	告警正确性		
	误报	漏报	正确
杭州			
嘉兴			
湖州			
宁波			
绍兴			
温州			
台州			
金华			
衢州			

地区	告警正确性		
	误报	漏报	正确
丽水			
舟山			

二、厂站实时数据通信运行情况

（1）每周统计自动化运维值班员在 OMS 系统值班记录中记录的 500kV 及以上变电站通道中断及数据异常情况。每月汇总通道中断及数据异常情况。

（2）每周统计自动化运维值班员在 OMS 系统值班记录中记录的 220kV 变电站通道中断及数据异常情况。每月汇总通道中断及数据异常情况。

（3）每周统计自动化运维值班员在 OMS 系统值班记录中记录的统调电厂通道中断及数据异常情况。每月汇总通道中断及数据异常情况。

实时数据通信情况见表 6-2。

表 6-2　　　　　　　　　　实时数据通信情况

序号	单位	220kV 及以上厂站数（含地调转发）	全站中断小时数	数据通信系统可用率	单通道异常小时数
1	省检				
2	紧水滩				
3	杭州				
4	湖州				
5	嘉兴				
6	金华				
7	丽水				
8	宁波				
9	绍兴				
10	台州				
11	温州				
12	舟山				
13	衢州				
14	电厂				

三、厂站遥测数据合格率

每月在国调 D5000 系统中查看 220kV 及以上厂站遥测数据合格率，状态估计遥测合格率及母线功率平衡合格率。

四、事故遥信动作情况

每月根据 OMS 系统中省调调度记录的调度日志与 D5000 系统告警查询中事故变位情况进行汇总统计，特别注明事故总信号未正常上送的厂站。

事故遥信动作情况表见表 6-3；事故总遥信异常情况表见表 6-4。

表 6-3　　　　　　　　　　　　事故遥信动作情况

序号	单位	事故次数	事故遥信正确次数	事故总信号正确次数
1	省检			
2	杭州			
3	宁波			
4	温州			
5	嘉兴			
6	湖州			
7	绍兴			
8	金华			
9	台州			
10	衢州			
11	丽水			
12	舟山			
13	电厂			

表 6-4　　　　　　　　　　　　事故总遥信异常情况

序号	地区	事故情况	事故遥信动作	事故总动作情况
1	××地区	××站联结变阀侧开关 分闸（3月3日 16:08）	正确	未上送
2		××站换流器正极开关 分闸（3月3日 16:08）	正确	未上送
3		××站换流器负极开关 分闸（3月3日 16:08）	正确	未上送

五、电量数据质量情况

每月对调控云中一体化电量系统中的电量采集完整率、电量数据准确率以及母线平衡率进行统计，并点明提升或下降明显的地调。电量采集完整率及电量数据准确率情况表见表 6-5。

表 6-5　　　　　　　　电量采集完整率及电量数据准确率情况

序号	地区	电量采集完整率（%）	变化率（%）	电量数据准确率（%）	变化率（%）	母线平衡率（%）
1	杭州					
2	嘉兴					
3	湖州					
4	宁波					
5	绍兴					
6	温州					
7	台州					
8	金华					
9	衢州					
10	丽水					
11	舟山					
全省平均值						

六、PMU 运行情况

每月对省调 D5000 系统中同步相量测量装置（phasor measurement unit，PMU）新接入厂站及通道中断厂站进行统计。PMU 运行情况表见表 6-6。

表 6-6　　　　　　　　　　PMU 运行情况

	PMU 接入数	通信正常数	通信正常率	说明（中断未恢复厂站）
特高压站				
500kV 变电站				××变 PMU 中断
220kV 变电站				××变、××变 PMU 中断
发电厂				××电厂、××风电、××光伏 PMU 中断
总计				

第二节　电力监控系统安全运行情况

一、网络安全运行情况

每月对全省各地调及统调电厂的安防设备在线率、纵向通信密通率、平台运行可靠率、数据通信可靠率、监测装置运行可靠率及受控设备总体监控率进行统计分析。地区网络安全管理平台四率统计表见表 6-7。

表 6–7　　　　　　　　　　地区网络安全管理平台四率统计

单位	平台运行可靠率	数据通信可靠率	监测装置运行可靠率	受控设备总体监控率
杭州				
宁波				
嘉兴				
湖州				
绍兴				
衢州				
金华				
温州				
台州				
丽水				
舟山				
平均				

二、网络安全告警情况

每月对网络安全管理平台中发生的紧急及重要告警进行统计，并点明产生紧急告警的地调和统调电厂。电力监控系统告警统计表见表 6–8。

表 6–8　　　　　　　　　　电力监控系统告警统计

序号	单位	告警数量					
		紧急告警			重要告警		
		数量（条）	已处理（条）	处置率（%）	数量（条）	已处理（条）	处置率（%）
1	省检						
2	杭州						
3	宁波						
4	嘉兴						
5	湖州						
6	绍兴						
7	衢州						
8	金华						
9	温州						
10	台州						
11	丽水						
12	舟山						
13	电厂						
14	全省						

第三节 检修情况

每月对 OMS 系统中自动化检修申请单按 500kV 及以上变电站、220kV 变电站、统调电厂及调度主站进行分类统计，并将检修申请不规范、申报不及时等厂站检修单列入所属地调及统调电厂月度考核中。

第四节 考核情况

一、地调运行考核情况

对本月各地调 Web 系统可用率、实时数据通信、数据异常、检修不规范、网安告警及专项工作情况进行考核。各单位考核评价情况表见表 6-9。

表 6-9 各单位考核评价情况

项目	省检	杭州	湖州	嘉兴	金华	丽水	宁波	绍兴	台州	温州	舟山	衢州	紧水滩
Web 系统可用率													
综合智能告警													
实时数据通信													
数据异常情况													
事故遥信异常													
自动化检修													
网安紧急告警处置情况													
网安重要告警处置情况													
网安平台四率管控情况													
专项工作													
总得分													

二、统调电厂运行考核情况

对本月各统调电厂进行运行考核评价。统调电厂运行评价情况表见表 6-10。

表 6-10   统调电厂运行评价情况

单位	数据通信系统可用率（%）	事故时遥信反应			数据异常次数	检修不规范次数	安防设备在线率（%）		紧急告警次数
		正确次数	错误次数	事故总信号正确次数			纵密装置	监测装置	
华东直调									
统调核电									
统调燃煤									
统调燃气									
统调水电									
统调储能									
统调新能源									

第七章 ／ 电能量计量系统报表

本章主要介绍电能量计量系统每月需生成分析的统计报表，主要包括电厂上网电量报表和网损报表。

第一节　电厂上网电量报表

一、概述

电厂上网电量报表是根据电力交易中心给定的购发电公司（厂）计量关口及电量计算公式，统计各统调电厂的上网电量，并合计出总上网电量。上网电量月报为电力交易中心月度电厂购电结算提供依据，月报每月一号（周报每周一）发送给电力交易中心。

二、报表统计

（一）报表生成

登录二区电能量采集系统→报表查询→上网电量报表，选择电量数据的起度时间和止度时间，按照发布的是月报还是周报选择时间节点，生成该时间段的上网电量报表，左上角可选择报表导出格式，一般以 Excel 导出，并选择"是否导出公式"，点击下载保存报表。上网电量报表如图 7-1 所示；上网电量报表导出如图 7-2 所示。

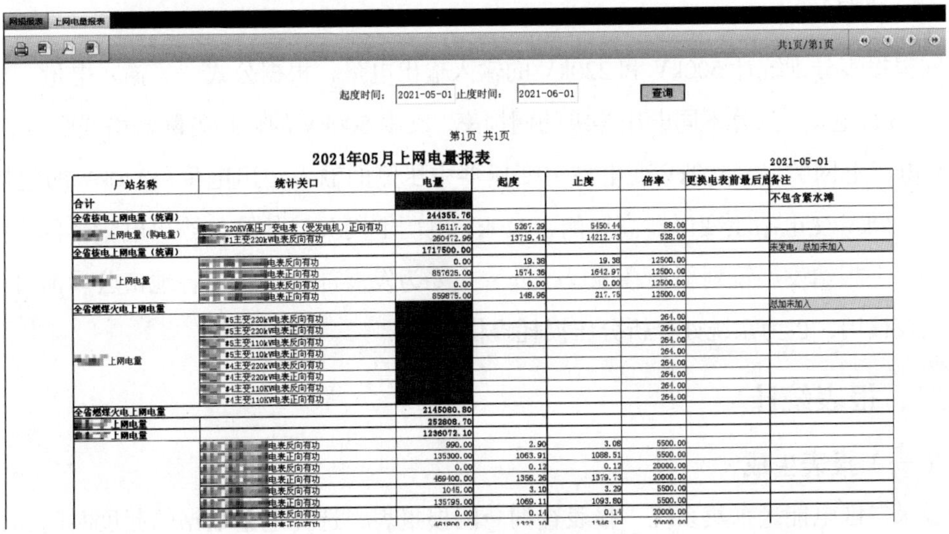

图 7-1　上网电量报表

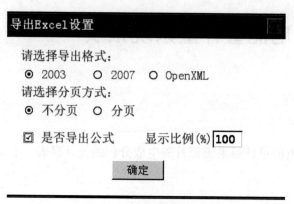

图 7-2　上网电量报表导出

（二）数据要求

上网电量月报必须使用电能表上送的真实表底，数据取用二区电能量采集系统电厂上网关口的零点冻结值。

若某个关口表计冻结值缺失，可以用零点的表底底码替代并在报表备注列里做好备注；若该电能表表底底码也缺失，则需联系电厂负责人抄送表底并及时消缺。

周报仅用作平时校核，若出现上述表底底码缺失的情况，可以暂时用该时段的积分电量替代并做好备注，同时通知电厂消缺。若某关口表计电量算出负值，出现止度表底比起度表底小的情况，有可能是更换过电能表，核实换表前的最后底码并填入报表。报表对于表底缺失电量算出为 0 和表底倒走电量为负的情况会自动标红，在校核时需特别关注。

第二节　网损报表

一、概述

网损报表分别统计 500kV 和 220kV 的输入输出电量，根据公式"（输入电量 – 输出电量）/ 输入电量"计算不同电压等级的网损率。其中 500kV 的包括省际联络线受电关口、500kV 电厂上网关口、500kV 变电站主变压器中压侧的输入输出电量；220kV 的包括 11 个地市 220kV 变电站主变压器高压侧、220kV 电厂上网关口的输入输出电量。网损报表每月一号上报给发展策划部和系统运行处，主要为发展部每月结算各地市公司的月度用电量做校核用，也为系统处分析分压损耗提供依据。

二、报表统计

（一）报表生成

登录二区电能量采集系统→报表查询→网损报表，选择电量数据的起度时间和止度时间，生成网损报表，左上角可选择报表导出格式，一般以 Excel 导出，并选择“是否导出公式”，点击下载保存报表。网损报表如图 7-3 所示。

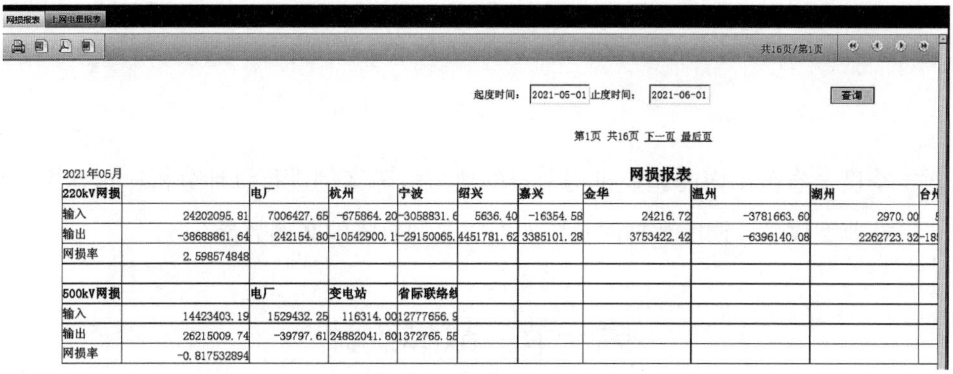

2021年05月

网损报表

220kV网损		电厂	杭州	宁波	绍兴	嘉兴	金华	温州	湖州	台州
输入	24202095.81	7006427.65	-675864.20	-3058831.6	5636.40	-16354.58	24216.72	-3781663.60	2970.00	5
输出	-38688861.64	242154.80	-10542900.1	-29150065.	4451781.62	3385101.28	3753422.42	-6396140.08	2262723.32	-18
网损率	2.598574848									
500kV网损		电厂	变电站	省际联络线						
输入	14423403.19	1529432.25	116314.00	12777656.9						
输出	26215009.74	-39797.61	24882041.80	1372765.55						
网损率	-0.817532894									

图 7-3　网损报表

（二）数据要求

网损报表数据取用二区电能量采集系统关口表计的零点冻结值。

（1）统调电厂和 500kV 及以上变电站的电量数据由省调电量系统直接采集；

（2）省际联络线受电关口电量数据由华东三区转发至省调，再通过二、三区反向隔离传至电量系统；

（3）220kV 变电站电量数据由地调通过二区纵向传输平台传至电量系统。

若华东或者某地调转发的电量数据文件缺失，需联系相应电量负责人及时处理。若厂站出现表底底码缺失情况，可以暂时用积分电量替补缺失的表底电量并及时通知厂站消缺，220kV 变电站通知地调消缺。若出现电能表换表情况，核实换表前的最后底码并填入报表。220kV 网损率正常范围一般在 0.002 ~ 0.004 之间，500kV 网损率一般在 0.004 ~ 0.006 之间。

第八章 ／ 自动化系统运行季度分析报告

对本季度全省范围内的调控机构上报的典型故障案例进行统计分析，包括主站典型故障、厂站典型故障、调度数据网及二次安防典型故障的案例数量。

第一节　故障统计

一、主站典型故障

从主站硬件、基础软件和基础平台、应用功能、调控云等方面统计数量，绘制饼图，如图8-1所示。

二、厂站典型故障

从测控装置、远动装置、计算机监控系统、计划检修、时间同步等方面统计数量，绘制饼图，如图8-2所示。

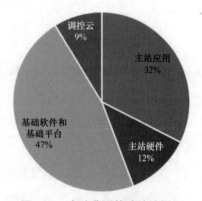

图 8-1　主站典型故障统计饼图

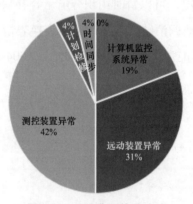

图 8-2　厂站典型故障统计

三、调度数据网及二次安防典型

从调度数据网、二次安防等方面统计数量，绘制饼图，如图8-3所示。

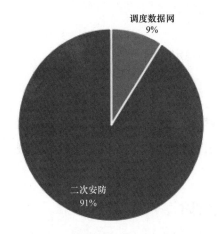

图 8-3 调度数据网及二次安防典型统计饼图

第二节 主要问题

报告基于案例进行深入分析，按照主站硬件设备，基础软件和基础平台，应用功能，调控云，厂站自动化，调度数据网及安防，主、备调系统和自动化系统监视平台共 8 个方面分类分析问题。

一、主站硬件设备

例如：自动化主站和厂站硬件设备老化；主站计算资源利用不充分；产品质量、版本信息和家族性缺陷管控不严；自动化设备监视和管控技术手段不足，监视业务范围不全面；缺少设备状态分析手段，备品备件管理针对性较弱；设备配置和参数设置规范性亟待加强。

二、基础软件和基础平台

例如：操作系统高可用性（highly available, HA）双机切换的判断逻辑不合理；基础平台部分程序消耗系统资源过多；前置程序稳定性不足。

三、应用功能

例如：电网运行稳态监控模块软件设计存在缺陷，部分应用功能单节点部署，可靠性不足；综合智能告警判断和处理逻辑不合理，存在告警延时和误报现象；软件容错校验机制不完善，适应能力不足；电网模型命名一致性差，动态扩展能力不足；调度管理类应用稳定性不高；模型维护不到位。

四、调控云

例如：关系数据库运行不稳定；同步效率不高。

五、厂站自动化

例如：基改建投产过程中，部分单位对自动化调试时间节点把控不严格；一次设备参数的准确性和及时性无法得到有效保证；机房等核心区域安全管控力度不够；调度自动化检修流程执行不规范。

六、调度数据网及安防

例如：网络建设仍需加强；网络结构不够优化；安全防护白名单申报和管理存在盲区。

七、主、备调系统

例如：主、备调系统间缺少同步手段；备调系统和应用不完整，可靠性较弱。

八、自动化系统监视平台

例如：监视覆盖范围未合理优化；缺少统一全面高效的监视平台。

第三节　措施及建议

针对以上问题，报告提出了解决措施及建议，主要内容如下。

一、主站硬件设备

例如：严格落实设备管理规范，确保老旧设备及时更换；逐步推广应用集群和硬件虚拟化技术，实现计算机资源的高效利用；加强版本信息和家族性缺陷管理，明确责任主体和工作流程，建立统一管理平台；完善自动化设备状态在线监视功能，各级运行人员严格履行监视职责；加强故障统计分析，强化产品质量测评，加强备品备件管理；规范、优化厂站自动化设备配置及参数设置；加强自动化机房环境管理。

二、基础软件和基础平台

例如：完善操作系统 HA 切换的判断逻辑，研究 RAC 等新技术在系统中的应用；完善数据库架构，优化数据库同步软件，提高数据库稳定性和同步效率；完善系统资源消耗情况监控与评估，优化基础平台及应用对公用资源的使用；提高前置程序运行稳定性。

三、系统应用

例如：加强稳态监控模块可靠性；合理使用各类数据源，优化故障判据，提升综合智能告警准确性；完善软件容错校验机制，提高程序的容错能力和健壮性；加强模型管理，确保模型规范性和一致性，提升模型动态扩展能力；加强调度管理应用的性能分析与测试，逐步优化软件架构，提高稳定性。

四、调控云

例如：建设可靠的调控云双活系统；优化数据库结构，剥离重要业务，减轻核心数据库负担。

五、厂站自动化

例如：按照相关规定规范化开展基改建工程自动化调试；完善一次设备参数管理流程与技术手段，确保一次设备参数的准确性和及时性；提升自动化机房等核心区域安全管控力度；加强自动化检修工作全流程管控，规范自动化检修管理。

六、调度数据网管理

例如：持续推进数据传输网络化；完善网络结构，提升网络带宽，加强数据网可靠性建设；提升网络运行规范化水平。

七、主、备调系统

例如：探索有效的主、备调间数据同步方式，确保模型数据一致性和可靠性统一；加强备调系统建设，通过实战化演习提高系统和应用的实用化水平。

八、自动化系统监视平台

例如：通过数据整合分析重要检测对象，建立覆盖各安全区的感知体系；建设统一的自动化系统监视平台，对监测结果实行大数据分析和关联展示。

第四节　功能完善提升

针对上文所列的问题进行详细分析。

一、主站硬件设备

例如：主站和厂站硬件设备老化问题。具体分析如下：主站硬件设备通常在运行5年以后就逐步进入老化期，硬件故障多发，陆续出现磁盘阵列硬盘、服务器硬盘、电源模块、风扇、内存、网卡、电池等故障，系统运行可靠性降低。部分调度自动化厂站系统硬件运行时间较长，配置偏低且已进入故障高发期，出现电源模块、交换机、协议转换器等设备老化损坏，造成业务中断。

二、基础软件和基础平台

例如：操作系统 HA 双机切换的判断逻辑不合理问题。具体分析如下：HA 对数据库的管理以计时方式进行，在发送停止数据库命令后开始计时，计时满一段时间后，HA 会强行卸载磁盘，关闭服务器，导致数据库切机不成功；HA 因心跳线网络瞬时中断，导致数据库服务器挂死；HA 不能支持数据库热备切换。

三、应用功能

例如：稳态监控存在设计缺陷，部分应用功能单节点部署，可靠性不足问题。具体分析如下：当前，电网运行稳态监控在数据处理、系统监视、操作与控制等方面仍存在软件缺陷，如 SCADA 应用与操作系统适应性问题导致监视画面僵死，后台计算逻辑存在设计缺陷导致数据计算错误。部分应用功能单节点部署，造成实际运行中可靠性不足。

四、调控云

例如：关系数据库稳定性存在问题。具体分析如下：应用规模日益庞大，数据读写方式愈加复杂，都对数据库产生了重大压力，数据库出现卡顿甚至停机的风险。

五、厂站自动化

例如：自动化调试时间节点把控不严格。具体分析如下：基改建投产过程中，部分单位对自动化调试时间节点把控不严格。

六、调度数据网及安防

例如：网络建设仍需加强。具体分析如下：电力监控系统数据传输网络化工作仍未完成，骨干网平面改造升级尚未完成；部分地调接入网未完成建设或未双归接入骨干网双平面。

七、主、备调系统

例如：主、备调同步仍存在问题。具体分析如下：探索有效的主、备调间数据同步方式，确保模型数据一致性和可靠性统一。

八、自动化系统监视平台

例如：监视覆盖范围未合理优化。具体分析如下：网络设备和网络安全信息作为重要监测信息，尚未纳入监视平台范围；重要进程和应用的监视仍存在信息少检测效率低的问题。

第五节　典型问题分析

按照问题的分类，对典型案例进行探讨和分析。

一、主站硬件问题

例如：电量系统数据库存在坏块导致数据库访问响应迟缓。

故障现象：

电量系统运维人员发现电量系统二区操作响应迟缓，数据查询展示超时。

分析处理过程：

电量系统运维人员在与电量系统厂家沟通中，对数据库进行相关测试操作，使用命令"isql"登录数据库，长时间连接后超时。电量系统运维人员与电量系统厂家和数据库厂家联系后，采用重新启动数据库的方式，但访问二区电量数据仍然缓慢。

电量系统厂家赶赴现场，发现应用正常采集，分析数据入库日志正常，但历史数据无法从二区读取生成文件并发送到三区。在与数据库厂家联系后，采用跳过一些配置的方法，数据库访问仍然缓慢，数据库厂家判断为数据库可能存在坏块，并赶赴现场处理。

数据库厂家升级并使用数据库文件分析工具，检查数据库文件，最终发现数据库临时文件"tempdb.Dbf"存在坏块，产生的影响是能写入数据库，但读取时访问到坏块，导致历史数据不能被访问。使用新的临时数据文件后，数据库访问速度恢复正常。电量系统厂家继续测试数据库并恢复业务应用，业务恢复正常后对故障时段未传输到三区的电量数据重新进行传输，同时重新下发接口上报任务，完成故障期间同期线损及调控云电量数据补传。

二、基础软件和基础平台

例如：前置机 tzfes1-1 的进程"fes_prot_zjgf"频繁投退。

故障现象：

自动化值班台发现告警窗频繁告警"tzfes1-1 fes_prot_zjgf"频繁投退。

分析处理过程：

"fes_prot_zjgf"进程为安全接入区解析进程，该进程频繁投退的同时还在后台产生大量 core 文件。检查发现"fes_prot_zjgf"进程启动失败报有不可识别厂站，删除配置文件"map_facname_channo"的对应厂站后重启"fes_prot_zjgf"程序，恢复正常。

（1）自动化值班人员检查对应安全接入区厂站的实时数据，数据恢复同步，程序不再频繁投退；

（2）检查发现程序的频繁投退由安全接入区上送 E 文件的厂站名称与 OPEN3000 数据库厂站名称不匹配引起。

整改方案：

各单位排查安全接入区厂站的名称与 OPEN3000 数据库厂站的匹配情况并作统一调整；同时在后续由新增厂站接入时做好电厂命名规范工作；建议厂家做好"fes_prot_zjgf"程序的改进工作，使得即使有不可识别厂站，程序应能继续运行，只进行报警即可。

三、应用功能

例如：E5100 电量采集系统识别 OPEN3000 模型不全导致电量系统表计无法关联模型设备，影响调控云电量数据完整率。

故障现象：

发现调控云电量数据完整率统计（设备）中某线路设备电量数据缺失。

分析处理过程：

查看数据缺失原因，发现上送调控云档案 E 文件信息中缺少某线路线的交流线端信息。经盘查，是 E5100 电量采集系统解析 OPEN3000 模型不全，导致 E5100 电量系统表计无法关联模型设备。上送调控云后找不到对应设备信息，导致电量数据无法解析入库，影响调控云电量数据完整率。检查 E5100 电量系统数据库中模型数据，查找不到上述线路模型信息。查看数据库日志文件发现该线路以前在模型中人工创建过，又被删除，并置质量位为已删除，与现在的 OPEN3000 传输过来的模型在解析合并时产生冲突，认为该线路已被删除，不需要被创建。导致 E5100 电量系统无法解析 OPEN3000 系统中该些线路模型信息。

整改方案：

安排 E5100 电量系统厂家从模型的线路历史记录表中修改线路质量位，删除该线路的删除记录后，重新解析 OPEN3000 模型，线路模型解析正常。E5100 电量系统表计关联上面线路模型设备，重新上送调控云电量数据正常。

四、调控云

例如：调控云数据库文件堆积。

故障现象：

现场反映 ZJ_TY 数据库反应汇集数据录入库文件出现堆积情况。

分析处理过程：

接到相应问题反馈后，全方位从软硬件上进行数据库运行状态检查。

（1）通过查看数据库运行 SQL 日志，发现大量"insert""update"语句执行耗时远远超过正常耗时，插入速率降为正常情况的 1/10 左右。

（2）检查相关表的索引，和相关 SQL 的执行计划，都是正常状态（以表"SG_DEV_BREAKER_H1_MEA_2019"为例，其索引和执行计划均是正常状态）。

（3）检查数据库服务器硬件运行状态，检查 CPU、内存、磁盘 I/O、网络 I/O 等运行状态，均为未发现异常。

（4）查看数据库表空间的使用情况，发现表空间使用率达到了 100%，此时进行了第一次故障处理，对使用率 100% 的表空间增加数据文件，提前扩充文件，避免自动扩充时损耗部分性能。

（5）运行一段时间后再次出现了入库慢的问题，此次在数据库中进行测试，发现所有的对数据库修改的操作变慢，进一步分析，发现是 commit 类操作（用于把事务所做的修改保存到数据库）变慢。

（6）查看数据库 PURGE 相关动态视图，确定数据库中待 PURGE 事务过多。

输入"Select obj_num from v$purge；"，查询出有将近 140 万事务等待 PURGE，

输入以下代码查询具体待 PURGE 表的信息：

```
SELECT TAB_ID ，  COUNT（*），  SUM（ABS（ROW_COUNT））
FROM V$PURGE_PSEG_TAB
GROUP BY TAB_ID
ORDER BY SUM（ROW_COUNT） DESC
```

（7）发现表 SG_DEV_BREAKER_H5_MEA_2018 的一个待 PURGE 事务达到上千万记录。确认数据库中之前包含了大的事务导致数据库堆积了过多的待 PURGE，大量的 PURGE 事务堆积会使数据库进入保护机制，降低接收到的事务的执行性能，导致所有的修改类操作变慢，而查询类操作不受影响。

查看数据库 SQL 日志，发现数据库中上周开始出现大事务操作。

处理方案：

在对数据库进行修改时，数据库通过回滚段机制来处理 UNDO 日志。回滚段由一定数量的回滚页组成，回滚页存放的是一批回滚记录。回滚记录存放被修改数据的旧值，并有专属的格式，与物理记录格式不同。回滚段的管理同一般数据文件一样，其回滚数据页的分配、淘汰和释放也交由数据缓冲区完成。回滚文件属于回滚表空间。回滚段的数据并不会永久保留，事务结束后，由系统的 PURGE 模块释放回滚页。当一定时间内数据库产生了大量的待 PURGE 事务，导致 PURGE 产生堆积时，会触发数据库进入保护机制，降低接收到的事务的执行性能，导致所有的修改类操作变慢，而查询类操作不受影响。降低性能也是为了减少待 PURGE 事务的产生速度。但是以当时的配置情况，已经无法快速完成所有待 PURGE 事务的清理。

针对现场出现的相关问题，在针对存在大批量数据修改类操作时，为了避免自动扩展数据文件产生性能损耗，针对回滚表空间和数据表空间均进行了数据文件的扩展。

对于存在过多的待 PURGE 事务，为了尽快恢复数据库，通过重启清空了待 PURGE 的事务，数据库重启后系统恢复正常。

同时，为了提高数据库的 PURGE 操作性能，在重启的时候，修改了如下数据库参数：

"PURGE_DEL_OPT=1

PARALLEL_PURGE_FLAG=1"

其中，"PURGE_DEL_OPT"参数开启针对连续删除事务的 PURGE 进行优化处理功能，在针对该类操作 PURGE 时，优化操作流程，减少对数据页的修改。

"PARALLEL_PURGE_FLAG"参数开启多线程 PURGE 功能，在开启后可以针对并发事务进行多线程 PURGE，提高 PURGE 操作性能。

通过如上的参数修改，整体上提高数据库的 PURGE 速度。在重启数据库后，数据库中待 PURGE 事务不再堆积，数据库运行正常。

使用建议：

为了降低类似问题对数据库的影响，提出如下相关建议。

在数据库中尽量避免使用大事务（一个事务中操作超过数十万，甚至上百万数据的操作），在数据库中执行大事务时，PURGE 时无法多线程执行，影响 PURGE 速度。同时，如果大事务执行过程中出现异常需要回滚时，也会花费很长的时间进行回滚，对数据库的使用产生部分影响。

如果需要进行历史数据的迁移，可以选用达梦 DTS 数据迁移工具，该工具可以通过填写 SQL 语句，进行数据的批量导入，执行效率会比大事务迁移更加高效。

增加对数据库待 PURGE 事务量的监控。

数据库现场运维及巡检中增加对 V$PURGE 动态视图记录的待 PURGE 事务数量的监控，建议监控临界值为 30 万，在达到阈值时，及时分析数据库中执行的事务情况。

五、厂站自动化

例如：某间隔测控装置故障。

故障现象：

某线复役操作期间，两回线路间隔测控装置电源插件均发生不同程度故障，影响线路复役。

分析处理过程：

调控中心自动化专职接生产指挥中心电话，某线复役操作时，测控装置频繁报"开出检验出错"告警后，装置直流电源空开跳开，无法合上。初步分析，判断测控装置电源插件存在故障。随即联系变电检修室二次专职安排抢修。

现场运行人员告知某线复役操作时，测控装置出现相同告警信息，但装置直流电源空开未跳开，对上通信正常。

检修人员完成某线间隔测控装置电源插件更换工作，两台装置均恢复正常运行。

通过检查换下的测控装置电源插件外观，发现插件表面有老化和轻微鼓包痕迹情况。考虑装置运行至今已接近十年。由此基本判定为装置电源插件元器件老化引起。采取后续措施：

（1）该站共有 12 回 110kV 线路间隔，其中，与本次故障测控间隔同时期投运的有 9 回，剩余 3 回为近期基建工程配套间隔，已完成全部电源插件更换。

（2）进一步梳理运行超八年的测控装置，依托年度大修项目，计划分站、分类、分批开展测控装置电源插件更换，切实提高设备运行可靠性。

（3）针对本侧发生缺陷两块电源板，发给厂家进行全面检测，明确具体故障元器件部位，可能产生的后果及影响，同时分析是否有现场检查提前发现的方法。

六、调度数据网及安防

例如：保护装置离线引发网安告警。

（1）故障/告警情况。网安平台收到 ×× 站网安告警，数量较多，告警内容如下：

1）启明星辰防火墙 A：不符合安全策略访问，IP1 的 32494 端口使用 TCP 协议访问 IP2 的 102 端口。

2）启明星辰防火墙 B：不符合安全策略访问，IP3 的 46781 端口使用 TCP 协议访问 IP4 的 102 端口。

（2）故障/告警原因分析。

1）告警内容分析。

监控后台机 A 网（172.16.0.X–X）访问 220kV×× 线路第二套保护装置（172.16.0.X）的 TCP102 端口；

监控后台机 B 网（172.17.0.X–X）访问 220kV×× 线路第二套保护装置（172.17.0.X）的 TCP102 端口；

监控后台为南瑞继保 PCS–9700，防火墙为启明星辰 USG–FW–310–T–NF680，220kV×× 线路第二套保护为深圳南瑞 PRS753A–D–AG。

监控后台与保护装置采用 102 端口通信属于一区范围内的正常业务访问，不应该被一、二区防火墙拦截。

2）告警定位分析。变电检修中心协同后台监控、保护装置、防火墙等各相关业务专家开展告警原因排查。告警发生前，220kV×× 线路第二套保护曾发生液晶面板黑屏，运行灯熄灭的紧急缺陷，故障发生实际为 2020 年 11 月 16 日 11:20:01，此时站内无任何工作项目。后经更换电源板，装置于 2020 年 11 月 16 日 14:16:16 恢复正常。工作时间为 13 时 55 分至 14 时 26 分。考虑到两者之间的时间基本重叠，同时站内无其他工作，故初步判断此次网安异常告警为 220kV×× 线路第二套保护故障引起。

（3）告警测试排查。现场站控层网络结构拓扑如图 8–4 所示。

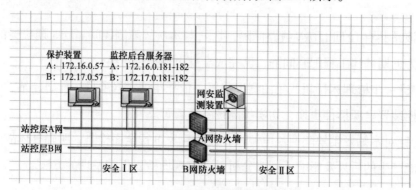

图 8–4　现场站控层网络结构拓扑

在图 8–4 所示的拓扑环境下，现场进行了如下测试：

测试保护装置 A 网单独中断时，A 网安全一区交换机至 A 网防火墙抓包无上述告警报文产生。

测试保护装置 B 网单独中断时，B 网安全一区交换机至 B 网防火墙抓包无上述告警报文产生。

测试保护装置 A、B 网全中断时，可从 A、B 网一区交换机至 A、B 网防火墙抓到大量上述告警包内容。

（4）告警原因分析。监控系统对该线路保护装置通信进行地址解析协议（address resolution protocol，ARP）绑定，当保护装置因宕机没有连接在交换机时，监控系统主机不会对 MAC 地址进行老化处理，依旧发出针对该保护装置 IP 的 TCP 单播报文，而交换机在没有该保护装置 MAC 地址信息的情况下，就会向交换机所有端口进行转发，因此该 IP 的 TCP 单播报文就会传送到防火墙。监控系统发出针对该装置 IP 的 TCP 报文就会向所有交换机端口转发，以获取该 MAC 的回复。

由于 ×× 变监控主机和保护装置均在安全一区，正常业务无需过防火墙，故防火墙策略上未开启监控主机和保护装置之间互访策略。所以当保护装置故障时，监控后台访问保护装置的报文传至防火墙时，不能匹配到策略而被阻断产生日志，进而上送至网安平台产生告警。

（5）解决方法。220kV×× 线路第二套保护装置更换电源板消缺后恢复正常运行，告警消除。

（6）防范措施。因监控系统取消对线路保护装置通信 ARP 绑定会影响业务的稳定性，故应在防火墙添加监控后台访问保护装置 102 端口的点对点白名单策略，可有效避免因保护装置离线引起防火墙拦截告警。

七、主、备调系统

例如：OPEN3000 系统主、备调同步异常。

故障现象：

12 月 14 日 10 点 22 分，调度对主调 ×× 变电站 110kV 母线分段间隔进行"间隔置牌"操作，且挂牌成功后解挂牌但是备调系统 ×× 变电站上述间隔没有解挂牌。

分析处理过程：

系统在处理间隔挂牌操作后解挂牌后，"scada_op"程序会对间隔中的每个设备进行挂检修牌，并且会把操作记录写在"操作信息表"中，由于间隔中设备过多，短时间内有大量设备状态改变，系统处理量大，可能造成消息堵塞，导致没有将"标志牌信息"表中的消息同步到备调系统。

（1）手动同步主、备调模型，重启备调 OPEN3000 应用，使主、备调模型一致；

（2）重启"scada_op"进程；

（3）经过多种方式的挂牌、拆牌测试，不再有挂牌不同步现象发生，消缺结束。

八、自动化系统监视平台

例如：省地 AVC 联调中断。

故障现象：

AVC 省地联调中断。

分析处理过程：

（1）检查发现纵向传输平台 AVC 上传文件内容时间不更新，检查 pas 服务器"hhAVC/sdlt AVC_from_jinhua.etext"文件内容时间不刷新，判断为 AVC 文件生成有问题；

（2）00:50 重启 AVC 进程后 AVC 文件正常生成，省地联调恢复正常；

（3）AVC 厂家检查日志判断是 AVC 计算程序走死，导致生成文件时间不刷新。

整改措施：

（1）将 AVC 省地联调中断纳入日常语音告警；

（2）优化 AVC 计算程序。

九、运维和值班管理

例如：三区 Web 无法查看。

故障现象：

自动化值班台发现地理图在三区 Web 无法查看。

分析处理过程：

首先检查一区是否显示正常，登录一区维护工作站 tzzdh5-1 查看地理图界面，工作站也无法查看地理图。经检查发现地理图是一个背景贴片（无法实现图元的全网下装），维护工作站中又无该贴片，导致工作站无法显示，同时无法同步至三区 Web 数据库，导致工作站及 Web 界面显示异常。

在维护工作站及 Web 服务器加入地理图背景贴片，工作站及 Web 服务器均显示正常。

整改方案：

在需要查看指定地区地理图的工作站及三区 Web 服务器加入对应地区地理图背景贴片。建议加强 OPEN3000 系统扩展性，实现图片等信息的全网下装，方便一、三区数据同步。

附录 / 安全职责

电网调度自动化及网络安全运行值班与维护应严格遵守岗位安全职责要求，其中系统和设备的运维工作应严格遵守操作安全要求，机房环境和人员管控应严格遵守机房安全要求，自动化系统和网络安全相关信息需严格遵守保密工作要求。

一、操作安全要求

（1）对于主站自动化系统的检修工作，应认真审查工作票内容，对照系统的操作规程检查安全措施，在满足安全措施的条件下，才能许可操作。

（2）对于数据库、关键服务器、关键进程、网络等的操作，必须要有系统管理员在场监护，值班员才能许可在自动化系统上进行操作。

（3）不得私自登录重要应用系统和关键服务器进行操作，不得擅自对正在运行的数据库或应用软件进行试验或测试。

（4）不得采用他人的账户和密码，对系统和设备进行操作，对于重要应用系统和关键服务器，不得私自打开服务器主机机箱。

（5）不允许使用服务器直接下载软件或收发电子邮件；严禁在服务器上执行与该服务器所承担业务无关的应用程序，并严禁在服务器上存放与该服务器所承担业务无关的数据。

（6）严禁更改网络接入区域，严禁对自动化系统及网络连接线进行随意改动。

二、机房安全要求

（1）非自动化系统运行维护员未经许可禁止进入自动化系统机房。

（2）运行值班人员应详细记录外来的系统维护人员进入机房的内容，包括填写出入登记表并详细进行安全注意事项的教育、做好安全措施。

（3）禁止将危险品及可燃品带入自动化系统机房。

（4）禁止将一切食物带入自动化系统机房。

（5）严防小动物进入自动化系统机房。

（6）离开自动化系统机房时查看门、窗是否关闭好，进出要随手关门。

（7）与自动化系统工作无关的设备、工具禁止带入机房。

（8）进入机房工作的外来维护人员，应做好预约及相关人员身份登记，并按一定流程办理手续方可进入。

（9）外来维护工作人员在得到安排后，进入自动化系统机房前应认真填写"机房进入登记表"，登记好来访人员的工作单位及工作内容等，并经得管理部门签字批准才可进入机房。

（10）外来维护工作人员在进入机房时经机房管理人员核实身份后，做好相关登记方可进入机房。来访者应服从机房管理要求，并做好相应物品进出入登记。

（11）对于工作时间长，且工作内容危险程度低的工作，在外来工作人员接受过现场安全培训并签字的前提下可单独工作，但每次工作结束必须向值班员或系统管理员汇报工作情况。

（12）任何人未经值班员同意，不得随意出入自动化系统机房。对未经许可擅自进入机房的人员，值班员有权阻止其进入；对不听劝告者，值班员应立即汇报主管领导，或直接汇报上级主管部门。

（13）严禁外来人员未经主管部门授权接入网络设备，一经发现应采取强制措施实行网络隔离，并汇报上级主管。

（14）严禁外来人员擅自将移动介质接入自动化系统及工作站。

三、保密安全工作

（1）自觉遵守国家保密法律法规、公司保密规章制度和员工保密守则，严格做到：

1）涉及国家秘密事项时严格执行"涉密不上网、上网不涉密"的保密规定。

2）不在公司信息内网、信息外网和互联网上存储、处理、传递国家秘密；不在公司信息外网和互联网上存储、处理、传递企业秘密。

3）不使用非涉密的计算机、多功能一体机、打印机、扫描仪、传真机和复印机等设备存储、处理、传递国家秘密；不使用与公司信息外网和互联网连接的计算机、打印机、扫描仪、传真机和复印机等设备存储、处理、传递企业秘密。

4）不将非涉密的计算机、多功能一体机、打印机、扫描仪、传真机和复印机等设备在公司信息内网、信息外网和互联网间交叉连接使用。

5）不将普通移动存储介质在公司信息内网、信息外网和互联网间交叉使用。在公司信息内网、信息外网上交换文档和数据必须使用公司统一配发的安全移动存储介质。

6）不在公共场所、私人交往中及家属、子女、亲友面前谈论国家秘密和企业秘密。

7）不在私人通信及公开发表的文章、著述中涉及国家秘密和企业秘密。

8）不使用无保密保障的普通传真机、电话机和手机等通信工具传输或谈论国家秘密和企业秘密。

9）不在无保密保障的场所阅办或保存涉密文件、资料，不私自留存阅办完毕的涉密文件、资料；不擅自销毁涉密文件、资料。

10）严格执行涉密文件、资料的各项管理规定，不擅自复印、扫描、传真涉密文件或扩大涉密文件的知悉范围。

11）未经单位审查批准，不擅自发表涉及未公开工作内容的文章、著述。

12）未经单位批准，不擅自将公司的各种文件、资料及企业秘密泄露给第三方。

13）未经批准，不在外事、社会活动中携带涉密文件、资料。因公或因私出国（境）时，严格遵守保密法纪和公司规定。

14）不在个人博客、微博、微信、各类论坛上发布涉及国家秘密和企业秘密的信息和事项；不发布公司内部事项、重要数据和与企业经营、管理、业务、技术有关的工作信息。个人微博、微信等内容只限于个人生活内容，且只表达和代表个人观点，并对自己所发布的信息承担相应的法律责任。

（2）对本岗位工作中涉及的密件、密电在收发、登记、分办、送批、传阅、保存、归档的各个环节都严格遵守公司的各项保密制度，不擅自扩大知悉范围，确保国家秘密和企业秘密的安全。

（3）认真执行公司和部门重大事项上报制度。本人发生失泄密事件时，立即采取补救措施，同时将有关情况向部门领导汇报，决不隐瞒。发现他人违反保密规定、泄露国家和企业秘密时，立即予以制止，并及时向公司保密办报告。

（4）自觉学习保密知识，提高保密意识，掌握保密技能，接受保密教育和保密监督、检查，及时消除保密隐患，堵塞管理漏洞。

（5）调度控制中心保密规章制度和员工保密守则：

1）对于调度控制中心和自动化系统中的相关电网参数、各类报表、统计指标等不得外泄、不得存放在个人电脑和存储设备中。

2）对于调度控制中心和自动化系统中的相关管理标准、规章制度、图纸资料和技术手册等，应统一管理、统一存放，未经许可不得擅自拷贝和外泄。

3）个人使用的调度控制中心和自动化系统的账户和口令应妥善保存，不得转借他人。

4）对于需更新或报废的硬件设备，应彻底删除存储介质中的涉密信息，确认系统中无秘密信息方可更新或报废。

5）在运行维护和工作过程中，产生的各种废纸应使用粉碎机及时销毁。

6）内网的自动化系统和设备（包括办公电脑、打印机）不得与外网进行直接或间接联网。

7）使用的存储介质（硬盘、软盘、光盘、U盘、磁带等）未经许可不得给外人使用，不得带出办公场所，对已损坏的存储介质应做消磁处理，不得随意丢弃。

8）厂家人员使用的存储介质（硬盘、软盘、光盘、U盘、磁带等）必须由值班台提供，并在使用记录本上登记信息且需要联系自动化处相关系统管理员同意后方可工作。